黄河流域水系统治理
战略与措施研究

王　浩　王建华　柳长顺等　著

科学出版社

北　京

内 容 简 介

本书紧紧围绕黄河流域生态保护和高质量发展等国家战略需求，立足黄河实际，全面剖析了黄河流域水系统现状与情势，系统构建了以幸福河建设统领黄河流域水系统治理的战略思路，深入论证了支撑生态保护与高质量发展的水资源再平衡、适应水沙关系向好的黄河流域防洪除涝保安布局优化、基于海–河–陆统筹的黄河流域水环境提升、基于流域国土空间格局的水生态保护修复、基于系统治理的五水统筹治理机制创新等分项策略，提出了推进黄河水系统治理的重大措施建议，为黄河流域生态保护和高质量发展提供科技支撑。

本书可供水文水资源及环境等相关领域的科研人员、教师和学生，以及从事流域水资源规划与管理的技术人员参考。

图书在版编目（CIP）数据

黄河流域水系统治理战略与措施研究／王浩等著 . —北京：科学出版社，2023.5

ISBN 978-7-03-075591-9

Ⅰ.①黄… Ⅱ.①王… Ⅲ.①黄河流域–水资源管理–研究 Ⅳ.①TV213.2

中国国家版本馆 CIP 数据核字（2023）第 089779 号

责任编辑：王 倩／责任校对：王 瑞
责任印制：吴兆东／封面设计：无极书装

科 学 出 版 社 出版
北京东黄城根北街 16 号
邮政编码：100717
http://www.sciencep.com
北京建宏印刷有限公司 印刷
科学出版社发行 各地新华书店经销

*

2023 年 5 月第 一 版 开本：787×1092 1/16
2023 年 5 月第一次印刷 印张：14 1/2
字数：340 000
定价：188.00 元
（如有印装质量问题，我社负责调换）

项目组及课题组主要成员名单

项 目 名 称：黄河流域水系统治理战略与措施
承 担 单 位：中国水利水电科学研究院　长江勘测规划设计研究有限责任公司
　　　　　　　广东工业大学　河海大学　湖南工商大学
　　　　　　　黄河勘测规划设计研究院有限公司　北京师范大学　中南大学
负 责 人：王　浩
院 士 团 队：钮新强　杨志峰　王　超　陈晓红　胡春宏　张建云　王金南
综合报告撰写人：王建华　柳长顺　赵　勇　周祖昊　严子奇　卢程伟　任明磊
　　　　　　　王　刚　李春晖　胡　鹏　曾庆慧　胡　斌　刘　欢　汪阳洁
　　　　　　　陈根发　鞠茜茜　秦　伟

课题1：黄河流域高质量发展水平衡战略、措施

承 担 单 位：中国水利水电科学研究院
课题负责人：王　浩　王建华
主要完成人：王　浩　王建华　赵　勇　周祖昊　严子奇　游进军　何国华
　　　　　　　牛存稳　褚俊英　刘佳嘉　马真臻　王　婷　贺华翔　蔡露瑶
　　　　　　　桑学锋　王　坤
报告撰写人：王建华　赵　勇　周祖昊　严子奇　游进军

课题2：新时期黄河流域防洪除涝保安布局

承 担 单 位：长江勘测规划设计研究有限责任公司
　　　　　　　黄河勘测规划设计研究院有限公司
课题负责人：钮新强
主要完成人：长江勘测规划设计研究有限责任公司
　　　　　　　卢程伟
　　　　　　　黄河勘测规划设计研究院有限公司
　　　　　　　张金良　刘继祥　刘红珍　王　鹏　罗秋实　李荣容　李超群

蔺　冬　梁艳洁　暴入超　李保国　鲁　俊　李继伟　梁　超

报告撰写人：刘佳明　卢程伟　王　鹏　刘红珍　暴入超　蔺　冬　梁艳洁

课题3：基于海–河–陆统筹的黄河流域水环境提升战略

承 担 单 位：广东工业大学　北京师范大学

课题负责人：杨志峰

主要完成人：广东工业大学

　　　　　　蔡宴朋　朱志华　何艳虎　祝振昌　万　航　郝贝贝　吴昊平

　　　　　　杨悦莹　陈桂煌　周雯洁

　　　　　　北京师范大学

　　　　　　李春晖　夏星辉　易雨君

报告撰写人：李春晖　蔡宴朋

课题4：生态文明视域下的黄河流域水生态保护修复战略与措施

承 担 单 位：河海大学

课题负责人：王　超

主要完成人：陈　娟　胡　斌

报告撰写人：陈　娟　胡　斌

课题5：黄河流域五水统筹治理体制机制创新

承 担 单 位：湖南工商大学　中南大学

课题负责人：陈晓红

主要完成人：湖南工商大学

　　　　　　颜建军

　　　　　　中南大学

　　　　　　胡东滨　周志方　汪阳洁

报告撰写人：汪阳洁　胡东滨　颜建军　周志方

前　言

黄河是中华民族的母亲河，在我国经济社会发展和生态安全方面具有十分重要的地位。中华人民共和国成立后，党和国家对治理开发黄河极为重视，把它作为国家的一件大事列入重要议事日程，领导开展了大规模的黄河治理保护工作，取得了举世瞩目的成就。但是，黄河一直体弱多病，水患频繁，当前黄河流域仍存在一些突出困难和问题。2019年9月18日，习近平总书记视察黄河，主持召开黄河流域生态保护和高质量发展座谈会并发表重要讲话，将黄河流域生态保护和高质量发展确立为重大国家战略，发出"让黄河成为造福人民的幸福河"的伟大号召。中国工程院积极落实习近平总书记考察河南时的指示精神，于2019年12月组织设立了"黄河流域水系统治理战略与措施"重点咨询项目。项目由王浩院士负责，按水资源、水灾害、水环境、水生态、水管理分解研究任务，设5个课题，分别由王浩、钮新强、杨志峰、王超、陈晓红院士团队承担。

项目紧紧围绕黄河流域生态保护和高质量发展等国家战略需求，立足黄河实际，研究提出了以幸福河建设统领黄河水系统治理的战略思路，简称"1-2-3-4-5"水系统治理战略思路，即"一个目标、两个支点、三步实施、四轮驱动、五水统筹"。"一个目标"为建设幸福黄河；"两个支点"为生态保护和高质量发展；"三步实施"为设立2025年、2035年、2050年三个阶段性目标，有序推进治理；"四轮驱动"为从法规制度、体制改革、机制创新、能力建设等层面，驱动黄河流域水系统治理体系与治理能力现代化；"五水统筹"为从水资源、水灾害、水环境、水生态、水文化等维度均衡调控水系统。按照上述战略思路，研究提出了推进黄河水系统治理的分维策略与措施建议。

项目在实施过程中紧密结合现实需求，研究成果积极、及时服务决策，提出的《黄河流域水生态环境问题研究报告》《"幸福河"内涵要义及指标体系研究报告》《系统治理怎么看？——山水林田湖草要素内涵、作用机制与治理重点》等成果报送水利部，并应用于《黄河流域生态保护和高质量发展规划纲要》及其水利专项规划的论证与编制工作。

本书是项目成果的总结提炼与综合集成，包括综合报告和5个专题报告。项目在实施过程中得到中国工程院、水利部、水利部黄河水利委员会、相关地方人民政府有关部门和单位的大力支持与指导，在此一并表示衷心的感谢。

作　者

2022年12月

目　　录

上篇　综合报告

1 幸福河视域下的黄河流域水系统治理需求 …………………………… 3

1.1 幸福河概念解析 …………………………………………………… 3

1.2 幸福河内涵解析 …………………………………………………… 4

1.3 系统治理内涵解析 ………………………………………………… 5

1.4 黄河流域水系统治理战略需求 …………………………………… 6

2 黄河流域水系统现状与五水情势分析 ………………………………… 8

2.1 黄河概述 …………………………………………………………… 8

2.2 气候变化和人类活动影响下黄河流域水资源演变与供需态势 … 9

2.3 新时代黄河防洪现状与形势 ……………………………………… 19

2.4 黄河水环境现状及演变 …………………………………………… 28

2.5 黄河水生态现状及演变 …………………………………………… 33

2.6 黄河流域水系统管理现状及变迁 ………………………………… 41

3 黄河幸福指数评价 ……………………………………………………… 47

3.1 河湖幸福指数 ……………………………………………………… 47

3.2 指标遴选原则 ……………………………………………………… 48

3.3 指标遴选的主要考虑 ……………………………………………… 48

3.4 指标体系框架 ……………………………………………………… 50

3.5 计算方法 …………………………………………………………… 51

3.6 黄河幸福指数测算分析 …………………………………………… 52

4 新时代黄河流域水系统治理的战略思路 ……………………………… 54

4.1 一个目标 …………………………………………………………… 54

4.2 两个支点 …………………………………………………………… 54

4.3 三步实施 …………………………………………………………… 55

4.4 四轮驱动 …………………………………………………………… 55

4.5 五水统筹 …………………………………………………………… 56

5 黄河流域水系统治理的分维策略 ···························· 57

  5.1 支撑生态保护和高质量发展的水资源再平衡策略 ········· 57

  5.2 适应水沙关系向好的黄河流域防洪除涝保安布局优化策略 ···· 62

  5.3 基于海–河–陆统筹的黄河流域水环境提升策略 ··········· 68

  5.4 基于流域国土空间格局的水生态保护修复策略 ··········· 72

  5.5 基于系统治理的五水统筹治理机制创新策略 ············· 78

6 黄河流域水系统治理重大措施建议 ······················· 82

  6.1 以幸福黄河建设统领黄河流域水系统治理 ············· 82

  6.2 优先推进深度节水控水 ··························· 82

  6.3 优化调整黄河"八七"分水方案 ···················· 83

  6.4 加快构建黄河"一网两园四区"水生态保护格局 ········· 83

  6.5 构建"九龙治水、一龙监水"的流域综合管理新机制 ······ 84

  6.6 出台纠正人的错误行为的负面清单 ················· 84

  6.7 把黄河流域水系统治理列为健全黄河保护法律体系的重点内容 ··· 85

  6.8 实施西部调水增源 ····························· 85

  6.9 建设黄河国家文化廊道 ··························· 86

  6.10 开展五水统筹重大科学研究 ······················ 86

下篇 专题报告

7 黄河流域高质量发展水平衡战略与措施 ··················· 89

  7.1 黄河流域水资源演变趋势研判 ····················· 89

  7.2 黄河流域节水潜力识别 ··························· 97

  7.3 黄河流域水资源供需形势 ························· 111

  7.4 黄河流域水平衡战略和措施 ······················ 115

8 新时期黄河流域防洪除涝保安布局 ······················ 121

  8.1 防洪防凌形势分析 ···························· 121

  8.2 黄河上游防洪防凌减灾优化布局研究 ················ 124

  8.3 黄河下游生态防洪治理方略研究 ··················· 130

9 基于海–河–陆统筹的黄河流域水环境提升战略 ············ 138

  9.1 黄河流域水环境现状及其变化特征 ················· 138

  9.2 黄河流域水环境保护影响要素及问题 ················ 143

  9.3 国际流域——海湾水环境保护经验启示 ··············· 161

  9.4 基于海–河–陆统筹的黄河流域水环境安全保障对策 ······ 168

10 生态文明视域下的黄河流域水生态保护修复战略与措施 ·················· 175

　　10.1 黄河流域战略地位及其重要生态系统 ······················ 175

　　10.2 黄河流域水生态主要问题分析 ···························· 179

　　10.3 保护治理对策 ······································· 187

　　10.4 保障机制 ··· 194

11 黄河流域五水统筹治理体制机制创新 ······················· 197

　　11.1 黄河流域管理体制现状分析 ····························· 197

　　11.2 国外流域水资源管理经验及启示 ·························· 204

　　11.3 建立"五水统筹"治理体制机制的总体思路与框架 ··············· 210

　　11.4 "五水统筹"治理关键机制设计 ·························· 212

参考文献 ··· 217

上篇　综合报告

1 | 幸福河视域下的黄河流域水系统治理需求

2019 年 9 月 18 日，习近平总书记在郑州主持召开黄河流域生态保护和高质量发展座谈会，发出"让黄河成为造福人民的幸福河"的伟大号召。"幸福河"是黄河流域水系统治理的根本目标与指引。以习近平新时代中国特色社会主义思想为指导，应用幸福观、需求层次等理论，深入解析幸福河的内涵要义与系统治理的内涵要求，分析黄河流域水系统治理的战略需求，为研究制定水系统治理战略提供方向指引。

1.1 幸福河概念解析

幸福是人类努力追求的目标，为人民谋幸福是中国共产党人的初心。什么是幸福？如何得到幸福？这是人类一直苦苦思索的哲学课题，不同历史阶段、不同国家与地区的人民对其有不同的理解认识。马克思认为幸福是对人生具有重大意义的需要在一定程度上满足的快乐体验。

2011 年 7 月，联合国大会通过了第 65/309 号决议，倡导追求幸福是人的一项基本目标，国内生产总值（gross domestic product，GDP）等指标本质上并非旨在反映亦不能充分反映一国人民的幸福和福祉，倡议各国进一步制定能更好体现追求幸福和福祉在发展中重要性的措施，以指导其公共政策的制定与实施。2012 年 4 月，第一次联合国幸福和福祉高级别会议发表了第一份《世界幸福报告》，之后经济合作与发展组织（Organization for Economic Cooperation and Development，OECD）制定了衡量幸福的评价体系。《世界幸福报告》认为幸福取决于外部因素与个人因素，外部因素包括收入、工作、社区与政府管理、价值与信仰等，个人因素包括心理健康、生理健康、家庭、教育、性别与年龄等。据此，把幸福指数从 0 到 10 分为 11 个阶梯或等级，从个人短期情绪和长期生活满意程度两个方面，应用盖洛普世界民意调查（Gallup World Poll）方法对各国民众的代表性样本进行调查，定量衡量民众的主观幸福感与生活满意度，并通过 6 个经济和社会因素来解释结果。6 个经济和社会因素包括人均 GDP（国民财富的基本衡量标准）、健康预期寿命、社会支持（困难时有依靠）、自由选择生活、慷慨度（用捐赠度量）、社会廉洁度。总体上，测算结果比较稳定，不同国家与地区之间具有可比性。

河流是人类文明的摇篮，具有重要的经济支撑、生态环境和社会服务功能。幸福河就是造福人民的河流，既要力求维护河流自身健康，又要追求更多造福人民，具体体现为以下几方面的要求：维护河流健康是幸福河的前提基础，为人民提供更多优质生态产品是幸福河的重要功能，支撑经济社会高质量发展是幸福河的本质要求，人水和谐是幸福河的综合表征，能否让人民具有安全感、获得感与满意度是幸福河的衡量标尺。因此，研究给出"幸福河"的定义如下：幸福河是指能够维护河流自身健康，支撑流域和区域经济社会高质量发展，体现人水和谐，让流域内人民具有高度安全感、获得感与满意度的河流。幸福河是安澜之河、富民之河、宜居之河、生态之河、文化之河的集合与统称。

1.2　幸福河内涵解析

幸福河涉及水安全、水资源、水环境、水生态、水文化等多个层次，为黄河流域水系统治理提出了新理念、新目标。幸福河与人的需求层次理论相契合（图1-1），具体分析如下。

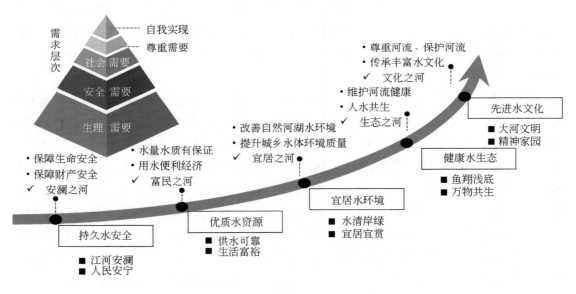

图 1-1　幸福河层次框架

（1）持久水安全

持久水安全是安澜之河的表征。洪水是人类长期面临的最大自然威胁，历史上洪水泛滥成灾、破坏性巨大，给沿岸人民群众生命财产带来深重灾难，影响社会稳定和经济社会发展，改变国家文明和社会发展进程。防治水灾害，保障人民群众生命财产安全，实现"江河安澜、人民安宁"，持续提高沿河沿岸人民群众的安全感，为高质量发展保驾护航，这是幸福河的基本保障。

（2）优质水资源

优质水资源是富民之河的表征。水是生命之源、生存之本、发展之要。提供优质水资源，实现"供水可靠、生活富裕"，让老百姓喝上干净卫生的放心水，让第二、第三产业用上合格稳定的满意水，让农业灌上适时适量的可靠水，为人民提供更多优质的水利公共服务，持续支撑经济社会高质量发展，这是幸福河的基础功能。

（3）宜居水环境

宜居水环境是宜居之河的表征。水环境质量是影响人居环境与生活品质的重要因素。建设宜居水环境，既要保护与改善自然河流湖泊的水环境质量，也要全面提升与百姓日常生活休戚相关的城乡水体环境质量，实现"水清岸绿、宜居宜赏"，让人民群众生活得更方便、更舒心、更美好，这是幸福河的良好形象。

（4）健康水生态

健康水生态是生态之河的表征。维护良好的水生态既是人类社会永续发展的必要和重要基础，也是最普惠的民生福祉。维护与修复健康水生态，实现"鱼翔浅底、万物共生"，维护河流生态系统的健康，提升河流生态系统质量与稳定性，实现人与自然和谐，这是幸福河的最佳状态。

（5）先进水文化

先进水文化是文化之河的表征。文化是民族的血脉，是人民的精神家园，是幸福生活的源泉。在长期的治水实践中，中华民族不仅创造了巨大的物质财富，也创造了宝贵的精神财富，形成了独特而丰富的水文化，成为中华文化和民族精神的重要组成部分。推进先进水文化建设，让尊重河流、保护河流，调整人的行为，纠正人的错误行为，实现行为自律成为全民行动的新准则，传承好历史水文化并丰富现代水文化内涵，实现"大河文明、精神家园"，更好地满足人民日益提高的文化生活需要，这是幸福河的最高境界。

1.3　系统治理内涵解析

系统治理是习近平治国理政思想的重要理论，被应用于政治、经济、军事、科学、文化等各领域，贯穿于改革发展全过程。就水治理而言，习近平总书记提出"山水林田湖草是生命共同体"的论断，强调"统筹山水林田湖草系统治理"，并提出了"人的命脉在田，田的命脉在水，水的命脉在山，山的命脉在土，土的命脉在树"的基本逻辑架构，为流域水系统治理提供了基础依据。

水是流域生命共同体中最独特的子系统，其独特性在于参与生命共同体中的所有其他子系统的形成和演化，并成为各子系统演化的核心驱动力。同时，水又在自然力和人类作用下有其自身的产汇流及供用耗排的复杂运动规律。流域内水及其挟带的泥沙、营养盐的运动是由山、林、草、田到湖"顺流而下"的。因此，流域生命共同体诸要素通过水形成了上下串联的作用链，上游影响下游。最上游山体的主要功能是成壤和成水，为平原及田提供物质及营养来源，而涵养山区土壤和水分并促进成壤和成水过程的则是林草系统；中游的田是平原的主要组成部分，其土与水都主要来自山；最下游的则是"盛水"的湖，受其他各要素的综合影响。

由于水循环及其伴生过程的独有特征，以及"生命元素"的功能特质，决定了水对于整体生态系统，如同血液对于人体的作用。水循环及其伴生的物质、能量和信息流动，支撑并串接了其他子系统，在流量、质量和下垫面形态等时空特征上，均受其他子系统的影响，同时也影响其他子系统的演化，这是从生命共同体保护的高度看待治水问题的出发点和理论基础。就黄河流域水系统治理而言，也必须坚持生命共同体的理念，从水资源、水灾害、水环境、水生态、水文化等维度统筹考虑、有序推进，不可顾此失彼。

1.4 黄河流域水系统治理战略需求

幸福河、山水林田湖草系统治理论述是习近平治国理政重要理念、重要思想、重要战略的组成部分，是新时代治水思想的集中体现，是中华治水文化的最新成果，是黄河流域水系统治理的根本指引。打造幸福河，推进系统治理，既力求维护河流的健康，又追求更多的造福人民，具体体现在以下五方面的需求。

（1）维护河流健康

河流是有生命的，水从源头流经上游、中游、下游，从河口注入江河湖海或尾闾，再经蒸发、降水，回到陆地，开始新的循环，周而复始，生命得以延续传承。在此过程中河流发挥生态调节和环境塑造功能，孕育社会服务功能，伴生经济支持功能。哪一个环节失衡都会引起整个系统的波动。打造幸福河，就要像对待生命一样对待河流，把人类的幸福建立在河流健康的基础上，还河流以活力、和谐、美丽，否则，无异于涸泽而渔、饮鸩止渴，幸福也将成为无本之木、无源之水，人类文明必将受到影响，甚至是昙花一现。

（2）为人民提供更多优质生态产品

中国特色社会主义进入新时代，我国社会主要矛盾已经转化为人民日益增长的美好生活需要和不平衡不充分的发展之间的矛盾。打造幸福河，让河流造福人类，首要任务是让河流提供更多优质生态产品，以满足人民日益增长的优美生态环境需要。打造幸福河，就是要着力提供优质水资源、宜居水环境、健康水生态与先进水文化，让人水相近、相亲、相融，让百姓望得见山，看得见水，记得住乡愁，让河流成为重要的发展载体和精神依托。

（3）支撑经济社会高质量发展

高质量发展是全面建成小康社会、全面建设社会主义现代化国家的首要任务，也是为人民谋幸福的根本保障。水是生产之要，是高质量发展不可或缺的重要条件。打造幸福河，一方面要为经济社会高质量发展提供涉水的基础支撑，夯实城乡防洪除涝和供水安全保障能力；另一方面要将水资源作为最大的刚性约束，倒逼经济社会发展转型，走高质量发展的路子，杜绝用水浪费与水环境污染，让改革发展成果更多更公平惠及全体人民。

（4）促进人水和谐

幸福是人的体验，幸福的主角是人。但是，人与水是生命共同体，人类必须尊重自然、顺应自然、保护自然。人类只有遵循自然规律才能有效防止在水资源开发利用上走弯路，人类对水资源的伤害最终会伤及人类自身，这是无法抗拒的规律。幸福河所指的幸福是持续的，而不是暂时的，是全流域综合的，而不是局部的。打造幸福河，让河流永远造福人民，就必须始终坚持并落实人水和谐、天人合一，要调整人的行为与纠正人的错误行为，不要再有征服自然的思想，不能过度开发利用水资源、污染水环境、破坏水生态、挤占水空间。

（5）让人民具有安全感、获得感与满意度

人民是历史的创造者，也是幸福河的评价者。打造幸福河，必须始终坚持以人民为中心的发展思想，把人民对河流的美好向往作为奋斗目标，努力抓好各项工作，保障防洪安全、供水安全，支撑经济社会可持续发展，提供更多更优生态产品，保证流域内人民在水利发展中有更多获得感，逐步提高人民的满意度。

2 黄河流域水系统现状与五水情势分析

2.1 黄河概述

黄河是我国的第二大河，发源于青藏高原巴颜喀拉山北麓海拔 4500m 的约古宗列盆地，流经青海、四川、甘肃、宁夏、内蒙古、山西、陕西、河南、山东 9 省（自治区），在山东省东营市垦利区注入渤海。干流河道全长 5464km，流域面积 79.5 万 km^2（包括内流区 4.2 万 km^2）。黄河西起巴颜喀拉山，东临渤海，南至秦岭，北抵阴山，从西到东横跨我国三级阶梯与青藏高原、内蒙古高原、黄土高原和黄淮海平原四大地貌单元。流域面积大于 $1000km^2$ 的一级支流有 76 条。

黄河水少沙多、水沙异源，1956～2000 年系列水资源总量为 647 亿 m^3、输沙量为 11.2 亿 t。黄河流域水土流失面积达 45 万 km^2。上游是黄河径流的主要来源区和水源涵养区，来水量占全流域的 62%，来沙量占 8.6%。中游河段大部分支流地处黄土高原地区，暴雨集中，水土流失严重，是黄河洪水和泥沙的主要来源区，来水量占 28%，来沙量占 89%。下游河段现状河床高出背河地面 4～6m，比两岸平原高出更多，是举世闻名的"地上悬河"，长达 800km，局部河段出现"二级悬河"。近年来，黄河流域来水来沙量明显减少，但水沙关系仍不协调。黄河流域人均水资源占有量仅为全国平均水平的 27%，水资源开发利用率高达 70%，2019 年黄河流域供水量为 555.97 亿 m^3，其中供外流域水量为 130.32 亿 m^3。近 20 年年均入海水量为 161 亿 m^3，河道内生态用水得不到满足。2018 年黄河劣 V 类水占比为 12.4%，比全国平均水平高 6.8 个百分点。

黄河哺育着中华民族，孕育了中华文明。黄河流域涉及 9 省（自治区）66 个地（市、州、盟）340 县（市、区、旗）。黄河流域有三千多年是全国政治、经济、文化中心，孕育了河湟文化、河洛文化、关中文化、齐鲁文化等，分布有郑州、西安、洛阳、开封等古都，诞生了"四大发明"和《诗经》《老子》《史记》等经典著作。黄河流域也是我国重要经济地带。黄淮海平原、汾渭平原、河套灌区是农产品主产区，粮食和肉类产量占全国的 1/3 左右。黄河流域又被称为"能源流域"，煤炭、石油、天然气和有色金属资源丰富，煤炭储量占全国的一半以上，是我国重要的能源、化工、原材料和基础工业基地。近年来，郑州、西安、济南等中心城市以及中原城市群等加快建设，全国重要的农牧业生产基

地和能源基地的地位进一步巩固，新的经济增长点不断涌现。2019 年全流域人口约为
1.21 亿人，人均 GDP 为 5.95 万元，相当于全国平均水平的 83.93%。流域内各省（自治
区）经济发展不均衡，河口与河源区人均 GDP 相差 10 倍以上。2018 年流域内灌溉面积为
9474.3 万亩[①]，并为流域外 3000 多万亩农田供水。

2.2 气候变化和人类活动影响下黄河流域水资源演变与供需态势

2.2.1 黄河流域水量收支逐步失衡，天然径流呈衰减趋势

（1）过去 61 年（1956~2016 年）黄河流域径流量大幅衰减，人类活动占主导因素

近 61 年来，黄河流域的气候和环境条件发生了巨大变化，气候变暖、下垫面变化、
人工取用水等区域高强度人类活动对水循环造成了强烈影响。采用黄河流域"自然-社
会"二元水循环模型进行水资源评价，黄河流域花园口断面 1956~1979 年降水系列（历
史同期下垫面）天然径流量 568 亿 m^3，1956~2000 年降水系列（2000 年下垫面）天然
径流量 487 亿 m^3，1956~2016 年降水系列（2016 年下垫面）天然径流量 453 亿 m^3，
水资源呈持续减少趋势（表 2-1）。相对于 1956~1979 年降水系列，1956~2016 年降水
系列花园口以上天然径流量减少 115 亿 m^3；其中兰州以上减少 10 亿 m^3，兰州至头道拐区
间减少 30 亿 m^3，头道拐至龙门区间减少 21 亿 m^3，龙门至三门峡区间减少 38 亿 m^3，三门
峡至花园口区间减少 16 亿 m^3。总体上讲，黄河流域的自产水量在持续减少，其中主要产
水区（兰州以上）径流量只有小幅减少，径流量的衰减主要发生在兰州以下区域，占总衰
减量（115 亿 m^3）的 90% 以上（图 2-1 和图 2-2）。

表 2-1 黄河流域三个时期水资源量对比   （单位：亿 m^3）

情景/断面		兰州	头道拐	龙门	三门峡	花园口
降水系列	下垫面					
1956~1979 年	历史同期	327	343	402	521	568
1956~2000 年	2000 年	320	319	365	452	487
1956~2016 年	2016 年	317	303	341	422	453

对于流域水量平衡关系来说，受到气候变化和人类活动影响，降水增加的同时，自然
蒸发量也在同步增加，并且增幅更大，导致流域天然径流量呈下降趋势，而经济社会取用

---

① 1 亩≈666.67 m^2。

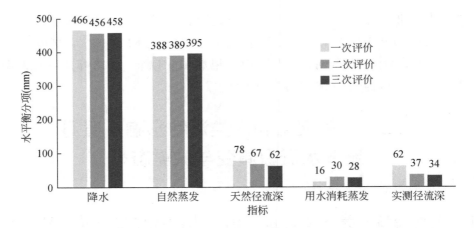

图 2-1   花园口三次水资源评价水平衡分项

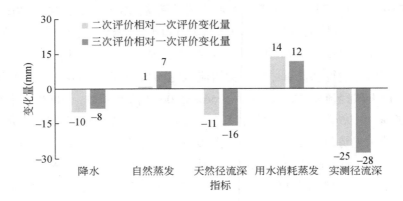

图 2-2   花园口三次水资源评价水平衡分项变化

水增加,进一步导致实测径流减少。

采用多因子归因分析方法,对黄河流域水资源变化进行归因分析。黄河流域(花园口以上),取用水对径流衰减的贡献率约占 1/2,下垫面约占 1/4,气候变化约占 1/4 (Liu et al., 2019)。兰州以上天然径流量略有减少,主要是由取用水导致,贡献率为 54.7%;兰州至头道拐、三门峡至花园口取用水作用最大,分别为 65.4% 和 70.1%;头道拐至龙门、龙门至三门峡三项因素减水作用各占 1/3 左右(表 2-2)。

表 2-2   主要干流分区天然河川径流量变化归因分析

项目	因素	兰州以上	兰州至头道拐	头道拐至龙门	龙门至三门峡	三门峡至花园口	花园口以上
各因素影响量 (亿 m³)	气候变化	-3.0	-6.5	-7.5	-10.4	-0.6	-28.0
	下垫面	-1.4	-3.7	-7.4	-12.1	-4.0	-28.6
	取用水	-5.3	-19.3	-7.4	-15.2	-10.8	-58.0

续表

项目	因素	兰州以上	兰州至头道拐	头道拐至龙门	龙门至三门峡	三门峡至花园口	花园口以上
各因素贡献率（%）	气候变化	−30.9	−22.0	−33.6	−27.6	−3.7	−24.4
	下垫面	−14.4	−12.6	−33.2	−32.1	−26.0	−25.0
	取用水	−54.7	−65.4	−33.2	−40.3	−70.1	−50.6

（2）气候变化导致未来黄河流域水资源仍将朝着不利方向演化

采用多模式集合预估技术，对黄河流域未来水资源量进行预测。在未来降水增加、温度升高的气候情景下，参考《黄河流域综合规划（2012—2030年）》中2030年的水土保持和取用水水平，预测未来黄河流域水资源量呈现减少的趋势。

对于天然径流量来说，虽然降水持续增加，但在下垫面改变以及气温增温影响下，蒸发量增加的幅度更大，导致2050水平年和2070水平年天然径流量总体上较现状有所减少（Yan et al.，2020）。2050水平年花园口断面天然径流量为425亿 m^3，较1956~2016年系列减少28亿 m^3，其中唐乃亥以上区间减少24亿 m^3，唐乃亥至兰州区间减少8亿 m^3，兰州至头道拐区间增加7亿 m^3，头道拐至龙门区间减少5亿 m^3，龙门至三门峡区间减少10亿 m^3，三门峡至花园口区间增加12亿 m^3；至2070水平年，花园口断面天然径流量为434亿 m^3，较1956~2016年系列减少19亿 m^3，其中唐乃亥以上区间减少29亿 m^3，唐乃亥至兰州区间减少10亿 m^3，兰州至头道拐区间增加8亿 m^3，头道拐至龙门区间增加2亿 m^3，龙门至三门峡区间增加2亿 m^3，三门峡至花园口区间增加8亿 m^3（表2-3）。总体来讲，未来黄河天然径流量的衰减主要发生在产水区（兰州以上），气候变化将是产水区径流衰减的主导因素。

表2-3　黄河流域主要断面不同时期天然径流量　（单位：亿 m^3）

断面	1956~2016年	2050水平年（2041~2060年平均）	2070水平年（2061~2080年平均）
唐乃亥	201	177	172
兰州	317	285	278
头道拐	304	279	273
龙门	341	311	312
三门峡	422	382	395
花园口	453	425	434

对于各个断面来说，虽然2050水平年和2070水平年降水持续增加，而在综合因素（气温、用水、水土保持措施）影响下的蒸发量也在持续增加，由此导致断面水资源量较基准期均有减少（图2-3）。

图 2-3 花园口未来 30 ~ 50 年黄河水量平衡分项变化

2.2.2 黄河流域河道内外水资源需求呈现失衡趋势

(1) 基于黄河"八七"分水方案的黄河流域河道内外水平衡关系

黄河是中华民族的母亲河,但是自 20 世纪 70 年代开始,随着经济社会快速发展,黄河流域地表水用水量由中华人民共和国成立初期的 60 亿 ~ 80 亿 m^3/a 急剧增加至 20 世纪 80 年代初的 250 亿 ~ 280 亿 m^3/a,加之缺乏统一的流域规划和有效的管理手段,上游省(自治区)无序引水,导致黄河下游自 1972 年开始频繁断流。1972 ~ 1986 年,黄河有 10 年发生断流,累计断流 145 天,年均断流长度 260km,随之而来的是上下游用水矛盾、河道淤积、水环境污染等问题。从流域层面统筹水量分配,是解决这些问题的迫切需求。

针对当时经济社会发展与河流生态健康稳定之间的巨大矛盾。1987 年在《国务院办公厅转发国家计委和水电部关于黄河可供水量分配方案报告的通知》(国办发〔1987〕61 号)文件中批准了《黄河可供水量分配方案》(简称黄河"八七"分水方案),黄河"八七"分水方案是我国首个大江大河水量分配方案。在黄河"八七"分水方案中,水利部黄河水利委员会(简称黄委)采用黄河年均天然径流量 580 亿 m^3,并考虑保留河道输沙等生态用水 210 亿 m^3,将南水北调工程生效之前的总可供水量 370 亿 m^3 分配给流域 9 省(自治区)及相邻缺水的河北省和天津市。1998 年 12 月,国家计划委员会、水利部联合颁布实施了《黄河可供水量年度分配及干流水量调度方案》和《黄河水量调度管理办法》,授权黄委统一管理和调度黄河水资源,依据"八七"分水方案,制定调度年份黄河水量分配方案、制定月旬水量调度方案、进行实时水量调度及监督管理等。2008 年,黄委发布了《关于加强黄河取水许可总量控制细化工作的通知》(黄水调〔2008〕8 号),将省（自治区）分水指标细分到地级行政区和干支流，形成流域—省（自治区）—地（市）三级分水指标。

这些措施保障了黄河流域经济社会系统与河道生态系统需水的相对平衡。在直接效果方面，到 2020 年 8 月 12 日，黄河已实现连续 21 年不断流。在黄河"八七"分水方案下，黄河水既支撑了流域经济社会发展，同时兼顾了黄河基本的生态环境水量需求，为黄河流域生态保护和高质量发展奠定了基础。

（2）强人类活动作用下黄河干支流实测径流量显著减少

历史上黄河流域天然径流量逐步减少，而人类活动导致地表水消耗持续增加。在此双重影响下，黄河干支流断面实测径流量显著减少。黄河干支流主要断面实测径流量统计成果见表 2-4。可以看出，与 1956～2000 年均值相比，2001～2016 年除支流大汶河戴村坝实测径流量基本持平外，其余黄河干支流断面实测径流量都有明显减少，干流水文断面实测径流量减少幅度在 9.3%～48.7%。黄河源区（唐乃亥断面以上）2001～2016 年平均实测径流量为 185.1 亿 m³，较 1956～2000 年均值减少了 9.3%；黄河中游三门峡断面 2001～2016 年平均实测径流量为 220.6 亿 m³，较 1956～2000 年均值减少了 38.4%；花园口断面 2001～2016 年平均实测径流量为 255.4 亿 m³，较 1956～2000 年均值减少了 34.6%；黄河把口站利津断面 2001～2016 年平均实测径流量为 161.7 亿 m³，较 1956～2000 年均值减少了 48.7%。黄河最大支流渭河华县断面 2001～2016 年平均实测径流量为 49.6 亿 m³，较 1956～2000 年均值减少了 29.6%；支流窟野河温家川断面平均实测径流量减少幅度甚至达到了 63.9%。

表 2-4　1956～2016 年黄河干流主要断面分阶段平均实测径流量（单位：亿 m³）

断面	平均实测径流量				
	1956～1979 年	1980～2000 年	1956～2000 年	2001～2016 年	1956～2016 年
干流唐乃亥	202.1	206.1	204.0	185.1	199.0
干流兰州	328.9	295.0	313.1	283.5	305.3
干流河口镇	245.5	195.1	222.0	163.0	206.5
干流龙门	307.4	233.4	272.8	184.6	249.7
干流三门峡	408.9	299.7	357.9	220.6	321.9
干流花园口	447.1	326.2	390.6	255.4	355.2
干流利津	411.5	205.6	315.4	161.7	275.1

（3）黄河干支流断面生态水量亏缺形势严峻

研究兼顾黄河流域上下游、干支流不同气候水文条件和人类活动特点，选择了覆盖黄河干流及重要支流 50 个代表断面开展研究。在此过程中，采用 95% 保证率下最枯月均径流法（Q95），综合考虑断面天然和实际径流条件、枯水期和非枯水期径流变化，确定了断面生态基流保障目标。基于此，采用逐日达标评价的方法对断面近 10 年（2009～2018年）生态基流达标情况进行分析。

从结果来看，黄河流域重点河流断面近年来面临生态流量保障率偏低的问题。50 个断面中有 40 个断面达标年份占比低于 90%，即 10 年里生态基流达标的年份低于 9 年，无法保证生态基流 90% 的保证率要求；占比超过一半（26 个）的断面基流达标年份占比不足 50%，其中干流三门峡断面、昆都仑河的塔尔湾断面，无定河的白家川、横山断面，汾河的汾河水库下泄断面、河津断面，伊洛河的白马寺、黑石关、龙门断面，沁河的武陟断面，渭河的林家村断面，泾河的雨落坪、张家山断面，北洛河的洑头断面、玉符河的卧虎山水库下泄断面等 15 个断面 10 年内无一年达标，生态流量无法保障的问题极其突出。从分布来看，生态流量保障形势严峻的河流断面主要集中在黄河中游地区，包括渭河、汾河、泾河等重要支流，生态基流达标年份占比普遍在 60% 以下。生态基流达标年份占比超过 90% 的断面有 10 个，占比 20%，其中有 5 个分布在黄河干流，具体包括贵德、吉迈、小川、兰州、头道拐断面，其余多在上游支流。整体来看，黄河流域生态流量保障情况呈现上游最好、下游次之、中游最差，干流优于支流的总体分布格局。

进一步，针对生态基流达标形势最严峻的 15 个断面，对比断面在不达标日内的实际来水与基流目标的差距，计算断面不达标日内缺水量占当日基流目标的比例（即"日破坏深度"），分析断面实际缺水情况。从结果来看，无定河的横山断面，汾河的汾河水库下泄断面、河津断面，北洛河的洑头断面日破坏深度最高，不达标日内河道生态基流缺水量占其基流目标的比例平均在 70% 以上，属于生态基流满足率最差的河流断面。

分析黄河流域重点河流断面生态基流保障率严重偏低的原因，取用水总量占比高，所做贡献最大，达到 46%，其次是遭遇自然水文枯水年型（31%）、取用水季节性冲突（17%）、水利工程不合理调度（6%）。黄河流域中下游是我国主要的粮食产区和人口聚集区，人-地-水不平衡的矛盾十分突出，过度的水资源开发利用挤占了大量生态环境用水，河道内生态用水"分光吃净"。一些水库建设时只考虑了生产生活用水供给和防汛调度要求，没有考虑生态流量下泄，从而导致下游河湖断流等一系列问题。同时，黄河中游多年来的水土保持建设以及煤矿开采等活动已显著影响到天然降水径流关系，河道内生态用水受到自然和人类的综合影响。

（4）来沙量锐减将对经济社会-河道生态系统平衡关系产生影响

据实测资料分析，1919～1959 年为受人类活动影响较小的天然情况时段，该时段潼关水文站实测年平均水量和输沙量分别为 426.1 亿 m^3 和 15.92 亿 t，正是以此为重要依据，黄河"八七"分水方案中，保留河道输沙等生态用水 210 亿 m^3。随着人类活动的日益加剧和自然气候的变化，1986～2012 年实测年平均水量和输沙量分别为 245.9 亿 m^3 和 5.42 亿 t，水沙量较 1919～1959 年有较大幅度的减少，分别减少了 42.3% 和 66.0%。2000 年以来潼关水文站水沙量进一步减少，2000～2012 年实测年平均水量和输沙量分别为 231.2 亿 m³ 和 2.76 亿 t，较 1919～1959 年分别减少了 45.7% 和 82.7%。特别需要指出的是，2013～2015 年潼关水文站实测年平均水量和输沙量仍在继续大幅减少，2014 年和 2015 年实测输沙量仅为 0.691 亿 t 和 0.55 亿 t（表 2-5）。

表 2-5 黄河潼关水文站实测水量和输沙量变化统计

时间	实测水量（亿 m³/a）	变化率（%）	实测输沙量（亿 t/a）	变化率（%）
1919～1959 年	426.1	—	15.92	—
1986～2012 年	245.9	−42.3	5.42	−66.0
2000～2012 年	231.2	−45.7	2.76	−82.7
2013 年	304.5	—	3.05	—
2014 年	235.1	—	0.691	—
2015 年	197.2	—	0.55	—

胡春宏（2016）预计未来 50～100 年，潼关水文站年平均输沙量将逐步稳定在 3 亿 t/a 左右。王光谦等（2020）也认为在未来较长一个时期内，潼关水文站年平均输沙量预计在 3 亿 t 左右，并呈现缓慢增长的趋势。

来沙量的大幅减少将对历史分水方案中预留的输沙水量造成显著影响，并直接影响黄河流域经济社会–河道生态之间的平衡关系。

（5）预留 180 亿 m³ 河道内水量维系黄河生态健康的必要条件

虽然 1999 年以来，黄河实现干流连续 20 年不断流，但生态流量偏低且不稳定，2013～2017 年，生态环境水量满足程度降低到 55.2%，而最低的 2002 年入海生态水量仅 48.30 亿 m³，满足程度仅 37.9%。因此，要使黄河成为造福流域人民的"幸福河"，首先要保障黄河的生态健康，必须充分考虑黄河径流变化、泥沙变化以及各段河道内生态流量的需求，兼顾河道外生态用水需求。

对于未来河道内水量阈值问题，一方面采用同比例折减法计算，在黄河"八七"分水方案中，利津断面天然径流量 580 亿 m³，预留河道内生态水量 210 亿 m³，占比 36%。未来 30～50 年黄河流域天然径流量将进一步减少至 446 亿 m³ 左右，按照同样的比例计算未来河道内生态水量应维持在 161 亿 m³ 左右。另一方面考虑尊重现状的原则，未来黄河生态保护和高质量发展战略的实施，应在尽可能满足当前黄河流域经济社会发展水平下的河道内相对稳定的水量需求。基于利津水文站实测资料，河道生态水量应不低于黄河利津断面 2003～2016 年的实测径流量（图 2-4）。

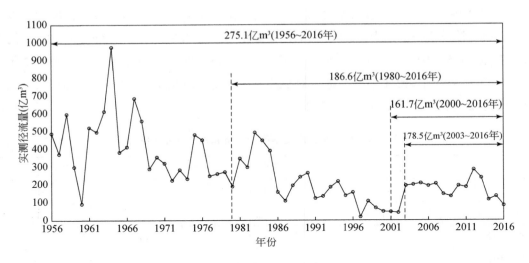

图 2-4　利津断面实测径流过程

基于上述分析，通过对黄河流域水沙形势分析，综合考虑输沙需求、生态保护等需求，未来黄河应预留河道内综合需水量 180 亿 m³，用于支撑黄河流域高质量发展。

2.2.3　黄河流域水资源供需平衡形势严峻

（1）黄河"八七"分水方案的河水量分配情况

黄河是我国最早制定批准水量分配方案的流域。自 20 世纪 70 年代起，黄河开始出现断流，断流持续时间和断流河段都越来越长，黄河用水矛盾不断加剧。为此，1984 年，国家计划委员会和水利电力部牵头，与沿黄省（自治区）联合开展了黄河水量分配工作。1987 年《国务院办公厅转发国家计委和水电部关于黄河可供水量分配方案报告的通知》（国办发〔1987〕61 号），确定了沿黄各省（自治区）和有关省（直辖市）的水量分配方案（表 2-6）。方案明确在 2000 年扣除输沙等生态水量 210 亿 m³，黄河正常年份可供水量 370 亿 m³，其中上游分配 127 亿 m³，中游分配 121 亿 m³，下游分配 122 亿 m³；农业分配 292 亿 m³，工业、生活分配 78 亿 m³。

表 2-6　黄河可供水量多年平均分配方案　　　　　　　（单位：亿 m³）

指标	青海	四川	甘肃	宁夏	内蒙古	陕西	山西	河南	山东	天津和河北	合计
年耗水量	14.1	0.4	30.4	40.0	58.6	38.0	43.1	55.4	70.0	20.0	370.0

该方案按照 2000 年国民经济发展规模和水平制定的与黄河可供水量相平衡的水量分配方案，它以各省（自治区）1980 年实际用水量为基础，适当考虑灌溉发展规模、工业

和城乡生活用水增长及大中型水利工程兴建的可能性。该方案中农业灌溉按75%的保证率考虑，工业用水按95%的保证率考虑。各省（自治区、直辖市）以该方案为依据，制定各自的用水规划。

2006年国务院通过了《黄河水量调度条例》，进一步明确了各个部门在黄河水量分配中的权力、义务和责任。该条例对正常情况下的黄河水量年度调度计划和实时调度作了相应规定。

（2）现状和未来水资源呈现供需失衡态势

根据《中国水资源公报》，2000年以来黄河流域供用水量稳定在380亿~400亿 m^3，其中地表水供水在240亿~270亿 m^3，此外还有跨流域调出水量约90亿 m^3。供水结构呈现地下水供水缓慢减少的趋势，用水结构呈现城镇生活和生态持续上升、农业和农村生活逐步下降、工业先增长再稳定的态势。

根据黄河流域现有的供水量和用水效率状况，客观评估黄河现状水平下的供需状况。黄河流域及流域外引黄灌区现状河道外总需水（多年平均）约530亿 m^3，其中生活需水约55亿 m^3，工业需水约70亿 m^3，农业需水约380亿 m^3，河道外生态环境需水约25亿 m^3。按照现状实际供水状况分析，现状河道外用户缺水量超过70亿 m^3，其中农业缺水约50亿 m^3，城镇缺水约10亿 m^3，生态缺水超过10亿 m^3。此外，河道内生态缺水30亿~40亿 m^3。

根据《黄河流域水资源综合规划》，2030水平年不考虑南水北调西线调水工程，也不考虑引汉济渭调水工程情况下，流域内多年平均供水量为443.2亿 m^3，缺水量为104.2亿 m^3，全流域河道外缺水率为19.0%，上游缺水率较高。此外，流域外的引黄灌区引水需求仍维持在90亿~100亿 m^3，累计需水量约为550亿 m^3。如果不考虑南水北调西线和引汉济渭等主要调水工程，黄河流域供需矛盾异常尖锐。

（3）黄河流域节水潜力

黄河是我国最早最全面开始节水型社会试点建设工作的区域。经过数十年的深度节水，黄河流域用水效率已经大幅提升，新鲜水取水量持续减少，节水效率与效益均处在全国水资源一级区前列（刘华军等，2020）。但由于黄河自然禀赋较差，且用水需求增长旺盛，积极落实"节水优先"是应对未来缺水形势的首要选择。根据黄河流域目前的节水效率与缺水程度，需要采取极限节水措施，挖掘极限节水潜力。极限节水潜力指在维持生活良好、生产稳定和生态健康的前提下，基于可预知的技术水平，通过采取最大可能的工程和非工程节水措施产生的节水效果（池营营，2012）。在不考虑压缩经济社会规模的前提下，在农业方面，最大程度实施渠系衬砌和高效节水灌溉，节灌率由现状年的62%提高到100%，高效节灌率则由29%提高到41%，农业资源性节水潜力约为14.3亿 m^3；在工业方面，评估各省（自治区）工业用水重复利用率可达到的极限值介于92%~98%，供水管网漏损率极限值介于 8.0%~9.5%，据此评价工业资源性节水潜力为 2.16 亿 m³；在生活方面，评估各省（自治区）供水管网漏损率极限值介于 8.5%~10.0%，则生活资源性节水潜力为 0.63 亿 m³。综上所述，黄河取用节水潜力约为 37.73 亿 m³，资源性节水潜力为 17.11 亿 m³（表 2-7）。

表 2-7　黄河流域节水潜力评估　　　　　　　（单位：亿 m³）

行政区	取用节水潜力				资源性节水潜力					
	农业	工业	生活	小计	按用户分			按水源分		小计
					农业	工业	生活	地表水	地下水	
青海	1.36	0.45	0.1	1.91	0.86	0.21	0.05	0.94	0.18	1.12
四川	0	0.01	0	0.01	0	0	0	0	0	0
甘肃	2.78	0.05	0.01	2.84	1.87	0.02	0	1.73	0.16	1.89
宁夏	5.4	0.13	0.04	5.57	1.42	0.09	0.02	1.48	0.05	1.53
内蒙古	11.77	1.15	0.23	13.15	5.19	0.72	0.15	4.53	1.53	6.06
陕西	3.59	1.72	0.34	5.65	1.55	0.8	0.18	1.53	1	2.53
山西	3.35	0.45	0.06	3.86	1.44	0.09	0.03	0.84	0.72	1.56
河南	2.26	0.73	0.3	3.29	1.38	0.16	0.17	1.02	0.69	1.71
山东	1.23	0.16	0.06	1.45	0.61	0.07	0.03	0.47	0.24	0.71
小计	31.74	4.85	1.14	37.73	14.32	2.16	0.63	12.54	4.57	17.11

（4）未来考虑综合措施后供需平衡恢复程度

根据上述分析，按照"四定"原则，在确保用户刚性合理和用水节约高效的前提下分析黄河流域的用水需求。综合现有研究成果，黄河流域 2035 年在强化节水前提下，总需水可控制在 500 亿 m³。其中生活需水约 70 亿 m³，比现状增加约 20 亿 m³；工业需水约 80 亿 m³，比现状增加约 20 亿 m³；农业需水约 300 亿 m³，比现状减少约 70 亿 m³，生态环境需水约 30 亿 m³，比现状增加约 5 亿 m³。向外流域供水在现状水平下逐步降低，控制在 70 亿 m³ 以内。

按照输沙和生态保护需求，黄河流域的适度开发强度应控制在 60% 左右。考虑上下游用水循环效应，按照工程能力分析，在没有西线条件下枯水年可达到 350 亿 m³，相对现状供水可略有增加。在建引汉济渭等工程，2035 年可增加外流域调入水量约 15 亿 m³。非常规水源方面，再生水、矿坑水、咸水、雨水利用等其他非常规水源可以达到 15 亿 m³，总可供水量可达 30 亿 m³。地下水在现状开采水平下进一步压缩，总开采量控制在 110 亿 m³ 以下。综合分析，未来黄河流域水源供给能力在生态安全的前提下可以达到 500 亿 m³ 左右。

在充分节水、增加水源和充分保障河道内生态需求的条件下，黄河流域内供需总量可以基本平衡，但不能支撑流域外的引水需求。考虑黄河水量分配方案和下游引黄灌区用水实际情况，未来缺水仍在 70 亿 m³ 以上，若灌溉面积提高到规划设计水平，缺水将超过 100 亿 m³。区域分布上，河口镇以上的上游地区缺水率更高，城镇和工业等刚性用水需求不能完全保障，下游为确保河道内生态流量，在限制引水条件下会造成农业缺水。

2.3 新时代黄河防洪现状与形势

2.3.1 洪水特性及灾害概况

(1) 流域干支流洪水及灾害情况

黄河流域洪水主要有暴雨洪水和冰凌洪水两种类型，暴雨洪水多发生在 6~10 月，主要来自上游兰州以上和中游地区。在中游地区，洪水来源又可以分为河口镇至龙门区间、龙门至三门峡区间、三门峡至花园口区间。河口镇至龙门区间与龙门至三门峡区间洪水遭遇频繁，简称为"上大洪水"，三门峡至花园口区间洪水称为"下大洪水"。冰凌洪水一般发生在冬春季节，集中发生在上游宁蒙河段和下游的山东河段。

暴雨洪水中，上游洪水过程为矮胖型，即洪水历时长、洪峰低、洪量大。这是由上游地区降水特点（历时长、面积大、强度小）以及产汇流条件（草原、沼泽多，河道流程长，调蓄作用大）决定的。中游为高瘦型，洪水历时较短，洪峰较大，洪量相对较小，有单峰型，也有连续多峰型。这是由中游地区的降水特性（历时短、强度大）及产汇流条件（沟壑纵横、支流众多，有利于产汇流）决定的。

黄河上游洪水历时长、洪量大，1981 年洪水，兰州站洪峰流量达 7090m³/s，45 天洪量达 160 亿 m³。中游三门峡以上的"上大洪水"洪峰高、洪量大、含沙量高，对下游防洪威胁严重，1933 年洪水，陕县站洪峰流量达 22 000m³/s，45 天洪量达 220 亿 m³、沙量为 28.1 亿 t；中游三门峡至花园口区间的"下大洪水"洪峰高、涨势猛、预见期短，对下游防洪威胁最为严重，1958 年洪水，花园口站洪峰流量达 22 300m³/s，12 天洪量达 88.9 亿 m³。

黄河下游是举世闻名的"地上悬河"，洪水灾害严重，历史上被称为"中国之忧患"。在 1919~1938 年的 20 年间，就有 14 年发生堤防决口，1933 年洪水下游两岸 50 多处决口，河南、山东、河北、江苏 4 省 30 个县受灾，受灾面积达 6592km²，灾民 273 万人。1949 年以来黄河下游滩区遭受不同程度的洪水漫滩 20 余次，1996 年洪水，花园口站洪峰流量达 7860m³/s，滩区几乎全部进水，洪水围困 118.8 万人，淹没耕地 247 万亩，倒塌房屋 26.54 万间。

冰凌洪水中，洪峰流量沿程递增，流量不大，水位很高。这是因为开河时河道前期沿程存蓄水量迅速释放，流量逐段汇集、增多，河道排泄不畅或冰坝阻塞，造成上游河段水位迅速壅高。

黄河上游宁蒙河段凌汛灾害严重。20世纪60年代以前年年都有不同程度的凌汛灾害发生，1986年以来宁蒙河段主槽淤积萎缩、行洪能力下降，内蒙古河段凌汛堤防决口6次，2008年3月，内蒙古杭锦旗黄河大堤决口，受灾人口1万余人，淹没耕地8.1万亩。

（2）山洪灾害

我国山洪灾害点多面广、突发性强、防御困难，是汛期造成人员伤亡的主要灾种。受三级阶梯地形影响，黄河流域暴雨形成的天气系统复杂，地貌类型复杂多样，雨量集中，流域内山洪灾害频发多发，主要分布在陕西、山西、甘肃、宁夏等省（自治区），特别是渭北黄土塬区、陕北白于山河源区、黄土丘陵沟壑区、黄河沿岸土石山区等区域，都是我国山洪灾害频发、高发的重点区之一。2010年以来，随着全国山洪灾害防治项目建设实施，各地逐步建设了适合我国国情的山洪灾害防御体系，实现从"无"到"有"的历史性突破，山洪灾害导致的死亡人口数大幅度降低。

但山洪灾害"星星点点，面上开花"，预测预防难度极大，特大型山洪灾害事件时有发生，山洪灾害风险长期存在。根据《中国水旱灾害公报》，2012年7~8月，黄河上游、中游山陕区间出现多次强降水过程，内蒙古、陕西、甘肃、宁夏、青海、河南等省（自治区）遭受洪涝灾害，局部地区暴雨引发山洪泥石流，造成严重人员伤亡，受灾人口达400.86万人，因灾死亡70人、失踪17人，农作物受灾面积115.466万 hm²，倒塌房屋4.18万间。2015年青海贵南县、宁夏，2016年青海同德县，2017年河南洛阳等地均出现散发性山洪灾害，并造成人员伤亡。

目前，黄河流域山洪灾害防御面临的整体形势是上游呈增多趋势，中下游地区总体减弱但极端频繁（图2-5和图2-6）。

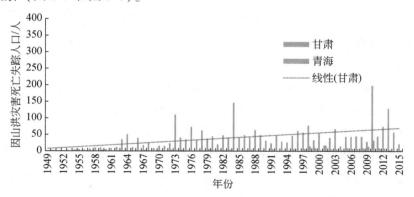

图2-5　黄河流域上游（甘肃、青海）山洪灾害变化趋势

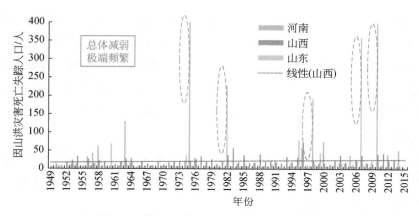

图 2-6　黄河流域中下游山洪灾害变化趋势

（3）城市内涝

城镇化快速发展带来人口的急剧密集、生态环境的改变，进而引起地区局部气候和水循环条件、城市产汇流特征改变，加上气候变化导致极端水文气象事件增多增强，城市洪涝灾害的强度增大、频次增加。2010～2016 年，我国平均每年有超过 180 座城市进水受淹或发生内涝。黄河流域城市总体上防洪、排涝标准达标率不高，城市内涝问题比较突出。根据 2012 年国家防汛抗旱总指挥部办公室统计数据，黄河流域 70 余座城市中，仅有23 个城市达到规划防洪标准，占比为 33%，只有 5 个城市达到规划排涝标准，占比为 7%。在防洪未达标的城市中，包括济南、开封和郑州 3 个重点防洪城市，以及西安和乌鲁木齐 2 个重要防洪城市。另外，各城市在监测体系、土地开发利用管控、防洪应急等洪涝风险管理等方面也有待提升。

近年来，济南、郑州、西安、兰州等省会城市均发生过严重的内涝灾害。2017 年，国务院确定的近年来内涝灾害严重、社会关注度高的 60 个城市名单中，就包括黄河流域的济南。2007 年，济南"7·18"暴雨洪水使济南尽成泽国，全市交通瘫痪，道路等被淹，33.3 万群众受灾，其中，37 人死亡，171 人受伤，直接经济损失约 13.2 亿元。2018 年，国内 10 次较大的城市洪涝事件中，包头、银川、兰州 3 座城市均在黄河流域。其中，兰州在 7 月 22～25 日，24h 最大降水量 119.9mm，200 余人受灾，1 人死亡。

2.3.2　防洪体系现状

（1）防洪工程布局现状

人民治黄以来，一直把下游防洪作为治黄的首要任务，并进行了坚持不懈的治理，修建了一系列防洪工程，基本建成了以中游干支流水库、下游堤防、河道整治、分滞洪工程为主体的"上拦下排，两岸分滞"防洪工程体系。

中游干支流已建成三门峡、小浪底、陆浑、故县、河口村水库等控制性水利工程，四次加高培厚下游两岸1371km的黄河大堤，完成了标准化堤防工程建设，开展了河道整治工程建设，完成了东平湖滞洪区防洪工程建设，明确了北金堤滞洪区为保留滞洪区。

上游已建成龙羊峡、刘家峡、海勃湾等梯级水库，青海至甘肃河段建设堤防895km，宁夏至内蒙古河段建设堤防1417km、河道整治工程255km，初步建设了"上控、中分、下排"的上游防洪防凌体系。

中游禹门口至三门峡大坝河段已建各类护岸及控导工程256km，沁河下游建设堤防164km，渭河下游修建干堤277km，提高了抗御洪水的能力，减少了水患灾害。

（2）防洪非工程体系现状

黄河流域防洪安全的非工程体系主要包括调度预案方案体系、水文监测预报、洪水预报方案、抢险队伍和物资管理。

调度预案方案体系，黄河流域水旱灾害防御工作主要制定了《黄河防御洪水方案》《黄河洪水调度方案》《黄河防汛应急预案》等各类防洪预案及相关重要规章制度；黄河流域有关省（自治区）编制的辖区内的各类防洪预案、应急预案、城市防洪预案及其他有关专业预案；大中型水库管理单位编制了汛期调度运用计划和水库应急抢险预案等。

水文监测预报，基本建成与流域防洪相适应的监测站网体系；逐步形成了"报汛站→水情分中心→流域水情中心"的三级报汛体系，初步建立了降水预报与洪水预报相结合的暴雨洪水预警预报体系。

洪水预报方案，目前，黄河流域主要包括黄河干支流72个重要控制断面的93个预报方案，覆盖了黄河干流全部防洪重点河段和18条重要一级支流，其中黄河龙门以下干流和重要一级支流基本实现了全覆盖。

抢险队伍和物资管理，已成立16支黄河防汛机动抢险队，其中新乡、济南和陕西黄河河务局3支队伍配备了各类抢险设备；防汛物资由黄河河务各部门根据定额及防汛抢险需要进行常年储备，块石、铅丝笼等主要抢险物资分布设于临黄大堤。

（3）山洪灾害防御体系现状

黄河流域已建成省级、地市级和县级山洪灾害监测预警（或监测预警信息管理）平台，实现了雨情自动监测、实时监视、预警信息生成和发布、责任人和预案管理、统计查询等功能，实现了省、市、县、乡四级视频会商，有效提高了基层防汛部门对暴雨山洪的监测预警水平，提高了预警信息发布的时效性、针对性、准确性。

初步实现了将山洪灾害防御纳入政府管理范围，全面构建了责任制体系和组织动员机制。明确了各级防御部门的山洪灾害防御主体责任，实现了与气象、应急、自然资源、文旅部门的协同配合，建立了覆盖山洪灾害防治区县、乡、村、组、户5级责任制体系，编制或修订完善了县、乡、村山洪灾害防御预案，配备了大量预警设施设备。增强了基层干部群众主动防灾避险意识，提高了自防自救互救能力。

2.3.3　防洪防凌现状与形势分析

黄河流域通过一系列防洪工程的修建，已初步形成了以中游干支流水库、下游堤防、河道整治、分滞洪工程为主体的"上拦下排，两岸分滞"防洪工程体系。同时，还加强了防洪非工程措施建设和人防体系的建设。

1）下游防洪现状。中游干支流已建成三门峡、小浪底、陆浑、故县、河口村水库等控制性水利工程，四次加高培厚下游两岸 1371km 的黄河大堤，完成了标准化堤防工程建设，开展了河道整治工程建设，完成了东平湖滞洪区防洪工程建设，明确了北金堤滞洪区为保留滞洪区，基本建成了"上拦下排、两岸分滞"的下游防洪工程体系。小浪底水库建成后，通过水库拦沙和调水调沙，下游河道全线冲刷，主槽过流能力由 $1800\text{m}^3/\text{s}$ 恢复到 $4300\text{m}^3/\text{s}$。通过四座水库联合运用，可将花园口断面 1000 年一遇洪水洪峰流量由 $42\,300\text{m}^3/\text{s}$ 削减到 $22\,600\text{m}^3/\text{s}$，接近设防流量 $22\,000\text{m}^3/\text{s}$。

2）上游干流防洪防凌现状。上游已建成龙羊峡、刘家峡、海勃湾等梯级水库，青海至甘肃河段建设堤防 895km，宁夏至内蒙古河段建设堤防 1417km、河道整治工程 255km，对保障兰州市、宁蒙平原等重要城市和地区的防洪防凌安全发挥了重要作用。上游宁蒙河段已成为新的悬河，2012 年后，上游洪水较大、水库汛期泄洪，主槽过流能力逐渐恢复至 $2500\text{m}^3/\text{s}$。

3）黄河中游干支流防洪现状。中游禹门口至三门峡大坝河段已建各类护岸及控导工程 256km，沁河下游建设堤防 164km，渭河下游修建干堤 277km，提高了抗御洪水的能力，减少了水患灾害。通过调整三门峡水库运用方式、利用桃汛洪水冲刷潼关河段，控制潼关高程不超过 328m，渭河下游淤积减缓。

4）洪水风险防控能力。初步形成了满足基本要求的水沙监测站网，洪水冰凌预测预报能力得到提高，初步建成黄河下游、上游防洪调度系统，洪水风险防控能力得到加强。

但是，我们也应清醒看到黄河防洪防凌具有特殊性、长期性、复杂性，还有诸多薄弱环节。

（1）黄河水沙特点决定了黄河防洪的长期性和复杂性

黄河水少沙多、水沙关系不协调的基本特点，决定了黄河防洪的长期性和复杂性。黄河尤其中下游采用何种治理方式要密切结合黄河下游的来水来沙条件和河床演变的新规律。据统计，黄河河口镇至龙门因 20 世纪 70 年代、80 年代、90 年代降水量较基准期 1969 年以前减少 7%、11% 和 13%，输沙量相应减少 68.5%、48.9% 和 57.1%。1996 年以来，黄河水沙进一步发生显著变化，实测径流量、输沙量显著减少（图 2-7 和图 2-8），如黄河中游龙门、华县、河津、洑头等断面的输沙量只有多年均值的1/3。

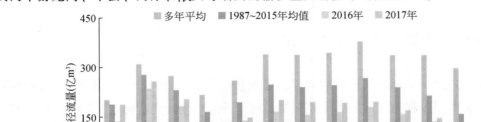

图 2-7　黄河干流重要控制水文站实测径流量对比

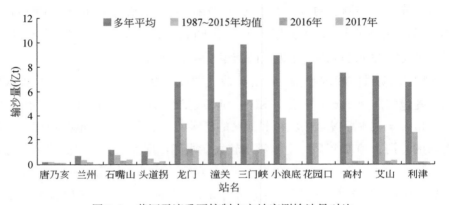

图 2-8　黄河干流重要控制水文站实测输沙量对比

对 1950～2010 年黄河流域降水量与径流量进行对比分析，发现降水量减少和两岸引用水量增大是影响实测径流量阶段性减少的主要原因，刘家峡、龙羊峡水库的联合运用则导致了年径流量变化的跳跃突变（图 2-9）。除了流域产水量的减少会直接引起产沙量减

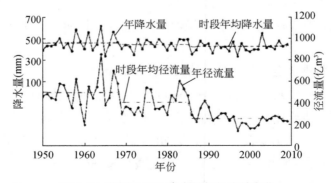

图 2-9　花园口以上降水量与径流量变化

少外，暴雨强度减弱、中游水土保持措施及水库建设的综合减沙拦沙效应也共同减少了黄河干流的来沙量，并对减少趋势的跳跃突变起到了主导作用。

从来水情况分析，在未来黄河流域多年平均降水量基本不发生变化的情况下，由于水土保持作用，三门峡、刘家峡、龙羊峡和小浪底等干支流大型水利枢纽建设对水沙过程的调节，沿黄工农业生产大量引水调水，今后进入下游的水沙量还将持续减少，且多水库的联合调度也将充分发挥调洪作用，有利于减轻下游的洪水压力。通过干支流大型水利枢纽的联合调度，花园口百年一遇流量已由 22 900m³/s 削减到 15 700m³/s，千年一遇流量已由 42 100m³/s 削减到 22 600m³/s，基本接近花园口的设防标准流量 22 000m³/s，可以说目前下游的洪水基本上得到控制。进入下游的洪水以中小洪水为主且其量级和概率都显著减小，但由于水文变化的周期性和不确定性，发生 1761 年、1843 年等稀遇性大洪水的可能性仍存在，水库的拦沙期有限，防洪仍将是下游治理长期面临的重大任务。

（2） 经济社会发展对防洪提出了更高的要求

当前我国正处于实现"两个一百年"奋斗目标的历史交汇期，经济社会发展对黄河防洪提出了更高的要求。以黄河下游而言，防洪保护区面积达 12 万 km²，人口上千万，耕地 1.1 亿亩，区内人口密集，城市众多，交通干线纵横交织，工农业生产发展迅速，是我国综合开发的重点地区。在现状情况下，下游现行河道一次决口的直接经济损失高达 1000 多亿元，水冲沙压对生态环境也将造成长期的不利影响。随着经济社会的发展，保护区对黄河防洪的要求越来越高。在确保下游堤防不决口的前提下，滩区群众的防洪安全越来越重要。下游滩区既是行洪、滞洪、沉沙区，又是 190 万人赖以生存的家园，防洪压力很大。滩区广大群众为保证黄淮海平原的安全付出了很大牺牲，至今还有相当数量的人口生活在贫困线以下。如何妥善解决滩区群众的防洪安全，同时保障滩区内居民美好生活愿景的实现，是防洪面临的一项紧迫而艰巨的任务。

2.3.4 存在的主要问题

（1） 下游洪水依然是最大威胁

黄河流域属大陆性季风气候，流域面积大，受三级阶梯地形影响，暴雨形成的天气系统复杂，存在多个暴雨区；黄河河长源多，不同河段洪水来源组成多样，洪水类型多，下游河道游荡摆动，洪水运动规律复杂。再加上地上悬河特性，黄河历史上洪水频发，决口改道频繁，灾难深重。中华人民共和国成立以来的 70 多年间黄河发生超万流量的大洪水 12 次，当前黄河下游发生大洪水的风险依然存在，尤其是三门峡至花园口区间的"下大洪水"洪峰高、涨势猛、预见期短，对下游防洪威胁最为严重。

小浪底水库设计保滩库容不足，中游控制性骨干工程少。小浪底水库原设计 5 年一遇洪水控制花园口流量不超过 8000m³/s，目前由于滩区人口多，小浪底水库处于拦沙期防洪库容较大，中小洪水均按控制花园口不超过下游平滩流量（2020 年 4350m³/s）运用。小浪底水库拦沙库容淤满后，保滩库容不能满足滩区保安要求。小浪底至花园口区间无工程控制区洪水威胁大，滩区洪水淹没风险高。规划的黄河干流七大控制性骨干工程中游还有古贤、碛口尚未建设，缺少控制性骨干工程分担大洪水防洪库容，不能有效控制上中游大洪水、减轻三门峡和小浪底水库淤积、长期保持小浪底水库较大库容；同时，小浪底水库调水调沙后续动力不足、水沙调控体系的整体合力无法充分发挥，也难以降低潼关高程、减轻渭河下游淤积。

"下排"工程尚不完善，下游滩区人口多，滞洪沉沙与群众脱贫发展矛盾大，"中滞"问题突出。下游河道"二级悬河"态势依然严峻，河道整治工程尚不完善，高村以上299km 游荡性河势未得到完全控制。部分引黄涵闸、分洪闸等穿堤建筑物存在安全隐患，河口地区防洪工程仍不完善，刁口河入海备用流路萎缩、侵占严重。下游河道上宽下窄，河道排洪能力上大下小，大洪水期间，艾山以上宽河道是天然"大型滞洪水库"，发挥了巨大的行洪滞洪沉沙作用。但下游滩区既是黄河滞洪沉沙的场所，也是 190 万群众赖以生存的家园，防洪运用和经济发展矛盾长期存在。河南、山东两省滩区居民迁建规划实施后，仍有近百万人生活在洪水威胁中。

（2）"地上悬河"治理难度大

黄河在中游流经水土流失严重的黄土高原，挟带了大量泥沙，进入下游华北平原，由于地形坡度变缓，水动力不足，水流变慢，大量泥沙开始在河道内淤积，河流逐渐发育成"地上悬河"，而行水河槽的平均高程又高于两岸滩地平均高程，进一步形成了"槽高、滩低、堤根洼"的"二级悬河"局面。一旦遇较大洪水溢出生产堤，即有可能发生河势演变，形成横河、斜河和滚河等险情，直接威胁大堤安全，增大下游漫滩概率，造成滩区人民生命财产损失。

近年来，黄河主槽淤积严重，平滩流量由 20 世纪 80 年代中期以前的 6000~8000m³/s 减小为目前的 4300m³/s 左右；水沙调控体系不完善，在小浪底水库拦沙库容淤满后，若无后续控制性骨干工程，黄河下游河道复将严重淤积抬高，已形成的中水河槽将难以维持；"二级悬河"的局面不断加剧，进一步增加了河道防洪的负担和河道治理的难度；另外，龙羊峡、刘家峡水库汛期大量蓄水，造成宁蒙河道淤积加重、主槽严重萎缩，对中下游水沙关系造成不利影响，"新悬河"问题日益突出。

下游滩区既是黄河滞洪沉沙的场所，也是 190 万群众赖以生存的家园，居民迁建规划实施后，区内仍有近百万人生活在洪水威胁中。滩区治理滞后，安全和生活、生产设施简陋，群众生活贫困，与周边地区的差距越来越大，下游治理与滩区群众安全和发展的矛盾日益尖锐。

（3）上游干流防洪防凌形势依然严峻

"上控"工程仍有短板。规划的上游干流黑山峡水利枢纽尚未建设，无法遏制宁蒙河段淤积态势、长期维持主槽过流能力。龙羊峡水库运用后，拦蓄汛期洪水，宁蒙河段汛期来水减少，水沙关系恶化，主槽淤积萎缩，主槽过流能力由 20 世纪 80 年代的约 4000m³/s 减小到 21 世纪初的不足 2000m³/s，内蒙古三盛公至昭君坟 200 多千米河段形成新的悬河（安催花等，2018）。上控工程对凌汛调控能力不足，刘家峡水库距石嘴山 778km，凌汛期出库流量演进至内蒙古河段时间长达 6～15 天，难以及时准确调控封河流量、凌洪流量；海勃湾水库调节库容小，对凌汛过程的调控能力不足。

"中分"能力不足。2008 年内蒙古河段凌汛决口后，内蒙古河段两岸建设了 6 个应急分凌区，目前只有乌兰布和沙漠、河套灌区及乌梁素海两个较大的分凌区能够正常启用，另外四个规模较小的分凌区仍存在未建设完工、达不到原设计分洪分凌能力等问题。

"下排"工程尚不完善。宁蒙河段河道整治工程尚不完善，洪水、凌汛威胁依然严峻。内蒙古河段滩区仍有约 1 万居民，耕地较多，部分河段建设了多处生产堤，影响河道行洪。上游部分城镇发展较快，部分河段防洪能力不足，安全隐患大。

（4）山洪灾害防治维护管理需加强，预警预报精度尚需提高

经过近 10 年来山洪灾害防治项目建设，黄河流域共调查了 292 个山洪灾害防治县和 2.5 万多个行政村，人口 2680 万，基本实现了黄河流域山丘区全覆盖，详查并划分了山洪灾害危险区 45 874 个，调查了历史山洪灾害 5700 多场；建设自动监测站近 1.1 万个，简易监测预警设施 6.1 万多个，初步建立了以"监测预警、群测群防"为特色的山洪灾害监测预警体系，在山洪灾害防御工作中开始发挥重要作用。但是，山洪灾害防御工作仍存在一些薄弱环节，黄河流域山洪灾害点多面广，受基层技术力量薄弱等因素的制约，已建山洪灾害监测预警系统运行维护管理问题突出。此外，山区局地降水监测预报支持系统落后；雨情的估算、预报多采用面上插值和统计方法，经验性强；对下垫面要素、洪水演进和区域差异的分析不够，计算结果难以满足山洪预警的预见期及动态化、差异化的要求。

（5）流域内城市防洪排涝达标率偏低，减灾能力仍有待提高

黄河流域范围内有兰州、银川、郑州、济南等 70 余座城市，各城市综合开展了防洪排涝的工程体系建设，并编制防洪规划，开展应急管理，基本形成了城市防洪排涝减灾体系。但总体上各城市的防洪、排涝标准达标率不足，根据 2012 年国家防汛抗旱总指挥部办公室统计数据，仅有 23 个城市达到规划防洪标准，占比为 33%，只有 5 个城市达到规划排涝标准，占比为 7%。在防洪未达标的城市中，包括济南、开封和郑州 3 个重点防洪城市，以及西安和乌鲁木齐 2 个重要防洪城市。另外，各城市在监测体系、土地开发利用管控、防洪应急等洪涝风险管理等方面也有待提升。

2.4 黄河水环境现状及演变

2.4.1 流域断面水质现状及变化特征

近年来，黄河流域水质呈好转趋势，但水质问题仍较为突出。2012~2019 年，黄河流域水质状况整体呈现好转趋势，流域地表水 Ⅰ、Ⅱ类水质比例呈上升趋势，Ⅴ类及劣 Ⅴ类水质比例虽呈减少趋势，但劣 Ⅴ类水质比例仍较大，其比例均在 8.8% 以上（表 2-8）。

表 2-8　黄河流域不同类型水质变化情况

年份	断面数（个）	比例（%）					
		Ⅰ类	Ⅱ类	Ⅲ类	Ⅳ类	Ⅴ类	劣Ⅴ类
2012	61	60.7	0	0	21.3	0	18.0
2013	61	1.6	33.9	24.2	19.3	8.1	12.9
2014	62	1.6	33.9	24.2	19.3	8.1	12.9
2015	62	1.6	30.6	29.0	21.0	4.8	12.9
2016	137	2.2	32.1	24.8	20.4	6.6	13.9
2017	137	1.5	29.2	27.0	16.1	10.2	16.1
2018	137	2.9	45.3	18.2	17.5	3.6	12.4
2019	137	3.6	51.8	17.5	12.4	5.8	8.8

注：2012 年所示 Ⅰ类水质比例为 Ⅰ、Ⅱ、Ⅲ类水质比例之和；所示 Ⅳ类水质比例为 Ⅳ、Ⅴ类水质比例之和。

近年来，黄河流域 Ⅰ类水质比例整体较小，但呈上升趋势，Ⅰ类水质比例总体介于 1.6%~3.6%；Ⅱ类水质比例近年呈稳定的上升趋势，其由 2013 年的 33.9% 上升至 2018 年的 51.8%；而 Ⅲ类及 Ⅳ类水质比例呈波动的下降趋势，其分别由 2013 年的 24.2%、19.3% 下降至 2019 年的 17.5%、12.4%；而 Ⅴ类水质整体呈下降趋势，但该水质类型下降幅度相对 Ⅲ类水质较小。通过近年来不同水质变化情况可以看出，黄河流域水质整体向好，其中 Ⅱ类水质比例迅速增大，主要是由于 Ⅲ类和 Ⅳ类水质转变为 Ⅱ类水质，这两类水质比例的减小。近年来，Ⅲ类和 Ⅳ类水质比例均减小了 7 个百分点左右。根据《2019 中国生态环境状况公报》，黄河流域地表水水质达到或优于 Ⅲ类的比例为 72.9%，较 2006 年提高了 22.9 个百分点；水质劣于 Ⅴ类的比例为 8.8%，较 2006 年降低了 16.2 个百分点。

黄河流域干流水质总体较好。2012~2019 年《中国生态环境状况公报》统计结果显示（表 2-9），黄河流域干流所监测的断面水质均优于 Ⅴ类水质，其中 Ⅰ类水质比例呈现较为稳定的上升态势，但上升幅度较小；Ⅱ类水质比例呈现波动式的上升态势，其由

2014 年的 53.8%上升至 2019 年的 77.4%；而Ⅲ类及Ⅳ类水质比例总体呈下降态势，其中Ⅲ类水质比例由 2014 年的 34.7%下降至 16.1%；在所有监测的断面中，黄河干流未测得Ⅴ类及劣Ⅴ类水质。总体来看，黄河流域干流水质相对较为理想。

表 2-9 黄河流域干流不同类型水质变化情况

年份	断面数（个）	比例（%）					
		Ⅰ类	Ⅱ类	Ⅲ类	Ⅳ类	Ⅴ类	劣Ⅴ类
2012	26	96.2	0	0	3.8	0	0
2013	26	92.3	0	0	7.7	0	0
2014	26	3.8	53.8	34.7	7.7	0	0
2015	26	3.8	46.2	38.5	11.5	0	0
2016	31	6.5	64.4	22.6	6.5	0	0
2017	31	6.5	58.0	32.3	3.2	0	0
2018	31	6.5	80.6	12.9	0	0	0
2019	31	6.5	77.4	16.1	0	0	0

注：2012 年、2013 年所示Ⅰ类水比例为Ⅰ、Ⅱ、Ⅲ类水质的比例之和。

黄河流域支流水体污染问题较为突出。2012～2019 年《中国生态环境状况公报》统计结果显示，在黄河支流所监测的断面中，黄河支流水质虽呈好转趋势，但其水质状况仍较为不理想（表 2-10）。其中，黄河支流劣Ⅴ类水质比例在 11.3%～31.4%，这一比例在 2012 年高达 31.4%，2019 年Ⅴ类水质仍在 11.3%；Ⅴ类水质比例也处于较高的水平，其比例在 4.7%～13.9%，这一比例在 2014 年为 13.9%，而在 2019 年仍为 7.5%。黄河支流Ⅰ～Ⅲ类水质比例近年来均呈增加趋势，其中Ⅱ类水质比例增加速度最快，其由 2014 年的 19.4%增加至 2019 年的 44.3%；而Ⅰ类和Ⅲ类水质增加的比例幅度相对较小。

表 2-10 黄河流域主要支流不同类型水质变化情况

年份	断面数（个）	比例（%）					
		Ⅰ类	Ⅱ类	Ⅲ类	Ⅳ类	Ⅴ类	劣Ⅴ类
2012	35	34.3	0	0	34.3	0	31.4
2013	35	33.3	0	0	38.9	0	27.8
2014	36	0	19.4	16.7	27.8	13.9	22.2
2015	36	0	19.4	22.2	27.9	8.3	22.2
2016	106	0.9	22.6	25.5	24.6	8.5	17.9
2017	106	0	20.8	25.5	19.7	13.2	20.8
2018	106	1.9	34.9	19.8	22.6	4.7	16.0
2019	106	2.8	44.4	17.9	16.1	7.5	11.3

注：2012 年、2013 年所示Ⅰ类水质比例为Ⅰ、Ⅱ、Ⅲ类水质比例之和。

2.4.2 流域河段水质现状及变化特征

黄河流域不同河段水质亦呈好转态势，但仍有一定比例的河段水质问题较为突出。

近年来《黄河水资源公报》数据显示，2012年黄河流域年平均符合Ⅰ~Ⅲ类水质标准的河长11 393.1km，占评价总河长的55.5%；符合Ⅳ~Ⅴ类水质标准的河长3521.4km，占评价总河长的17.1%；劣Ⅴ类河长5630.8km，占评价总河长的27.4%。2015年黄河流域水质评价河长21 655.0km；Ⅰ~Ⅲ类水质河长13763.1km，占63.5%；Ⅳ~Ⅴ类水质河长3025.2km，占14.0%；劣Ⅴ类水质河长4866.7km，占22.5%。而到2018年黄河流域水质评价河长23 043.1km；Ⅰ~Ⅲ类、Ⅳ~Ⅴ类和劣Ⅴ类水质河长分别为17 013.9km、3204.7km和2824.5km，相应占全流域水质评价河长的73.8%、13.9%和12.3%。

黄河流域劣Ⅴ类水质主要分布在汾河及其支流、涑水河、三川河、清涧河等，其中汾河流域2012~2018年水质持续重度污染，汾河干流温南社断面2012~2018年水质持续为劣Ⅴ类；黄河支流涑水河张留庄断面2012~2018年水质持续为劣Ⅴ类。陕西省铜川市渭河支流石川河2015~2017年水质持续为劣Ⅴ类；延安市清涧河王家河断面2017~2018年水质均为劣Ⅴ类。这说明黄河流域仍然存在突出的生态问题，污染严重水体水质还没有得到充分的改善。

2.4.3 流域水质指标演变特征

黄河流域的污染因子主要是氨氮和COD_{Mn}。利用综合指数法对2004~2016年7个断面4521组周测数据的水质类别和主要污染因子的调查可以看到，黄河目前污染因子主要是氨氮和COD_{Mn}，其中氨氮占比为44%，COD_{Mn}占比为37%，DO占比为19%，pH占比变化不大，可以忽略（孙艺珂等，2018）。不同污染因子变化呈现一定的波动性，但各污染因子的污染程度均有所好转（图2-10）。从年际变化角度来看，四个水质指标变化如下：pH波动幅度不大，各代表断面基本呈弱碱性；DO浓度各代表断面呈上升趋势；COD_{Mn}和NH_3-N浓度则基本呈下降趋势。空间变化上，受地区工农业发展及非人为因素影响，断面间水质指标大小及浓度存在较大差异。pH与DO浓度空间变异性较弱，变异系数分别为0.02和0.03；COD_{Mn}和氨氮浓度则存在较强空间变异性，变异系数分别为0.58和0.33。2016年干流改进的综合水质指数（WPCNI）为29.05，Ⅰ类水体超过10%，流域污染控制取得成效。NH_3-N为最主要的污染因子，水污染指数（WPI）值较大，但从2013年开始，COD_{Mn}的WPI值渐渐逼近NH_3-N，且于2015年成为最主要污染因子。WPI（DO）同WPCNI值变化趋势相同，但WPI（DO）相对较低，对水体污染的贡献率较低，

pH 的 WPI 值几乎不随时间变化，基本可认为对水体污染没有贡献。

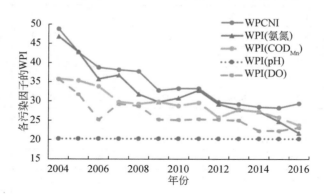

图 2-10　黄河干流水质类别占比、WPCNI 和各污染因子 WPI

黄河流域各省（自治区）（不含四川）近年来地表水 COD 和氨氮浓度见表 2-11 和表 2-12。可以看出，在黄河流域各省（自治区）中，COD 浓度排序为山西>陕西>内蒙古>山东>青海>甘肃>河南>宁夏，氨氮浓度排序为山西>陕西>青海>内蒙古>甘肃>宁夏>河南>山东。除甘肃和内蒙古的 COD 浓度有所升高外，其余各省（自治区）COD 和氨氮浓度均呈波动下降趋势，其中山西和陕西地表水 COD 和氨氮浓度远高于其他省（自治区）。从各污染指标浓度变化趋势结果来看，氨氮浓度均呈显著下降趋势，而 COD 浓度仅青海、宁夏、陕西、山西和山东呈显著下降趋势。

表 2-11　沿黄各省（自治区）COD 变化特征　　　（单位：mg/L）

年份	青海	甘肃	宁夏	内蒙古	陕西	山西	河南	山东
2006	12.2	12.9	15.4	16.9	95.6	126.7	13.8	18.2
2007	17	12.7	12.2	15.9	40.1	92.7	14.5	20.9
2008	19.5	12.8	12.7	15.5	36.2	78.8	14.4	19.3
2009	14.6	13.2	10.5	14.5	34.5	70.8	12	17.1
2010	14.8	13.5	15.1	14.4	32.5	60.1	11.9	17.4
2011	14.1	14.8	13.2	15.1	34.5	52.5	12.6	15.7
2012	12.8	15.5	10.2	25.4	18.5	36.1	14.7	15.5
2013	12.2	13.8	10.3	22.8	19.9	33.3	14.5	14.3
2014	11.5	14.2	9.9	22.2	18.9	36	13.3	15
2015	11.1	14.4	9.2	24.3	16.3	31	13	14.7

表 2-12   沿黄各省（自治区）氨氮变化特征   （单位：mg/L）

年份	青海	甘肃	宁夏	内蒙古	陕西	山西	河南	山东
2006	1.56	0.46	0.82	0.69	6.5	18.29	0.54	0.57
2007	1.87	0.54	0.7	0.82	6	19.24	0.62	0.55
2008	1.43	0.4	0.69	0.89	4.04	20.3	0.55	0.49
2009	1.46	0.51	0.62	0.97	3.92	18.14	0.38	0.46
2010	1.23	0.46	0.49	0.66	3.44	16.56	0.4	0.42
2011	0.9	0.4	0.44	0.62	3.14	15.65	0.42	0.37
2012	0.63	0.65	0.4	0.62	1.19	8.15	0.48	0.3
2013	0.68	0.9	0.38	0.63	1.18	7.17	0.51	0.32
2014	0.6	0.62	0.39	0.55	1.08	6.06	0.39	0.34
2015	0.69	0.48	0.3	1.37	0.93	5.57	0.28	0.21

污染物排放量和地表水资源量是影响地表水质的两个重要因素。采用《中国环境统计年报》中黄河流域历年的 COD 和氨氮排放量数据及水利部《中国水资源公报》中的地表水资源量数据计算出单位水资源纳污量（污染物排放量除以地表水资源总量代表单位水资源纳污量）。COD 和氨氮浓度与相应的单位水资源纳污量变化如图 2-11 所示，可以看出，

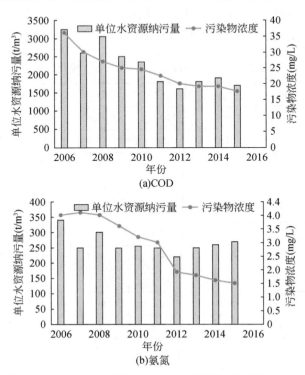

图 2-11   COD 及氨氮浓度和单位水资源纳污量逐年变化

COD 和氨氮浓度和各自的单位水资源纳污量变化趋势基本一致，即均呈显著下降趋势。随着水污染防治和减排力度的加大，污染物排放量逐年减少，是水质好转的重要原因（嵇晓燕等，2016）。2011~2015 年比 2006~2010 年地表水资源量有所增加，特别是 2012 年和 2013 年比多年均值偏多，水资源量的增加也有利于地表水质的好转。

2.4.4 黄河口及邻近海域水环境现状及变化特征

黄河口附近海域富营养化程度比较严重，无机氮成为黄河口附近海域富营养化的主要因子，而磷酸盐已是该海域浮游植物成长的限制因子（宋兵魁等，2019）。以莱州湾为例，莱州湾历年表层营养盐含量的调查结果表明（祝雅轩等，2019），莱州湾表层水中的无机氮含量从 20 世纪 80 年代初至 90 年代中期呈现递增的变化趋势，到 90 年代后期水质便属于劣 IV 类海水水质，处于严重污染水平；而无机磷含量则呈递减趋势，但依然保持在较高水平，从 90 年代后期以来继续波动式下降；莱州湾海域的富营养状态为磷限制，磷减少而氮增加，导致 N/P 高于雷德菲尔德（Redfield）值，近年来磷限制程度有所减缓。莱州湾营养盐含量和分布状况受到周边河流输入的影响较为显著（欧阳竹等，2020）。根据 1997 年与 1998 年春季对莱州湾海域的调查表明（祝雅轩等，2019），硝酸盐（NO_3-N）主要来源于北部黄河与渤海水混合而成的黄莱混合水；硅酸盐（SiO_4-Si）受黄河及南部各河口的共同影响。莱州湾表层营养盐分布显示，在湾西部和西南部浓度较高，主要受黄河和小清河入海径流的影响；底层分布有所差异，湾南部无机氮浓度较高，湾东部磷酸盐浓度较高，硅酸盐均匀分布；研究海域基本属于磷限制中度营养水平，并且已开始受到有机污染（郭富等，2017；杨艳艳等，2018；张海波等，2018）。

2018 年，山东省东营市开展了莱州湾近海海域冬季、春季、夏季和秋季四个航次的海水质量监测，通过对海水中无机氮、活性磷酸盐、石油类和化学需氧量等指标的综合评价显示，全市海水环境质量状况总体一般，近岸海域海水污染程度依然较重。冬季、春季、夏季和秋季符合 I、II 类海水水质标准的海域面积分别为 3105km²、4297km²、1587km²、2788km²，占全市近岸海域面积的 52.63%、72.83%、26.90%、47.25%。劣于 IV 类海水水质标准的海域面积较 2017 年略有减少，主要分布在莱州湾西部和渤海湾南部的近岸海域，主要污染要素为无机氮。

2.5 黄河水生态现状及演变

黄河流域是连接我国西北、华北、渤海的重要生态廊道，在我国"两屏三带"为主体的生态安全战略格局占据重要位置，是"青藏高原生态屏障"、"黄土高原—川滇生态屏障"和"北方防沙带"的重要组成，是华北、中东部安全屏障构建的前提条件，是峡谷、荒漠、戈壁等区域系统稳定和生物多样性保护的基础，是高寒冷水、峡谷激流和平原过河口洄游保护鱼类重要栖息保护地（表2-13）。

表 2-13　黄河流域重要生态保护目标

功能区	生态保护目标
重要生态功能区	川西北水源涵养与生物多样性保护重要区、甘南山地水源涵养重要区、三江源水源涵养与生物多样性保护重要区、祁连山水源涵养重要区、黄河三角洲湿地生物多样性保护重要区、黄土高原土壤保持重要区
重要湿地保护区	青海三江源湿地（黄河源部分）、四川曼则唐湿地、四川若尔盖湿地、甘肃黄河首曲湿地、甘肃黄河三峡湿地、宁夏青铜峡库区湿地、宁夏沙湖湿地、内蒙古乌梁素海湿地、包头南海子湿地、内蒙古杭锦淖尔湿地、陕西黄河湿地、山西运城湿地、河南黄河湿地、郑州黄河湿地、新乡黄河湿地、开封柳园口湿地、黄河三角洲湿地
国家级水产种质资源保护区	黄河上游特有鱼类国家级水产种质资源保护区、黄河刘家峡兰州鲇国家级水产种质资源保护区、黄河卫宁段兰州鲇国家级水产种质资源保护区、黄河青石段大鼻吻鮈国家级水产种质资源保护区、黄河鄂尔多斯段黄河鲇国家级水产种质资源保护区、黄河郑州段黄河鲤国家级水产种质资源保护区、扎陵湖鄂陵湖花斑裸鲤极边扁咽齿鱼国家级水产种质资源保护区、黄河洽川乌鳢国家级水产种质资源保护区

2.5.1　黄河源区生态退化较为严重，水源涵养功能降低

一是区域生态系统退化。近几十年来，随着全球气候变暖，黄河源区冰川、雪山逐年萎缩，直接影响高原湖泊和湿地的水源补给，众多的湖泊、湿地面积不断缩小甚至干涸，沼泽消失，泥炭地干燥并裸露，沼泽低湿草甸植被逐渐向中旱生高原植被演变，生态环境已十分脆弱。随着人口的增加和人类活动（超载过牧、乱砍滥伐、挖虫草等）的加剧，又进一步加速了源区生态环境恶化的进程。1989～2005年，黄河源区荒漠化的土地面积累计增加了140km^2；湖泊面积累计减少了40km^2；中高盖度草地面积累计减少了766km^2。2005年之后，国家启动了三江源区生态保护修复工程，并设立了三江源国家公园，加之降水有所增加，区域生态系统总体表现出"初步遏制，局部好转"的态势，草地持续退化的趋势得到初步遏制，但区域生态系统的健康状况远未达到20世纪70年代的较好水平。

二是水源涵养功能降低。生态环境的退化导致黄河源区水源涵养能力下降，产水能力减弱（图2-12），黄河唐乃亥水文站多年平均（1956～2000年系列）径流量为205亿m^3，20世纪80年代年均径流量为241亿m^3，90年代年均径流量为176亿m^3，2000～2009年进一步下降到172亿m^3。随着三江源区生态保护工程的实施和降水的增加，黄河流域河川径流量在工程期恢复较快，2010年以后，唐乃亥水文站年均径流量恢复至196亿m^3，但

尚未恢复到 20 世纪 70 年代和 80 年代的水平。

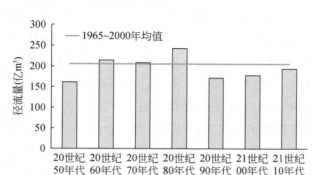

图 2-12　唐乃亥水文站年均径流量变化

2.5.2　流域陆域生态系统质量低，湿地退化严重，生态风险巨大

一是黄河流域陆域生态系统质量低。根据《全国生态环境十年变化（2000—2010 年）调查评估报告》，黄河流域优、良等级森林生态系统面积比例仅为 7.4%，约为长江优、良等级森林生态系统面积比例的一半，是全国平均水平的 1/3；优、良等级草地生态系统面积比例仅为 30.0%，较长江流域低 23%；黄河流域水土流失面积比例达 63.7%，比长江流域高 10% 左右；沙化土地面积达 9.0%，约为长江流域的 2 倍。

二是湿地比例低，且总体呈萎缩趋势。根据《黄河流域综合规划（2012—2030 年）》，黄河流域湿地面积约 2.5 万 km²，约占流域总面积的 3%。全国的湿地面积率为 5.6%，长江流域湿地面积率为 10%。可以看出，黄河流域湿地面积比例明显低于全国和长江流域水平；与此同时，黄河流域湿地面临着较为严重的退化问题。与 1996 年、1986 年相比，现状黄河流域湿地面积分别减少了 10.7% 和 15.8%，远高于全国湿地总面积减少率 8.8% 的同期水平；其中湖泊和沼泽湿地减少相对较多，分别为 24.9% 和 20.9%。根据相关研究，长江流域 1977~2007 年的 30 年间，湖泊和沼泽湿地的减少比例为 5.1% 和 3.9%，明显低于黄河流域。

三是重要湿地退化程度严重。具体表现为：①河源区湿地明显减少，1986~2020 年黄河源区湿地面积减少 20.8%，高于流域湿地平均退化速率。其中，若尔盖沼泽湿地受开沟排水以及气候变化等影响，退化面积比例高达 38%；鄂陵湖、扎陵湖 20 世纪 50 年代到 1998 年水位下降 3.08~3.48m，玛多县 4077 个大小湖泊有一半干涸，若尔盖高寒湿地近 2/3 沼泽湿地退化、沙化。②河口湿地退化程度严重。黄河河口的三角洲湿地目前呈现出长期、持续的退化。主要表现在，第一，入海水沙持续减少和海水入侵引起湿地干涸、萎缩和盐渍化，根据《黄河流域综合规划（2012—2030 年）》，1992 年至现状年，受来水减少、人为干扰等因素影响，保护区淡水湿地面积减少约50%。三角洲地区沿海滩涂全面侵蚀，尤其在刁口河故道区域，累计蚀退超过10km，蚀退面积超过200km²，对黑嘴鸥等保护物种生境造成重大威胁。第二，现行的单一入海流路阻隔了三角洲绝大部分区域湿地与黄河的水系连通，加之严重的海水倒灌，引起湿地生态系统逆向演替，如先锋植物盐地碱蓬的面积在近30年萎缩了78%，獐茅、芦苇、柽柳等植被也在不断退化、消失。第三，外来物种入侵严重影响黄河三角洲生物多样性。互花米草自1990年进入黄河三角洲，2012年之后开始在自然保护区内爆发式蔓延，截至2018年已超过4400hm²，使得盐地碱蓬、海草床生境被侵占，滩涂底栖动物密度降低了60%，鸟类觅食、栖息生境减少或丧失，造成鸟类种数减少、多样性降低，群落组成和结构发生变化。

2.5.3 河套灌区生态环境问题突出，乌梁素海生态功能退化严重

一是灌区土壤盐碱化形势依然严峻。内蒙古河套灌区1062万亩耕地，其中约484万亩耕地含有不同程度的盐碱，占总耕地面积的45.6%。1990～2016年灌区年均引盐量约为290万t，排盐量约为132万t，整个灌区年均积盐量约为158万t。整体来看，随着引水量减小，灌区引盐量减小，而排盐量整体呈略微增大的变化趋势，因而灌区积盐速率呈缓慢减小趋势，但仍然处于积盐状态（图2-13），由此造成耕地的盐渍化面积一直保持较高比例（表2-14）。据统计，河套灌区引水矿化度从1986年的0.55g/L上升为近年来的0.65g/L，排水矿化度在1.29～2.33g/L，并呈略微增加趋势，排水矿化度多年平均值为1.93g/L。2000年以来，作为黄河重要湖泊湿地的乌梁素海，承纳灌区退水进出盐量呈一定的增加趋势（图2-14）。

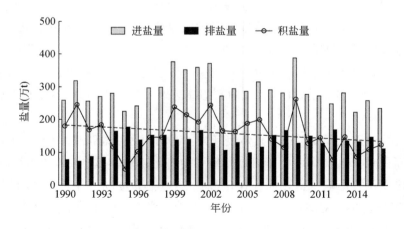

图2-13　内蒙古河套灌区进盐量、排盐量、积盐量变化

表2-14 内蒙古河套灌区耕地盐碱化变化趋势

年份	总耕地面积（万亩）	盐碱地面积（万亩）	占耕地面积（%）
1950	293	45	15.4
1957	420	60	14.3
1964	498	158	31.7
1973	545	316	58.0
1983	714	358	50.1
2016	1062	484	45.6

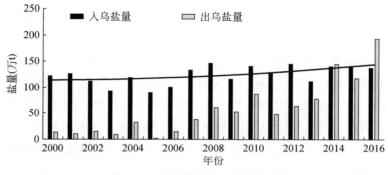

图2-14 乌梁素海进出盐量变化

二是乌梁素海水生态环境恶化问题未得到根本扭转。乌梁素海流域拥有黄河流域最大的功能性草原湿地，是全流域水生态安全的重要斑块和节点。1986～2016年河套灌区平均每年有5.46亿m³农田退水进入乌梁素海，带入大量的COD和总氮，2017年总氮排放量达到乌梁素海水环境容量的4.2倍。虽然近年来的综合治理使湖泊整体水质呈现逐年变好的趋势，但仍为Ⅴ类水质，且存在部分时段劣Ⅴ类的情况。同时，根据《2017中国生态环境状况公报》数据，太湖属于轻度污染，17个水质点位中Ⅴ类占35.3%，无劣Ⅴ类水质现象；巢湖属于中度污染，无劣Ⅴ类水质现象；与太湖和巢湖相比，乌梁素海的水质总体偏差。

2.5.4 流域生态流量保障度低，入海水量明显减少

一是生态流量（水量）达标率低，差于全国和长江流域。对各流域综合规划中确定生态流量（水量）目标的81个断面生态流量（水量）达标率进行评价，以近10年（2008～2018年）达标年份比例达到90%为断面达标标准，全国整体达标率为45%，长江流域为71%，黄河流域仅5%，21个控制断面中，仅大通河的享堂站达标；放宽到75%以上的年

份达标即视为断面达标，则全国整体达标率为58%，长江流域为90%，黄河流域仍然只有24%，且干流8个断面全部不达标（图2-15）。

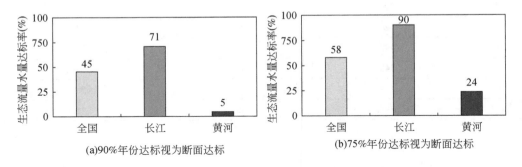

(a)90%年份达标视为断面达标　　　　(b)75%年份达标视为断面达标

图2-15　生态流量水量达标率对比

二是维持河道连通的重要生态水文过程退化明显。目前黄河干流规划了46座梯级水库、已建28座梯级水库；整个流域已建水库1.5万座，总库容900多亿立方米，相当于两条黄河的水量。在水资源开发及防洪、发电等水库工程调控作用下，人工干预下黄河的实测径流量年内分配，已从历史汛期占比60%变化为现状非汛期占比60%（图2-16），在河流过度拦蓄利用等人工不合理干预作用下，河道形态塑造和河流关键生态功能维持所必要的正常流量过程出现急剧衰减的情况。头道拐断面近期已没有出现过2000m³/s以上的高流量脉冲洪水过程，维持河流廊道横向、纵向连通的水文过程受损严重。

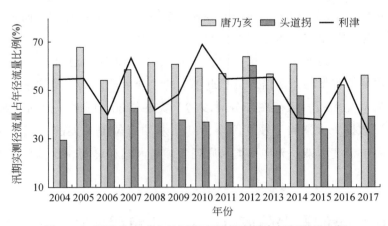

图2-16　干流典型水文站汛期实测径流量占年径流量比例

三是入海生态水量持续减少。近年来，黄河年均入海水量出现了明显降低，年均水量从20世纪50~60年代的483亿m³大幅降至目前的170亿m³左右，并在90年代多次发生断流。对比20世纪50年代至21世纪初的年均入海径流量（图2-17），相对全国与长江流域而言，黄河入海水量下降程度明显高于全国及长江。水沙通量的持续降低减少了河口湿地的水资源补给，成为河口湿地退化的重要原因之一。

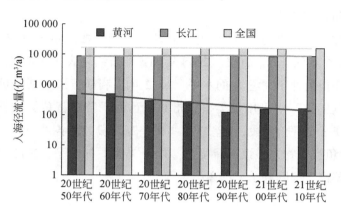

图 2-17　入海径流量比较

2.5.5　水生生物多样性水平较低，鱼类生物完整性指数为最差等级

一是水生生物多样性水平较低。受自然条件、人为因素影响，加之相关研究程度严重不够，黄河流域的水生生物多样性水平呈现出大幅低于长江流域的状况。据统计，黄河流域有底栖动物38种（属）、水生植物四十余种、浮游生物333种（属），流域内分布有秦岭细鳞鲑、水獭、大鲵等国家重点保护野生动物。长江流域除分布有浮游植物1200余种（属）、浮游动物753种（属）、底栖动物1008种（属）、水生高等植物1000余种外，还有白鱀豚、江豚两种淡水鲸类，中华鲟、达氏鲟、白鲟等国家重点保护野生动物，圆口铜鱼、岩原鲤、长薄鳅等特有物种，以及"四大家鱼"等重要经济鱼类，水生生物多样性水平远远高于黄河流域。黄河流域的国家级水产种质资源保护区仅有48处，不到长江流域数量的1/4。

二是流域鱼类种类相对贫乏，且种类数量衰退严重。根据原国家水产总局调查，20世纪80年代黄河水系有鱼类191种（亚种），干流鱼类有125种，其中国家保护鱼类、濒危鱼类6种。长江有鱼类378种，远远高于黄河，而全国的淡水鱼类种类为1323种，黄河仅占全国鱼类总数的13.8%。当前的鱼类种类下降明显，根据《黄河流域综合规划（2012—2030年）》，2002～2007年，黄河干流主要河段调查到鱼类47种，濒危鱼类3种，仅是历史水平的1/3。而黄河水产研究所2002～2008年实地调查及相关资料显示，黄河水系目前鱼类只有82种，隶属于13目23科，鱼类种类数量减少57%。

三是鱼类资源量衰退明显。20世纪50～60年代，黄河渔业资源丰富、生产量高，70年代资源量开始减少，近年来的调查显示，黄河渔业产量下降80%～85%，黄河干流呈现种群数量减少，个体小型化、低龄化的趋势。目前自然水体中已很难形成渔业资源，流域内 90% 以上的资源量来自养殖。

四是鱼类完整性水平处于"差"或"极差"等级。按照鱼类完整性指标"优、良、中、差、极差"5 个等级评价，2005~2008 年调查评价结果表明，黄河上游龙羊峡—刘家峡河段鱼类完整性指数处于"差"的水平。2012 年水利部黄河水利委员会在"全国重要河湖健康评估试点工作"中采用鱼类损失指数对黄河下游进行鱼类完整性评价，结果表明，小浪底至利津 8 个评价河段，"差"和"极差"河段数量各占一半。黄河河口水域 20 世纪 90 年代以后鱼类生物完整性下降明显，处于"差"的水平，2013 年的调查评价结果表明，其鱼类完整性等级降到了"极差"水平。

2.5.6 黄土高原水土流失严重和生态环境脆弱特性没有改变

黄土高原大部分地区处于干旱半干旱气候区，土质疏松、湿陷性强，土壤抗蚀性差、暴雨强度大、植被结构相对单一，加之强烈的人类活动干扰等，使其成为我国乃至世界上水土流失最严重的地区，其平均侵蚀模数高达 3720t/(km²·a)，为长江的 14 倍、美国密西西比河的 38 倍、埃及尼罗河的 49 倍。黄河 1919~1959 年输沙量约为 16 亿 t/a，平均含沙量为 38kg/m³，最大含沙量为 666kg/m³。世界上年均输沙量超过 1.0 亿 t 的大河中，黄河的年输沙量及平均含沙量均位居首位。

据 2018 年全国水土流失动态监测成果，黄土高原水土流失面积为 21.4 万 km²，占土地总面积的 37.2%；长江流域水土流失面积为 34.7 万 km²，占土地总面积的 19.4%，黄土高原水土流失占比远高于长江流域，也高于全国总体水平。根据 2000 年和 2018 年全国水力侵蚀强度分布图，黄土高原土壤水力侵蚀在强烈以上分布范围最广、特别极强烈和剧烈区域主要集中分布在黄土高原地区，其中侵蚀模数大于 8000t/(km²·a) 的极强烈水蚀面积 8.5 万 km²，占全国同类面积的 64%；侵蚀模数大于 15 000t/(km²·a) 的剧烈水蚀面积 3.67 万 km²，占全国同类面积的 89%。

经多年治理，黄土高原区域生态环境逐步改善，但其生态脆弱性和重大的灾害风险性的本底并没有根本改变。一是黄土高原仍有一半以上的水土流失面积尚未得到有效治理，不同区域水土流失治理程度差距显著，且仍有一大部分强烈侵蚀区属于难治理区，潜在的水土流失仍然非常严重。二是部分区域水土治理标准低，措施配置不当，系统防护效能不高，极端气象事件下低效林地、坡耕地、老式梯田、病险淤地坝等抵御灾害能力严重不足，局部侵蚀依然严重。三是黄土高原坡耕地和侵蚀沟大量存在，仍是水土流失主要来源地，目前黄土高原仍有 66.7 万条侵蚀沟亟须针对性治理。四是黄土高原以小流域为单元的综合治理成效显著，但生态保育和经济融合发展仍存在不足，山区放牧、退耕还林反弹现象时有发生，水土保持成果巩固任务重。五是生产建设项目水土流失防治体系缺失或不完善，可导致施工过程中增加原地表数倍甚至数十倍泥沙量，人为新增水土流失强度大。

2.6 黄河流域水系统管理现状及变迁

2.6.1 黄河流域水系统管理体制变迁及治理成就

关于黄河的治理，历史由来已久。据历史文献记载，黄河下游曾决口不下于 1500 次，较大的改道不少于 20 次。黄河的河道变迁主要出现在下游，其变迁范围，西起郑州附近，北达天津，南至江淮，纵横 2.5 万 km^2。黄河泛滥导致的洪水灾害使民众损失惨重，甚至民不聊生，这引起了历朝历代的统治者对黄河下游治理的重视。

从西汉到清朝，中央设立了治河机构与管理官员，以加强对黄河流域的管理。1933 年，国民政府设立直属于中央政府行政院的黄河水利委员会，对黄河的防洪、水利施工等事务进行统一掌管。1946 年 2 月，晋冀鲁豫边区政府成立冀鲁豫解放区治河委员会，这是中国共产党领导的第一个人民治理黄河机构。1949 年 6 月，华北、中原、华东三解放区成立三大区统一的治黄机构——黄河水利委员会。为完善黄河的治理与开发，1950 年 1 月 25 日，中央人民政府决定黄河水利委员会为流域性机构，直属中华人民共和国水利部领导，统一领导和管理黄河的治理与开发，并直接管理黄河下游河南、山东两省的河防建设和防汛工作。1954 年，在北京成立黄河规划委员会。1955 年 7 月 30 日，第一届全国人民代表大会第二次会议通过了《关于根治黄河水害和开发黄河水利的综合规划的决议》。有关黄河的治理方案日趋系统与全面，机构的设立也逐渐符合现实情况的需要。

以往的治河历史，更加注重下游的修守堤防和单纯防洪。中华人民共和国的治黄工作，通过全面规划、统筹安排，实现标本兼治、除害兴利，全面开展流域的治理与开发，有计划地安排重大工程建设。经过 60 多年的建设，对黄河上中下游进行了不同程度的治理与开发，基本形成了以"上拦下排，两岸分滞"为特征的蓄泄兼筹的防洪工程体系，建成了三门峡等干支流防洪水库和北金堤、东平湖等平原蓄洪工程，加高加固了下游两岸的堤防，并且开展了河道整治，逐步完善了非工程防洪措施，一定程度上控制了黄河流域的洪水，较过去显著提高了防洪能力，治黄 70 多年，实现了黄河安澜，人民安居乐业。

20 世纪 70 年代开始，黄河下游频频出现断流。1972～1998 年的 27 年间，有 21 年出现断流。90 年代，每年皆出现断流，且首次断流时间不断提前，断流时长和断流河长不断增长。断流最为严重的 1997 年，利津站全年断流 13 次，累计达到 226 天，总计 330 天黄河无水入海；断流起点甚至延伸到开封柳园口附近，全长达 704km，占黄河下游河道长度的90%；不仅如此，黄河中游各主要支流也相继出现断流。1987年，国务院批准南水北调工程生效前黄河可供水量分配方案，该方案的批复使黄河成为我国大江大河中首个进行全河水量分配的河流。根据国务院授权，黄河水利委员会从1999年3月正式实施黄河水量统一调度，这在七大江河流域中首开先河，同年8月12日至今，黄河水利委员会综合运用行政、法律、工程、科技、经济等手段，结束了黄河下游频繁断流的历史。

2.6.2 黄河流域现行水系统管理体系概述

（1）黄河流域水系统管理相关法律法规

《中华人民共和国水法》是为了合理开发、利用、节约和保护水资源，防治水害，实现水资源的可持续利用，适应国民经济和社会发展的需要而制定的法律，是我国针对流域综合治理的法律。2002年修订的《中华人民共和国水法》，结合现阶段依法治水的思路，比对1988年《中华人民共和国水法》，修订与完善了原法内容中水资源管理制度规定不完善、流域管理规定缺乏以及立法量化和可操作性不足等问题。它以提升用水效率为核心，把水资源的节约、保护、合理配置放在突出的位置，力争实现水资源的可持续利用，促进资源与社会经济、生态环境协调发展，奠定了我国流域水资源管理的法律制度基础。

《中华人民共和国防洪法》的制定与实施主要是为了防治洪水，防御、减轻洪涝灾害，维护人民的生命和财产安全，保障经济社会发展的顺利进行。防洪工作按照流域或者区域实行统一规划、分级实施和流域管理与行政区域管理相结合的制度，实行全面规划、统筹兼顾、预防为主、综合治理、局部利益服从全局利益的原则。《中华人民共和国防洪法》确立了防洪规划、治理和防护、防洪区和防洪工程设施管理以及防汛抗洪中的一系列法律制度，明确了各级人民政府中的水行政主管部门与各流域管理机构之间在防洪减灾工作上的职责分工，厘清了各方主体在抵御洪涝灾害中的事权关系等，用法律规范加强了我国的防洪工作。

《中华人民共和国水土保持法》制定的目的是预防和治理水土流失，保护和合理利用水土资源，减轻水、旱、风沙灾害，改善生态环境，保障经济社会可持续发展制定。通过对规划、预防、治理、检测与监督等方面的规定，强化了水土保持规划与监督管理的法律地位。

《中华人民共和国河道管理条例》是为加强河道管理，保障防洪安全，发挥江河湖泊的综合效益，根据《中华人民共和国水法》制定的行政法规。除此之外，还有地方根据本地的实际需要而制定的地方性法规或政府规章，如《河南省黄河河道管理办法》《河南省黄河防汛条例》《河南省黄河工程管理条例》及其他有关法律、法规规定，加强黄河河道管理，保障防洪安全，以发挥黄河河道及治黄工程的综合效益。

《黄河水量调度条例》的目的在于加强黄河水量的统一调度，实现黄河水资源的可持续利用，促进黄河流域及相关地区经济社会发展和生态环境的改善。国家对黄河水量实行统一调度，遵循总量控制、断面流量控制、分级管理、分级负责的原则，调度时应当首先满足城乡居民生活用水的需要，合理安排农业、工业、生态环境用水，以防止黄河断流。

为完善我国的水资源保护工作体系，落实属地责任，2016年12月11日中共中央办公厅、国务院办公厅印发了《关于全面推行河长制的意见》，要求以保护水资源、防治水污染、改善水环境、修复水生态为主要任务，全面推行河长制，意见明确了河长负责组织领导属地内河湖的管理和保护工作。构建责任明确、协调有序、监管严格、保护有力的河湖管理保护机制，为维护河湖健康生命、实现河湖功能永续利用提供制度保障。由此，河长制在我国河湖管理保护工作中得到全面推广。

（2）黄河流域水系统管理机构设置

黄河流域水系统管理的目的在于协调人们在开发利用黄河水资源过程中的利害关系，以实现黄河流域水资源的合理配置和有效利用。有效的管理离不开体制的健全与完善。迄今，黄河水利委员会的下属机构已经遍布黄河流域的9个省（自治区），发展成为一个大型治河机构。

黄河水利委员会是隶属于水利部的流域管理机构，负责对黄河流域内的水系统进行规划、分配与协调，进行预报和监测，提供必要的技术支持等。其下设机关部门、直属事业单位、直属企业单位及黄河流域水资源保护局这一单列结构。机关部门下设办公室、总工程师办公室、规划计划局、水政局、水资源管理与调度局、财务局、人事劳动局、国际合作与科技局、建设与管理局、水土保持局、安全监督局、防汛办公室、监察局、审计局、黄河工会等职能机构，分工有序，各司其职，涵盖黄河流域水资源治理过程所需要的职能分工。黄河水利委员会的直属事业单位包括山东黄河河务局、河南黄河河务局、黄河上中游管理局、黑河流域管理局、水文局、经济发展管理局、黄河水利科学研究院、移民局、机关服务局（黄河服务中心）、山西黄河河务局、陕西黄河河务局等。直属企业单位有黄河勘测规划设计研究院有限公司和三门峡黄河明珠（集团）有限公司。原黄河流域水资源保护局转隶于生态环境部管理，改名为生态环境部黄河流域生态环境监督管理局。

黄河流域实行的流域管理与行政区域管理相结合的水管理体制，强调的是通过层级协作实现国家对水资源的统一管理，但没有对流域管理机构的法律地位和管理职责作出规定。20世纪80年代中期我国推行了区域分权行政体制改革，形成了自然资源的分割化管理，客观上造成了与流域统一管理原则相违背的水功能、水资源分割管理的局面。行政区域管理严重割裂了水资源的整体性、系统性，各级地方政府的分块管理发挥主导作用，流域管理机构为主的流域统一管理发挥作用有限。特别是在制度规定和地方利益这两大阻力下，完全的流域管理甚至从来没有实现过，使流域统一管理陷入了体制上的困境（图2-18）。虽然黄河水量实现了统一分配和调度，黄河治理取得了巨大的成效，但随着经济社会的发展，伴随老问题出现了新的问题，黄河管理面临着新的风险，黄河流域管理体制和机制均显现出动力不足的趋向，许多问题处理效率与效力不甚理想。

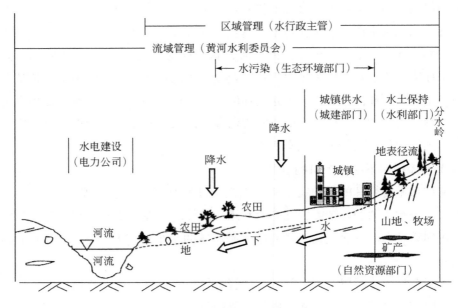

图 2-18　黄河现行管理体制

2.6.3　黄河流域水系统管理体系存在的问题

黄河水利委员会及现有的黄河流域水系统管理体系，在黄河治理中取得了辉煌的成果，但是对比黄河流域高质量发展的目标要求，黄河流域水系统管理体系还存在以下不足与问题。

一是法律保障体系不健全。《中华人民共和国黄河保护法》出台前，黄河流域没有一部真正意义且具有流域针对性的水资源保护法。我国众多涉及水资源保护的相关法律法规，更注重对环境保护等方面的规定。在现行的法律法规中，更多的是适用于全国范围的原则性、普遍性或是一般性的水资源保护规定，且分散在不同的法律法规条文中，没有形成完整的体系，部分条款不具有很强的实际可操作性，在实际运用中很难真正解决黄河流域现存的问题，其行为规范意义远远低于指导意义。为了从根本上解决黄河流域管理体制存在的突出问题，为黄河流域生态保护和高质量发展重大国家战略提供根本性、全局性、系统性的制度保障，迫切需要制定与严格执行一部有针对性强的黄河保护法。

二是缺乏统一的管理体制。《中华人民共和国水法》中明确有"流域范围内的区域规划应当服从流域规划"的条款，但是对于流域管理与区域管理之间的协调统一，未作明确的细节安排与具体要求，在水资源管理过程中，二者难以通过现有的法律法规协调出现的矛盾。因此，这一条款在实际实施过程中难以得到保证。《中华人民共和国水法》对于流域管理机构在流域水资源统一管理和调度等方面的规定缺乏细化的制度安排与具体要求，过于笼统。在进行水资源管理时，流域管理机构和区域管理机构之间存在着事权不分、职能重叠等问题，相对而言流域管理更加薄弱，还不能落实对流域的统一管理。关于流域水资源保护和水污染防治，现行的水资源管理体制还缺乏必要的协调和衔接，尚未形成联合治污机制。因此，对全流域的水系统实施全面、综合、统一管理是新时代经济社会发展的要求。

三是双重领导机制存在弊端。国务院对各部门进行了不同的职责分工，水利部专门负责对我国水资源进行综合管理和保护，生态环境部门负责对水污染实施统一的监督管理，但二者目的一致，均是为了预防和控制水质的污染。双重领导体制下的水资源管理虽然能起到相互监督与激励的作用，但也会引致两部门之间的矛盾以及两部门的职能重叠，在出现问题之时易互相推诿，降低了解决问题的效率，浪费了资源。

在我国，水资源管理由不同级别的水利、生态环境、地质等十几个部门共同参与。即便同一行政区域内，水资源管理也由水利、市政、生态环境等多个部门共同参与。《中华人民共和国水法》改变了过去传统计划经济时代下分级、分部门水资源管理体制的"多龙治水"，但形成了"一龙治水，多龙管水"的局面。另外，环境保护机构对水环境保护工作实行统一监督，由水利、城建、交通、市政等各部门分工协作，但法律没有明确统一的监督管理权和其他相关权利之间的关系，且缺乏配套的法规进行细化，因此不利于集中统一执法。

四是管理机构设置不合理。流域水资源管理机构缺乏明确的法律法规以保障管理权限与性质，这增加了对水资源实行统一的管理、对流域水资源进行合理的规划与利用、做好水污染系统防治等工作的难度。黄河水利委员会作为水利部派出的流域管理机构，对黄河流域的水资源管理工作负责，但是具有行政职能的事业单位的性质削弱了其流域管理机构作用的发挥。其一，水利部主要负责保障水资源的合理开发与利用，在对水资源进行开发利用的同时，兼顾对流域水资源管理工作的统筹规划，并且包括水利工程建设的管理，导致在进行实际水资源管理时，易将流域机构作为其提供技术服务的单位。其二，水利部在计划和管理层面对流域机构的放权有限，导致在进行水资源管理的工作时，流域机构的自主权很小。因此，部分地区并不重视流域机构的管理职能，在进行地方水事管理时也不愿流域机构参与其中。其三，水利部在开展水电、航运、供水、水环境治理、水土保持等水资源管理与开发利用工作时，离不开众多部门的参与和配合，而采取派出机构这种工作模式，非常不利于协调与联合管理有关部门及其下属单位。

五是流域管理能力尚需大幅提升。黄河流域水系统管理能力不断提升，为黄河流域水系统管理提供了强有力的支撑。但管理能力分布上存在"干流强、支流弱"的问题。干流的水量、水质监测监控体系比较完善，调度制度较为健全，但支流的监测监控体系较为薄弱，水量调度协调体制不健全。体现在实践上，支流的断流范围、断流时长不断扩大，支流生态环境质量退化。灌区监测系统，干流直开口以下尚存在较大缺口，难以达到"按方收费"的要求，不利于发挥水价的调节供需作用。预警预报系统上，流域大洪水预警预报能力和洪水调度防控能力强，但是小流域山洪暴雨洪水、城市内涝预警预报能力尚有欠缺，风险应对能力不足。近年来，黄河流域洪涝灾害死亡人口主要是由山洪造成的。因为，为了实现黄河流域高质量发展目标和建成人民幸福河的愿景，需要实现流域管理能力的"空间均衡"，不断提高流域水系统管理能力。

六是传统水资源管理理念未转变。长久以来，我国在传统水资源管理思路的指导下进行水资源管理实践。其理念可以概括为强调人能改造自然、战胜自然，强调人类对自然性质的转变作用；以工程水利为指导，以供给管理、分割管理为主要管理方式，重点在于开发和利用水资源。因此，水资源管理实践中对市场机制和社会机制的作用不够重视，一直实行一种单一的、以自上而下的、行政管制为主导的集中统一的集权式的管理模式，进行各类水资源的调控与分配。在短期，能够实现一定的效果。在长期，仅依靠行政命令进行政府管制，并不能建立起健康的流域水资源分配体系和水资源管理机制体系。因此，该理念存在一定的局限性。此外，分割管理模式更加注重对水资源的开发和利用，却忽视了对水资源的保护，不足以发挥其最大的效用。

| 3 | 黄河幸福指数评价

根据幸福河内涵要义，在全面调研国内外有关幸福评价及河流评价成果的基础上，参考《美丽中国建设评估指标体系及实施方案》《全面建成小康社会统计监测指标体系》《绿色发展指标体系》《生态文明建设考核目标体系》《河湖健康评估技术导则》《世界幸福报告》等技术标准与报告，坚持问题导向、目标导向、结果导向，构建河湖幸福指数（river happiness index，RHI）及其指标体系。

3.1 河湖幸福指数

河湖幸福指数是指综合反映河流及湖泊保持自身良好状态、满足人类需求或提供服务的能力与水平的指数，具体由水安全、水资源、水环境、水生态、水文化五维指标定量评价得到（中国水利水电科学研究院幸福河课题组，2020）。

河湖幸福指数计算公式：

$$RHI = \sum_{i=1}^{5} FH_i w_i \tag{3-1}$$

$$FH_i = \sum_{j=1}^{4} SH_j w_j \tag{3-2}$$

$$SH_j = \sum_{k=1}^{K} TH_k w_k \tag{3-3}$$

式中，RHI 为河湖幸福指数；FH_i 为第 i 个一级指标得分，i 是一级指标下标，为 $1\sim5$，分别表示水安全、水资源、水环境、水生态、水文化；w_i 为第 i 个一级指标权重；SH_j 为第 i 个一级指标中第 j 个二级指标得分，j 是二级指标下标，为 $1\sim4$；w_j 为第 i 个一级指标中第 j 个二级指标权重；TH_k 为第 j 个二级指标中第 k 个三级指标得分，k 是三级指标下标，为 $1\sim K$；w_k 为第 j 个二级指标中第 k 个三级指标权重。

借鉴《世界幸福报告》及国民幸福总值（gross national happiness，GNH）划分标准，RHI 为 $0\sim100$，分为 4 个等级（表 3-1）。RHI 各级指标的评价等级可参照表 3-1 分级标准确定。

表 3-1　河湖幸福指数分级标准

RHI	RHI≥90	90>RHI≥80	80>RHI≥60	RHI<60
等级	很幸福	幸福	一般	不幸福
	I	II	III	IV

3.2　指标遴选原则

河湖幸福指数指标体系构建遵循以下原则：

一是公众关切原则。坚持以人为本、以人民为中心作为幸福河指标体系构建的出发点和落脚点，遵循幸福的心理学和社会学基本原理，体现人对河流的安全感、获得感、愉悦感等不同层次的精神需求。

二是普适兼容原则。指标体系要适用于不同流域、不同类型、不同规模河流的评价，能兼容不同区域河流的基础条件以及所面临问题的差异性，从个性中确定幸福的共性度量标准。

三是突出重点原则。评价是为了满足人民对美好生活的向往、改进现实中人民对河流感觉不幸福的影响因素，评价指标要突出人的幸福基础保障与影响精神愉悦要素的测度，反映出提升人民幸福感的治水方向与工作重点。

四是现实可行原则。幸福是一种心理体验，但也离不开一定的物理基础，因此指标选取采取主观指标与客观指标相结合，过程中切实考虑指标的可测度性与信息的获取性，以及评价结果的纵横向比较与实践运用。

3.3　指标遴选的主要考虑

3.3.1　安澜之河指标

中国特色社会主义进入新时代，水灾害防控也面临新形势，人民群众对美好生活的需求要求水灾害防控不仅能最大限度地降低生命财产损失，同时正常生活秩序也能够不受或少受影响。目前，我国大江大河可以防御中华人民共和国成立以来发生的最大洪水，但对标"江河安澜、人民安宁"的愿景，在历史最大洪水防御、风暴潮防御、中小河流防洪及山洪灾害防治、城市排涝等方面还存在诸多短板。为此，选择洪涝灾害人员死亡率、洪涝灾害经济损失率、防洪标准达标率、洪涝灾后恢复能力，表征安澜之河。防洪标准达标率进一步细化为堤防、水库、蓄滞洪区防洪标准达标率。

3.3.2　富民之河指标

用水有保证、生存发展不受或少受水资源制约是富民之河的应有之义，指标也应从这两方面进行选取。近年来，我国水利对经济社会可持续发展的支撑能力不断增强，正常年份经济社会用水可以得到保障，农村饮水问题基本解决。但是，对标"供水可靠、生活富裕"的愿景，我国水资源空间配置还不均衡，中西部等经济欠发达地区与广大农村地区工程体系不健全、供水能力不足、经济社会发展受水制约等问题依然突出。为此，选择人均水资源占有量、用水保障率表征水资源条件与用水保证程度；选择水资源支撑高质量发展能力、居民生活幸福指数表征发展受水资源制约程度。

用水保障率可以进一步细化为城乡自来水普及率、实际灌溉面积比例三级指标。水资源支撑高质量发展能力用水资源开发利用率、单方水 GDP 产出量表示。居民生活幸福指数选用人均 GDP、恩格尔系数、平均预期寿命等国际通用指标。

3.3.3　宜居之河指标

近年来，我国大江大河水质出现好转，2018 年黄河干流优于Ⅲ类水质（含Ⅲ类水质）的河长比例为 97.8%。但是，对标"水清岸绿、宜居宜赏"的愿景，部分支流水污染严重、水质不达标仍是建设幸福河的最大挑战，突出表现在支流水环境质量差、优质水比例低，以及湖泊富营养化、地下水超采与污染、人水阻隔等。为此，选择河湖水质指数、地表水集中式饮用水水源地合格率、地下水资源保护指数、城乡居民亲水指数，表征宜居之河。河湖水质指数进一步细分为Ⅰ～Ⅲ类河长比例、湖库富营养化比例等指标。

3.3.4　生态之河指标

近年来，特别是河长制湖长制实行以后，江河湖泊实现了从"没人管"到"有人管"，有的河湖还实现了从"管不住"到"管得好"的重大转变，有些河湖水生态恢复保护成效非常明显，黄河实现 21 年不断流。但是，对标"鱼翔浅底、万物共生"的愿景，河湖萎缩、湿地退化、生物多样性下降等仍是短板。为此，选择重要河湖生态流量达标率、河湖主要自然生境保留率、水生生物完整性指数、水土保持率，表征生态之河。河湖主要自然生境保留率进一步细分为水域面积保留率、主要河流纵向连通性指数等指标。

3.3.5 文化之河指标

近年来，我国水文化建设取得了更加丰硕的成果。但是，对标"大河文明、精神家园"的愿景，大河文化感召力与吸引力发挥不足，传统水文化挖掘、宣传、传承不够，现代水文化建设培育不够。为此，选择历史水文化保护传承指数、现代水文化创造创新指数、水景观影响力指数、公众水治理认知参与度，表征文化之河。历史水文化保护传承指数进一步细分为历史水文化遗产保护指数、历史水文化传播力等指标。

3.4 指标体系框架

综上，水安全、水资源、水环境、水生态、水文化五维指标细化为 20 个二级指标、20 个三级指标。河湖幸福指数指标体系框架见表 3-2。

表 3-2　河湖幸福指数指标体系

一级指标	二级指标	三级指标	指标方向	权重
安澜之河指数 H_1	洪涝灾害人员死亡率	—	逆向	0.30
	洪涝灾害经济损失率	—	逆向	0.30
	防洪标准达标率	堤防防洪标准达标率	正向	0.12
		水库防洪标准达标率	正向	0.12
		蓄滞洪区防洪标准达标率	正向	0.06
	洪涝灾后恢复能力	—	正向	0.10
富民之河指数 H_2	人均水资源占有量	—	正向	0.20
	用水保障率	城乡自来水普及率	正向	0.17
		实际灌溉面积比例	正向	0.13
	水资源支撑高质量发展能力	水资源开发利用率	逆向	0.12
		单方水 GDP 产出量	正向	0.13
	居民生活幸福指数	人均 GDP	正向	0.08
		恩格尔系数	正向	0.09
		平均预期寿命	正向	0.08
宜居之河指数 H_3	河湖水质指数	Ⅰ～Ⅲ类河长比例	正向	0.18
		湖库富营养化比例	逆向	0.12
	地表水集中式饮用水水源地合格率	—	正向	0.30
	地下水资源保护指数	—	正向	0.20
	城乡居民亲水指数	—	正向	0.20

续表

一级指标	二级指标	三级指标	指标方向	权重
生态之河 指数 H_4	重要河湖生态流量达标率	—	正向	0.30
	河湖主要自然生境保留率	水域面积保留率	正向	0.125
		主要河流纵向连通性指数	正向	0.125
	水生生物完整性指数	—	正向	0.20
	水土保持率	—	正向	0.25
文化之河 指数 H_5	历史水文化保护传承指数	历史水文化遗产保护指数	正向	0.15
		历史水文化传播力	正向	0.10
	现代水文化创造创新指数		正向	0.25
	水景观影响力指数	自然水景观保护利用指数	正向	0.15
		人文水景观创造影响指数	正向	0.10
	公众水治理认知参与度	公众水意识普及率	正向	—
		公众水治理参与度	正向	0.25

注：指标方向正向为指标值越大越好，逆向为指标值越大越差。

3.5 计 算 方 法

1）确定各项指标基准值。基准值根据国内国际先进水平设定。主要依据包括国家政策、经济社会发展规划与国土空间规划、技术标准；流域综合规划与专业专项规划；国内外权威组织和科研机构研究成果；专家咨询与公众意见等。

2）计算各项指标分值。根据有关统计年鉴、实地调查资料、规划计划等确定各项指标实际数值，与基准值对照，选择合适的方法进行无量化处理，计算求得指标分值。

3）确定各项指标权重。指标权重综合考虑江河流域特点、社会经济状况、人民群众意见来确定。人民群众什么方面感觉不幸福、不快乐、不满意，哪些方面指标权重就大点，其他指标权重就小点。可以应用专家综合评判法与层次分析法等确定各指标权重。本次研究在"问卷星"网站制作与发布问卷，选择水资源、水灾害、水资源、水生态、水文化以及水管理等方面的 35 位专家，对指标权重进行打分。一级指标权重分别为 0.25：0.25：0.20：0.20：0.10，二级与三级指标权重见表 3-2。

4）综合形成指数得分。各项指标分值乘以各自权重得到各项指标得分，全部累加得到河湖幸福指数总得分，即 RHI。

5）根据河湖幸福指数分级标准，确定河湖幸福指数等级。

3.6 黄河幸福指数测算分析

经测算，黄河幸福指标得分为 71.0 分，总体居河湖幸福指数一般等级（Ⅲ级）中档水平，在全国 10 个水资源一级区中排名第 7。5 个一级指标中，安澜之河指数为 88.9 分；文化之河指数为 80.6 分，宜居之河与富民之河指数分值均介于 60～70 分；生态之河指数最低为 56.8 分（图 3-1）。

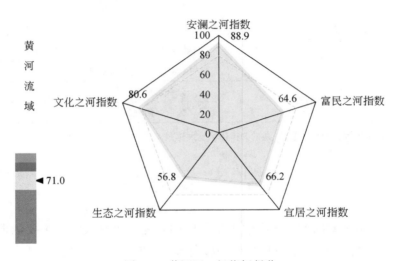

图 3-1 黄河区一级指标得分

黄河区二级指标得分如图 3-2 所示。各级指标按照优秀（≥90 分）、良好［80（含）～90 分］、中等［60（含）～80］、较差（<60）评价。安澜之河的二级指标得分均较高，洪涝灾害人员死亡率、防洪标准达标率达到优秀等级，洪涝灾害经济损失率达到良好等级，洪涝灾后恢复能力为中等；富民之河的二级指标得分在较差至良好等级之间，其中用水保障率达到良好等级，居民生活幸福指数为中等，人均水资源占有量、水资源支撑高质量发展能力为较差等级；宜居之河的二级指标得分总体较低，河湖水质指数为良好，地表水集中式饮用水水源地合格率为中等，地下水资源保护指数、城乡居民亲水指数为较差，其中地下水资源保护指数得分为 26.0 分；生态之河的二级指标得分差距在 60 分以上，水土保持率得分为 85.7 分，达到了幸福度等级良好等级，河湖主要自然生境保留率为中等，水生生物完整性指数、重要河湖生态流量达标率为较差等级，其中重要河湖生态流量达标率得分为 25.0 分，居二级指标得分末位；文化之河的二级指标差异性也较大，历史水文化保护传承指数、现代水文化创造创新指数达到良好等级，公众水治理认知参与度、水景观影响力指数为中等水平。

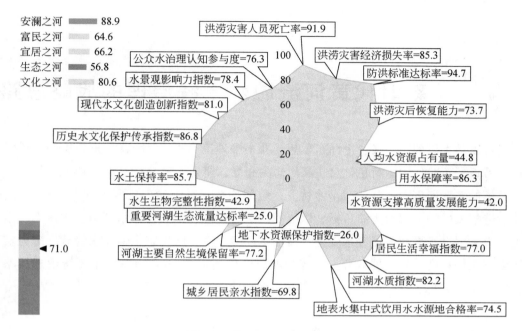

图 3-2　黄河区二级指标得分

　　黄河区河湖幸福指数评价结果反映以下几方面的主要问题：一是洪涝灾后恢复能力不足，成为黄河区防洪安全的突出短板；二是水资源条件先天不足，开发利用率高，仍是经济社会高质量发展的最大制约；三是局部地区地下水超采严重，支流水污染治理任务艰巨；四是河流水生态退化较为严重、河流生态流量达标率整体偏低，水资源调度目标尚未完全转向功能性不断流；五是水文化品牌效应不够，与中华"母亲河"文化地位不相适应。

4 | 新时代黄河流域水系统治理的战略思路

坚持以马克思列宁主义、毛泽东思想、邓小平理论、"三个代表"重要思想、科学发展观、习近平新时代中国特色社会主义思想为指导，坚定不移贯彻创新、协调、绿色、开放、共享的新发展理念，坚持"节水优先、空间均衡、系统治理、两手发力"治水思路，以建设造福人民的幸福河为总目标，以统筹协调水资源、水灾害、水环境、水生态、水文化为抓手，促进水平衡，提升水安全，清洁水环境，恢复水生态，强化水管理，努力实现流域生态保护和高质量发展双赢。上述战略思路概括为"1-2-3-4-5"水系统治理战略思路，即"一个目标、两个支点、三步实施、四轮驱动、五水统筹"。

4.1 一个目标

"一个目标"即让黄河成为造福人民的幸福河。2019年9月18日，习近平总书记在郑州主持召开黄河流域生态保护和高质量发展座谈会并发表重要讲话，提出要"让黄河成为造福人民的幸福河"，这是江河与流域系统治理的根本指引与终极目标。幸福河的内涵包括持久水安全、优质水资源、宜居水环境、健康水生态、先进水文化五个方面，既体现了人的基本生存需要，也体现了人的发展需求，还体现了人的精神文化追求；既包括了河湖健康的生态要求，也包括了水安全保障的社会要求，还包括了文化建设的上层建筑要求，兼具以人民为中心、生态文明建设和高质量发展的三重要义。黄河流域水系统治理的终极目标就是维护流域生态系统健康和经济社会可持续发展，与幸福河建设目标高度契合，因此"幸福河"既是落实黄河流域水系统治理的出发点和落脚点，也应作为黄河流域水系统治理提档升级的目标统领。

4.2 两个支点

"两个支点"即生态保护和高质量发展。生态保护和高质量发展是幸福河的应有之义，在黄河流域尤为紧迫。黄河流域是我国重要的生态屏障，但水资源短缺、生态极其脆弱，包括水资源保护在内的生态保护始终是头等大事。同时，黄河流域也是我国重要的经济地带，又是我国能源重地，但是长期发展滞后，特别是上中游地区和下游滩区，生存与发展长期受水制约。因此，在水资源这个最大刚性约束下，生态保护和高质量发展必须并举并重、同抓共建、协调推进，这是水系统治理的两个支点。

4.3　三步实施

"三步实施"即按 2025 年、2035 年、2050 年三个阶段性目标有序推进治理。

黄河一直体弱多病，形成原因十分复杂，既有先天不足的客观制约，也有后天失养的人为因素。推动黄河流域水系统治理非一日之功，既要谋划长远，又要干在当下，一张蓝图绘到底，一茬接着一茬干，让黄河造福人民。考虑与国家发展战略安排相衔接，提出 2025 年、2035 年、2050 年水系统治理分阶段目标。2025 年争取幸福指数提升至 75 分，达到幸福河"一般"等级中档偏上水平，水资源失衡状态有所扭转，水环境持续向好，水生态退化得到初步遏制，水管理体制机制基本理顺；2035 年幸福指数提升到 80 分以上，进入"幸福"等级，建成与中等发达国家水平相适应的流域水系统，水资源收支、经济社会与生态用水、供需基本平衡，水沙关系逐步协调，水环境全面达标，水生态初步恢复，水管理现代化程度显著提高；2050 年幸福指数提升到 90 分以上，进入"很幸福"等级，建成与富强民主文明和谐美丽的社会主义现代化强国相适应的流域水系统。

4.4　四轮驱动

"四轮驱动"即从法规制度、体制改革、机制创新、能力建设等层面，驱动黄河流域水系统治理体系与治理能力现代化。

法规制度是治水重器。黄河流域水系统治理涉及面广、政策性强，涉及重大利益调整，现行《黄河水量调度条例》以及《中华人民共和国水法》《中华人民共和国水污染防治法》等一般性法律法规，尚不能完全保障水系统治理，需要出台专门的法律法规。最紧迫的制度是以幸福河为导向，围绕系统治理推进法规和制度建设，加快完善黄河保护法律体系，为黄河流域生态保护和高质量发展提供根本性、全局性保障。

体制改革是实现水系统良治的关键。当前最紧迫的任务是围绕系统治理，在中央与地方实行"九龙治水"、流域水量与水质分割管理的大体制下，重新确立流域管理机构定位、职责与权利，厘清三层关系（流域与中央、流域与部门、流域与地方），建立协调机制，包括中央层面的协调机制、流域管理与行政区域管理的结合机制，让流域管理机构发挥好河流健康代言人的作用。

机制创新是水系统治理的最大红利。围绕系统治理，建立健全以落实水资源作为最大刚性约束为核心的行政管制机制、价格形成机制与生态补偿机制有机衔接的经济调节机制，以及公众参与机制，实现政府、市场、公众三力合一、均衡联动。

能力建设是推进黄河流域水系统治理的紧迫需求。要针对水系统治理的需要，加强强调智慧流域建设、队伍建设，确保水系统治理落地见效。

4.5　五水统筹

"五水统筹"即从水资源、水灾害、水环境、水生态、水文化等维度均衡调控水系统。

幸福河的内涵包括持久水安全、优质水资源、宜居水环境、健康水生态、先进水文化五个方面，对应水灾害、水资源、水环境、水生态、水文化五个维度。建设幸福河，五个方面缺一不可，必须五个维度协同配合。当前黄河病得更重、病得更长，在五个维度都存在诸多问题，而且问题相互交织、相互关联，必须均衡调控。今后五水统筹的任务是在巩固干流"大堤不决口、河道不断流、水质不超标、河床不抬高"基本目标的基础上，把更多的水资源留在河道内，优化水沙关系，实现功能性不断流，干支流、海河陆水质同步达标、生态同步恢复，同时支撑经济社会高质量发展。

5 | 黄河流域水系统治理的分维策略

建设幸福黄河，实施新时代黄河流域水系统治理，既需要五水统筹谋划，也需要分维推进落实，加强协同，强化配合，形成合力。

5.1 支撑生态保护和高质量发展的水资源再平衡策略

黄河流域的水资源演变对我国北方供水安全有着极其重要的影响。在气候变化和人类活动影响下，流域水量收支逐步失衡，从过去近60年到未来30~50年，黄河流域天然径流量呈现持续衰减的态势，只有采取水源涵养等适应性对策才能减缓未来气候变化对黄河水资源带来的不利影响。在流域水量收支失衡的背景下，全流域河道内外用水也在逐步凸显，目前河道内实测径流无法满足生态需水要求，生态基流达标年份占比普遍在60%以下，考虑到来沙量减少的实际情况，未来黄河流域应通过生态调度等一系列措施保障河道内需水量不低于180亿 m^3 。对于社会经济用水的供需平衡方面，目前黄河流域水资源供需缺口达到70亿 m^3 ，未来即使考虑极限节水水资源供需缺口仍可能达到100亿 m^3 ，需要实施节水、控水、配水、增水等多项措施，才能实现未来黄河流域水资源供需平衡，支撑黄河流域生态保护和高质量发展。

5.1.1 黄河流域水量收支再平衡策略

针对气候变化和人类活动影响下黄河流域水资源逐步减少的趋势，未来应通过水源涵养、工程调节、适度开展水土保持、严控地下水开采以及矿区生态修复等措施，逐步实现流域水量收支再平衡，减缓气候变化等宏观外部条件对水资源平衡系统的不利影响。

(1) 维持径流稳定的源区水源涵养

未来受到气候变化影响，黄河兰州以上径流呈衰减趋势，为了最大限度减缓气候变化对水资源的影响，应在黄河源区大力推进生态保护恢复工程，最大限度维持径流过程的稳定。以涵养水源，保护生态，减少扰动，充分发挥自然界的自我修复能力为水源涵养保护工程布局的总体原则，在《三江源国家公园总体规划》实施的基础上，充分发挥自然界的自我修复能力，加大对人为影响生态环境因素的治理力度，推进开展退牧还草、退耕还林还草、封山育林、湿地保护、黑土滩型沙化草地综合治理、草原鼠害防治、生态移民等措施。以三江源、祁连山、甘南、若尔盖、子午岭—六盘山、秦岭等水源涵养区为重点，实施若尔盖、甘南等一批水源涵养和建设工程，提高水源涵养能力。

（2）科学调整水库调度规则以适应未来黄河水文情势变化

未来黄河流域径流过程较现状将会发生显著变化，主要表现在天然径流呈现减少趋势；丰枯年份较现状都有不同程度的衰减，且丰水年径流衰减幅度更大；未来气温升高导致黄河源区冰川融水对径流过程的扰动。因此需要针对现有水利工程调度规则进行适应性调整，考虑到未来流域来水总体偏少，大水年径流减少幅度更大，研究汛限水位的调整方案，增加水库可蓄水量，在不影响防洪安全的情况下，充分利用汛期来水，提升兴利调度能力；对于潜在的冰川融水引起径流波动，制定水库调节补偿规则，减缓气候变化对径流过程的影响。

（3）黄土高原践行量水而行与生态富民的水土保持系统治理

黄土高原由于气候变化、下垫面自然禀赋较差与不合理人为活动，一度成为世界上水土流失最严重地区，是黄河泥沙主要来源。做好黄土高原水土保持一直是治黄的重要任务。经过近70年持续生态治理，该区林草植被率增至2018年的64%，修建了大量梯田和淤地坝工程，实施了大面积退耕还林（草）和自然封禁，22万km²水土流失得到初步治理，强度以上水力侵蚀面积减少60%。截至2019年，全区水土流失面积24.15万km²，其中，水力侵蚀面积18.39万km²、风力侵蚀面积5.76万km²。为满足美丽中国和生态文明建设、黄河流域生态保护和高质量发展等国家战略需要，到远期2050年应当将水土流失面积减少到18万km²左右，使水土保持提高至72%以上，并持续减少强度达中度及以上严重水土流失比例。

黄土高原水土保持取得显著成效的同时也面临严峻挑战。一是流域产水能力明显减弱，黄河年均径流量从1919~1959年的426.4亿m³锐减至2000~2018年的236.4亿m³，区域水资源短缺压力持续增大，生态恢复的水资源承载濒临上限；二是砒砂岩、干旱陡坡等严重侵蚀劣地在水土流失存量中的占比持续增加，生态治理难度加大，水土保持措施的边际效益逐渐降低；三是区内极端暴雨频率呈增加态势，近10年区内引起关注的极端暴雨事件超过60次，直接经济损失620余亿元，水土保持措施抗御洪涝灾害能力亟待加强。此外，黄土高原地处干旱半干旱地区，生态脆弱的自然禀赋仍未改变，生态治理与经济发展、乡村振兴的协调仍待加强。为此，围绕新时期黄土高原水土保持目标和挑战，应遵循山川地势与水分承载，按照系统治理理念，在多沙区内年均降水大于400mm且5°~15°缓坡坡耕地集中连片地区发展旱作梯田；以多沙粗沙区、粗泥沙集中来源区为重点，适度新建淤地坝并加强现存淤地坝除险加固；在维护现有生态恢复成果的基础上，促进植被提质增效、优化植被格局，使有效植被覆盖比例提高到40%以上，形成

"梁、塬、坡、沟、川"协调治理的水土保持措施体系，农业、林业、畜牧与旅游业并举的经济社会发展结构，空间上实现宜林则林、宜草则草、宜耕则耕、宜居则居，规模上满足以水定林、以水定田、以水定牧、以水定村，促进"山水林田湖草沙"平衡共生、良性循环。

（4）开展地下水压采治理，逐步恢复地表地下水补排关系

山丘区地下水开采量增加引起山丘区地下水开采净消耗量增加，加上平原地区降水入渗及河道补排关系变化影响，地下水开发利用影响了黄河流域四水转化关系，地表和地下不重复水量占比越来越大，水资源总量构成发生变化。对比两个时段可知，黄河流域1980~2016年水资源总量整体减少10%左右，且地下水资源量占比提高了0.7个百分点，流域地下水开发利用对地表径流的袭夺效应愈加突出。黄河各分区1980~2016年多年平均不重复量占比相对1956~1979年均有所增加，其中上游（兰州以上产水区）增加0.3%，上游（兰州至河口镇）增加1.7%，中游（河口镇到花园口+内流区）增加2.2%，下游（花园口以下）增加2.1%。为了尽量恢复黄河流域地表、地下水转化关系，应尽快完成《黄河流域（片）重点区域地下水超采治理与保护方案》编制工作，围绕河西走廊、鄂尔多斯台地、汾渭谷地等重点区域形成地下水超采治理与保护方案。针对甘肃、内蒙古、陕西、山西四省（自治区）实际情况，确定地下水开采控制量指标、压采量指标，分区制定水源置换工程建设、封井压采、退地减水、农村集中供水等科学、可行的压采措施。

（5）重视煤炭开采对水资源的影响，积极探索修复措施和绿色开采技术

黄河流域含煤区域逾35.7万km²；煤炭资源经济可采量和煤炭产量，目前均为全国首位；国家规划的14个大型煤炭生产基地，有9个在黄河沿线分布。作为我国煤炭资源富集区，黄河流域煤炭开发规模最大。目前，煤矿开采造成河川径流量减少已形成共识，即煤矿开采形成了裂隙导水带、地面沉降带波及地表，形成裂缝、崩塌、沉降等地面变形，作为补给来源的地表水、地下含水层的径流动态发生改变，地下水位发生变化，补给、径流、排泄途径发生了很大改变。

因此，首先，应从生态环境保护和煤炭开采协同发展的角度，进一步研究开采损伤特征与修复机理，针对黄河流域不同煤矿区开发过程对水循环过程损害的影响程度与范围，深入研究煤炭开发对自然界的作用机制与过程，揭示其对生态系统结构功能的影响；其次，探索能源基地生态修复技术，建立起煤矿区井下工业生产与井上生态治理联动的立体修复模式；最后，需要以煤炭与水共生地质特征研究为基础，以采动地质条件变化分区为途径，以减少隔水岩组损害为目标，积极研发以保护生态水为核心的减沉、减损、保水绿色开采技术。

5.1.2   河道内外水资源需求再平衡策略

黄河"八七"分水方案确定了黄河流域河道内外需水的平衡关系，但是随着经济社会发展，这种平衡关系已经难以维持，未来需要在全流域重要断面制定生态流量目标、实施生态调度、加强取水口智能管控、合理控制外流域供水并建立生态流量监测预警和应急响应体系，满足未来黄河河道内 180 亿 m³ 的综合生态需水量，并细化到重要断面。

（1）加强水利工程生态调度

综合黄河水资源承载条件和生态保护要求，在考虑黄河汛期防洪调度、非汛期下游灌溉供水调度、凌汛调度等调度情况下，基于分区域、分时段生态保护目标，实现黄河水量调度的多目标动态调整。然后通过调度手段对河流流量以及过程进行重新塑造，以满足如关键期鱼类洄游产卵对流量过程、水温、河床条件的要求，重要湿地的水量补给及生境塑造需求等。最终通过科学调度实现在丰水年最大化生态修复，平水年流域环境维持，枯水年保障供水的同时不出现极端生态事件。在生态流量保障的基础上，选择具有重要生态保护意义的代表性河段，探索开展生态适宜性流场的营建，通过对河道地形和底质的适当改造，营造适宜于鱼类栖息繁殖的微生境体系和流场环境，提高生境质量和鱼类栖息适宜度，加强黄河流域鱼类资源保护和生物多样性提升。

（2）全流域取水口智能管控

整合现有监管体系，基于综合集成理念，以物联网、云计算等高新技术为主导，以计算机通信网络和采集控制终端为基础，建设取水口智能管控系统，基本实现黄河流域取水口门监控信息全覆盖，采集信息全掌握，应用贯穿全过程，通过取水口智能管控系统，摸清取用水家底，规范取用水行为。对于流域内水资源超载或临界超载地区，通过取水口智能管控系统实行新增取用水警告机制，推动建立超用水量的退减和限批机制；依据取水许可所允许的取水规模，利用取水智能管控系统对区域取水大户实行取水总量控制和监测报警机制，为黄河流域"管住用水"奠定坚实基础，促进黄河流域生态保护和高质量发展。

（3）严格控制跨流域调出水量规模

黄河流域在水量不足条件下仍向其他流域调出水量，不符合空间均衡的原则。考虑历史和实际情况，应控制跨流域引水量。按照"四定"原则，跨流域调水不得扩大用户规模，包括扩大耕地面积或新增供水范围，现有用户提高用水效率节约出的水量不得扩大再生产。对接受南水北调的引黄区域，应补充开展引黄水量论证，合理调整调水量。在上游实施石羊河等西北缺水地区调水工程后，应相应减少下游调出水量，杜绝将应急引黄作为常态供水工程。通过综合措施，确保黄河流域外调水量在不超过现状的基础上逐步减少。

（4）建立生态流量监测预警和应急响应体系

加快河湖重要控制断面及跨行政区断面监测站点建设，重点加强平、枯水期流量（水量）监测能力，提高小流量测验精度。水库、水电站、闸坝等各类涉水工程管理单位，应限期完善水文监测和实时监控设施建设，对口门引提水、闸门启闭等实现在线监控。对照生态流量目标进行控制断面生态流量达标情况的实时评估和分析，建立起预警机制，根据不同预警级别，采取相应措施，如制定并实施用水总量削减方案、暂停审批建设项目新增取水许可、开展应急补水等。将生态流量纳入河流管理及河长制的责任目标考核体系，建立起河湖生态流量保障的长效机制。

5.1.3 经济社会系统水资源供需再平衡策略

为了支撑黄河流域高质量发展，解决经济社会发展的水资源缺口，应坚持适水发展和深度节水，合理论证人居环境需水量，严控耗水，实行河流断面流量与区域取用水的闭合管理，合理调整黄河"八七"分水方案并加快论证推进西线调水工程。通过上述措施，实现黄河流域水资源供需再平衡。

（1）坚持适水发展，全流域科学深度节水

坚持以水定城、以水定地、以水定人、以水定产，把水资源作为最大的刚性约束，合理规划人口、城市和产业发展，坚决抑制不合理用水需求，大力发展节水产业和技术，大力推进农业节水，实施全社会节水行动，推动用水方式由粗放向节约集约转变。建立健全沿黄各省（自治区）用水定额标准体系，逐步建立节水标准实时跟踪、评估和监督机制。各区域要适水发展、量水而行，严格高耗水产业节水市场准入，高标准建设能源化工行业节水型企业，严控高耗水行业新增产能，通过提高工业用水重复利用率和推广先进的用水工艺与技术等措施，降低单位产品用水量。大力推进农业节水，以上游宁蒙平原、中游汾渭盆地、下游引黄灌区及青海湟水河谷、甘肃中部扬黄灌区为重点，加快灌区续建配套和现代化改造，分区域规模化推进高效节水灌溉。但从资源、生态保护角度分析，节水也是有限度的，要慎重对待黄河流域农业节水的力度。一方面过度的农业节水可能会带来区域地下水位的下降，对区域陆生生态环境带来不利影响；另一方面农业节约下来的水一般会用于工业和生活，从资源耗损角度而言，工业和生活的耗水率更高，这会导致排入河道的退水越来越少，对下游供用水安全带来不利影响。

（2）科学论证黄河流域未来人居环境用水需求

明确生态用水和人居环境用水的区别，按照"以水定城"的原则，控制城镇发展边界。进一步论证明确不同区域的城乡人居环境用水标准，以人口、城市的适度规模和标准论证城乡环境用水。在用水统计和水资源公报中明确区分生态和人均环境用水，杜绝以生态名义增加环境取用水量。强化空间规划与取用水控制的协调联动，完善建设项目立项、用地和环评、取水程序的科学论证，严禁破坏耕地挖田造湖、挖田造河，建设人工水景，增加用水量。

（3）河流断面流量与区域取用水的闭合管理

强化水资源监控管理，提高取用水计量和分类的精确度，实现黄河水量一本账。严格按照水量分配方案落实分区的取用水耗水全链条管理，做好省（自治区）界等重要行政区河流断面的水量监控，建立断面水量与区域取用水耗水的平衡与数据校验机制，达到全流域监控数据的水量平衡。在取用水监测的基础上，强化遥感监测，提高经济用水耗水的直接监测，并逐步纳入到水资源管理全链条环节中，实现水量平衡过程的闭合管理。

（4）黄河"八七"分水方案优化调整

考虑黄河水资源衰减和流域内外供需形势，"八七"分水方案的基础发生了重大变化，因此有必要调整。分水方案调整应坚持尊重历史、立足现状，兼顾上下游用水公平，统筹生态保护和高质量发展要求的原则。在客观评估黄河流域水资源特点和水资源配置格局新变化基础上，综合考虑沿黄各省（自治区）的用水需求和结构，在原有地表水资源量分配的基础上，按照水资源总量进行分配。按照公平性原则，在南水北调东中线改善下游水源条件后，应适当提高向中上游水源区和缺水地区的用水权限。

（5）加快论述西线调水方案，从根本上解决黄河水资源短缺问题

从未来黄河流域水资源供需形势分析来看，在节水优先前提下确保黄河流域的战略发展目标，仍然存在较大的缺水问题。西线工程仍然是支撑黄河生态保护和高质量发展战略的必然选择。考虑现有的社会经济布局和发展水平、用水效率、生态环境保护要求以及工程建设能力等方面的巨大变化，应对原有的西线方案进行深入论证。在充分优化东中线工程格局基础上，从国家发展战略层面分析西线工程建设目标和需求，考虑调水的可行性、效果以及成本等，从社会经济规模调整、节流、开源等不同方式综合分析，进一步对比不同方案，提出对比方案供决策参考。在西线工程确定和实施之前，尽可能借助东中线后续工程和本地配置工程体系优化黄淮海平原供水格局。

5.2 适应水沙关系向好的黄河流域防洪除涝保安布局优化策略

5.2.1 上游防洪防凌减灾优化布局

按照"上控、中分、下排"的总体思路，进一步完善宁蒙河段的防洪（凌）工程体系。

"上控"以水库调度为常规手段，在满足水库防凌、减淤调度要求的同时，兼顾水库其他综合利用要求，实现水资源的优化配置和合理利用。为解决宁蒙河段的防洪（凌）、减淤问题，通过调水调沙，塑造协调的水沙关系，逐步恢复和维持中水河槽排洪能力。控制凌汛期下泄流量，减少河道槽蓄水增量。海勃湾水利枢纽，配合干流水库防凌和调水调沙运用。

"中分"以应急分洪区和涵闸引水工程分水调度为应急辅助手段，在发生冰塞、冰坝等险情和河道内高水位持续历时较长时，适时启用分水工程分蓄河道内水量、降低河道水位、缓解凌汛紧张形势。在内蒙古河段设置乌兰布和、河套灌区及乌梁素海、杭锦淖尔、蒲圪卜、昭君坟、小白河等应急分凌区，遇重大凌汛险情时，适时启用应急分凌区，分滞冰凌洪水，降低河道水位。

"下排"是防凌减灾工程的最后一道安全保障措施，利用两岸堤防和河道整治工程，确保凌汛期河道水流及流凌顺利下泄，避免河道冰凌堵塞造成壅水漫溢或决堤。需要统筹推进宁夏和内蒙古河段堤防建设、河道整治、滩区治理等。

5.2.2 下游生态防洪治理方略

（1）差异化治理方略思路

解决二级悬河和下游滩区问题需要综合考虑，系统治理，分步实施。按照"宽河固堤、稳定主槽、因滩施策、综合治理"的思路，破解防洪保安和滩区高质量发展之间的矛盾。

坚持宽河固堤、稳定主槽。坚持现有宽河格局，完善并利用两岸标准化堤防约束大洪水或特大洪水，确保堤防不决口，防止决口泛滥成灾；实施河道整治，不断调整、完善现有控导工程布局，控制游荡多变的河势，继续开展调水调沙，逐步塑造一个相对窄深的稳定主槽，恢复和维持主槽过流能力，确保河床不抬高。

因滩施策、创新滩区治理模式。针对滩区不同特点开展因滩施策，形成下游滩区生活、生产、生态等不同功能区，保障黄河下游和滩区防洪安全的同时打造黄河下游生态廊道，助力滩区高质量发展。在河南段封丘倒灌区和温孟滩等滩区，实施封丘倒灌区贯孟堤扩建和温孟滩移民防护堤加固，提高防洪安全保障程度，确保封丘倒灌区 43 万和温孟滩5 万人民群众的生命财产安全；对已批复迁建规划的陶城铺以下窄河段滩区及其他滩区，继续实施滩区居民外迁等措施，同时结合土地整治开展二级悬河治理，解决滩区防洪问题。在陶城铺以上宽河段滩区创新采用河道和滩区综合提升治理工程解决滩区人水矛盾与防洪工程体系短板问题。

综合治理、破解滩区滞洪运用和经济发展的矛盾。通过实施滩区居民迁建、二级悬河治理、倒灌区贯孟堤扩建和温孟滩移民防护堤加固等滩区综合治理措施，实现堤防安全牢固、河槽相对稳定、滩区生态优美、群众安居乐业，实现滩区及两岸高质量发展。

（2）构建三滩分区治理格局

根据黄河下游河道"宽河固堤、稳定主槽、因滩施策、综合治理"的治理方略思路，按照"洪水分级设防，泥沙分区落淤，滩槽水沙自由交换"的理念，通过改造黄河下游滩区，配合生态治理措施，形成不同功能区域，实现黄河下游和滩区防洪安全，支撑下游两岸经济快速发展，打造黄河下游生态廊道，连接沿黄城市群，构建黄河下游生态经济带。

根据黄河下游水沙特性、河道地形条件、人口分布、区位条件等，进行河道整治，稳定主槽，结合"二级悬河治理"及低洼地整治，利用疏浚主槽泥沙对滩区进行再造，自两岸大堤向河槽依次改造为"高滩""二滩""嫩滩"。"高滩"生态开发的核心是人水共荣，构筑千里黄河滩上的生态家园；"二滩"构建更加完善的复合生态系统，形成高效农田生态系统、低碳牧草生态系统、绿色果园生态系统的有机集成；"嫩滩"构建湿地生态系统，与河槽一起承担行洪输沙功能。

黄河下游各河段及滩区各功能组成部分开展生态治理后，结合各滩区特点，形成了"高滩+现状二滩+嫩滩""现状二滩+嫩滩""二滩+嫩滩""高滩+二滩+嫩滩""高滩+嫩滩"5种生态治理格局（表5-1）。

表5-1　黄河下游滩区生态治理格局

治理模式	滩区生态发展格局	涉及滩区	生态发展模式
高滩+现状二滩+嫩滩	生态旅游小镇（或新型社区或特色小镇）+休闲观光农业（或生态公园）+湿地公园	原阳滩、中牟滩、开封滩	城市生态观光模式
现状二滩+嫩滩	现代规模化农牧业基地+湿地修复保护	封丘滩	乡村生态修复模式
	休闲观光农业（或生态公园）+湿地公园	惠济滩	城市生态观光模式
二滩+嫩滩	现代规模化农牧业基地+湿地修复保护	东坝头滩、渠村东滩、兰考滩、辛庄滩、打渔陈滩、菜园集滩、牡丹滩、董口滩、鄄城西滩、鄄城东滩、梁山赵堌堆滩	乡村生态修复模式
高滩+二滩+嫩滩	历史文化特色小镇（农业特色小镇）+休闲观光农业（生态公园）+湿地公园	长垣滩、清河滩	城市生态观光模式
	农业特色小镇（或新型社区）+现代规模化农业基地+湿地修复保护	习城滩、陆集滩、东明滩、葛庄滩、左营滩、银山滩	乡村生态修复模式
高滩+嫩滩	新型社区+湿地修复保护	平阴滩、高青滩、利津滩	乡村生态修复模式
	新型社区+湿地公园	长清滩、滨州滩	城市生态观光模式

（3）重构宽滩河流形态与生态空间

在国务院批复的《黄河流域综合规划（2012—2030年）》滩区治理方案基础上，结合黄河下游河道地形条件及水沙特性，充分考虑地方区域经济发展要求，优化提出三滩分区治理方案。对滩区进行功能区划分，分为居民安置区（特色小镇）、高效农业区（田园综合体）以及资源利用区（湿地）等；采用生态疏浚、泥沙淤筑的方式塑造滩区，形成高滩、二滩及嫩滩的空间格局，作为生活、生产、生态的基底。

高滩，从河道及滩区抽取泥沙沿大堤临河侧淤高形成居住区，建设生态特色小镇，达到 20 年一遇以上的防洪标准。作为移民安置区，应引导当前滩区居民就近积聚迁建，以乡村振兴战略为指引，建设特色生态小镇和美丽乡村，解决全部滩区群众防洪安全问题。

二滩，为高滩至控导工程之间的区域。按照"宜水则水、宜泽则泽、宜田则田"的原则，结合二级悬河治理淤筑二滩，构建河湖水系、沼泽湿地、低碳牧草、高效农田、绿色果园等复合生态系统，对搬迁后的村庄进行土地复耕及高标准农田整治，调整滩区农业生产结构，引导洪水风险适应性高的产业入驻，发展高效生态农业、旅游观光产业，建设生态化、规模化、品牌化、可持续的生产基地，助推滩区居民脱贫致富。

嫩滩，为控导工程以内区域，在优先保护现有湿地自然保护区的同时，开展滨水缓冲带保护与湿地修复，结合生态疏浚等手段，打破生态孤岛，形成连续的生态廊道，修复提升下游湿地生态系统。

通过调整河道断面，塑造三滩，分区治理，使洪水分级设防，泥沙分区落淤，进而协调好生活、生产、生态之间的关系，协调好滩区内外的均衡发展。考虑空间均衡发展，对河道内空间进行优化配置，将现状"病态"的反向河道形态调整为生态的正向河道形态，连通现状村镇、土地等各缀块成廊成网，按照不同防御洪水标准和设计泥沙淤积分区，塑造高滩、二滩、嫩滩等不同生态分区，科学布局调整处理洪水、泥沙、人和生态的关系，打造高效行洪输沙廊道的同时再塑生态乡村廊道、生态产业廊道，形成多功能融合的宽滩河流生态廊道。

三滩分区治理方案的运用方式为，洪水分级设防、泥沙分区落淤，流量小于主槽过流量时，洪水在嫩滩行洪，建设高效输沙通道，束水攻沙。流量大于主槽过流量时全滩区自然行滞洪运用。滩区安全建设措施为，根据滩区地形条件和人口安置需求，沿大堤临河侧高滩建设小镇，安置滩区居民。二级悬河治理措施为，考虑泥沙资源空间配置，积极主动治理二级悬河，采用人工机械放淤等措施，挖主河槽及嫩滩淤积泥沙至二滩和高滩，减少主槽淤积的同时治理二级悬河。

5.2.3 提升洪水灾害管控能力

（1）各类预案编制、修订与完善

修订原设计功能任务发生改变的水库调度规程，尽快制定流域统一调度相关规程。做好中下游洪水调度方案，强化中常洪水保滩的应急处置方案及措施，尽量减少下游滩区淹没损失。做好东平湖、北金堤蓄滞洪区运用预案和人员转移安置方案。编制流域及跨省（自治区）重要支流、非跨省重要支流、黄河流域内全国重点防洪城市、全国重要防洪城市超标准洪水防御方案。

（2）提高流域洪水预报预警水平

目前，黄河流域的洪水预报方案主要包括黄河干支流72个重要控制断面的93个预报方案，覆盖了黄河干流全部防洪重点河段和18条重要一级支流，其中黄河龙门以下干流和重要一级支流基本实现了全覆盖。但省（自治区）界断面和重要河湖测站不完备，防洪重点区域和骨干节点工程控制站密度不够，洪水预报水平尚有提升空间。黄河流域泥沙、冰凌、洪水等风险因子多，上、中、下游防洪风险差异大，且尤其中下游洪水预报预见期短，现阶段洪水预测预报水平难以满足新形势防洪需求。

建议在水文监测基础设施建设方面，推进省界站网建设，加快河源水文监测空白区站网布局，完善重要湖泊站网，加密黄河防洪重点区域河道淤积测验体系，增设骨干节点工程控制站及重要引退水口空白点监测站，推进黄河口附近海区潮位站体系建设。

同时，进一步增加预报站点和预报区域，扩大预报覆盖范围。加强流域尺度分布式水文预报模型开发与应用，加强不损失预见期的新型实时校正技术研究，探索黄河流域天空地立体监测、多源数据融合与降雨数值预报预警新技术，提升洪水预测预报精度和预见期。

（3）建设黄河流域防洪工程联合调度体系

依照《黄河防御洪水方案》和《黄河洪水调度方案》，通过干支流骨干水库、堤防、河道工程、蓄滞洪区和应急分洪区的防洪调度，黄河流域实现了对各量级洪水的防御，但也存在一些问题。一是联合调度范围不全面，目前大部分已有水工程防洪调度方案及系统仅覆盖了黄河干流流域，对于重要支流以及塔里木河、黑河等西北内陆河流的覆盖程度不足。开展联合调度工作的水工程，已有各个方案和系统仅覆盖了部分重要水库、堤防及蓄滞洪区，某些地区对于水工程防洪联合调度的方案编制和系统建设基础薄弱。二是与预报信息结合不足，现有各类调度系统中缺乏对于气象灾害、水文灾害等重要预警预报信息的集成；防洪调度对于预报信息的反馈还需人工干预，效率不高；对于调度的前期形势分析判断还偏重于经验性，科学性不足。

建议针对黄河流域上游，在现有调度方案基础上，研究龙羊峡、刘家峡水库联合防洪预报调度方式；研究上游梯级水库群包括黄河干流的龙羊峡、拉西瓦、李家峡、公伯峡、刘家峡、盐锅峡、八盘峡、河口、柴家峡共9座，支流九甸峡、石头峡、纳子峡共3座水库群的防洪联合调度方式。针对黄河流域中下游，以现有防洪调度方式和调水调沙模式为基础，研究万家寨、三门峡、小浪底、西霞院、故县、陆浑和河口村水库等干支流重点水库的联合调度方式，研究中小洪水防御与调水调沙相结合的黄河中下游水沙联合调控模式。

充分利用人工智能、互联网+、大数据、云平台等科技创新成果,开发建成一套具有黄河特色的,集防洪前期形势分析、水文预报、防洪联合调度、灾情评估等功能于一体的黄河流域水工程防洪联合调度系统,实现洪水预报和调度的有机结合,建立预报调度一体化高效决策平台,为流域防洪调度决策提供科学支撑。

5.2.4 公示洪水风险,推进洪水防御社会化

支撑洪水防御政策法规制定、行政管理和措施实施的相关活动构成洪水防御辅助系统,当前洪水防御辅助系统的薄弱环节主要表现在社会包括政府部门的洪水风险意识淡薄、公众参与程度不高,致使侵占河湖和洪水高风险区、不合理地开发利用防洪区土地、削弱洪水防御能力、增加洪水风险的行为普遍存在。

通过各种媒介共享和公示洪水风险信息及可能的减灾措施,是规范、引导政府机构和社会公众采取合理的开发建设、减轻洪水风险行为,纠正错误行为,推进洪水防御措施实施的有效手段,包括在政府相关部门间,如规划计划、国土管理、城乡建设、交通运输、农业等,共享洪水风险信息,推进与洪水风险特征相适应的国土空间规划、土地利用规划、城乡及公共设施建设规划和产业布局;公示法定河湖(水库)管理范围、防洪工程管理范围、禁止侵占河湖、危害防洪工程安全的行为;开展防洪区洪水区划,公示禁止、限制和一般开发区范围,引导公众采取合理的开发建设和应对洪水风险的行为。

5.2.5 "点线面" 综合统筹、多措施系统治理,推动无内涝城市建设

城市内涝问题表现在"点"上(积水点)、关键在"线"上(排水系统不畅)、根源在"面"上(地面硬化率高,产流系数大)。城市内涝治理要转变治水观念,统筹"点、线、面"三个层面进行系统治理。点的层面,一点一策、多措并举,对内涝易发点逐一进行排查,制定整治方案;线的层面,就近入河、水系贯通,打通城市水系的关键节点,提升城市排水防涝能力;面的层面,控源扩容、滞蓄雨洪,从根本上减轻城市内涝风险。

针对城市型水灾特点,按小流域进行洪水风险区划,因地制宜、扬长避短、分散与集中相结合,综合运用"灰、绿、蓝"措施和滞、蓄、截、渗、分、排等工程手段。以法律、行政、经济、教育、技术等手段来推动实施有利于整体与长远利益的治水计划,推动基于风险分区的洪水影响评价、土地利用规划和洪涝风险管理,有效抑制在城镇化进程中人为加重的水灾风险。将城市河湖整治计划与城市发展规划有机结合起来,综合考虑水土

资源利用以及环境、景观、生态文明建设对治水、利水、亲水的需求，以城市水利建设带动城市面貌的改观，为现代化大都市提供更高层次的安全保障，支撑全面、协调、可持续的发展。利用大数据、人工智能等技术，加强城市洪涝监测预报预警分析能力，提升城市洪涝灾害防御的智能感知和智慧决策水平。

5.2.6 推进山洪灾害管理新模式，提高山洪预警精准度

转变山洪灾害工程治理思路，由山洪沟道治理转向保护对象防护治理。按照"守村固点、防冲不防淹、主流不进村"的原则和系统治理思想，在统筹上下游防洪能力的基础上，针对人口密集区和重点经济区，加强以保护沿河村落为目标的局部防洪治理，优化开展重点山洪沟治理，提高重点区域的安全保障能力。

提升山洪灾害监测预报预警体系。优化站网结构，提升山洪灾害监测能力，提高山洪灾害预警精准度，逐步向"定点、定时、定量的山洪灾害预警"转变。基于移动互联网和蜂窝技术发布预警信息，扩大山洪灾害预警覆盖面。拓展山洪灾害监测预警信息服务，开展面向社会公众的山洪灾害风险预报预警服务，面向小型水库、淤地坝的点对点专题预报预警信息服务，或面向铁路、交通、电力、通信等行业需求的监测预警信息定制服务。全面推广"省级部署、多级应用"的省级山洪灾害监测预报预警云平台，加强监测预警平台保障能力。

提高山洪防御社会化参与度。山洪灾害易发多发的特点，在各类预案中要对预警发布、人员避险救护、转移安置等作出切实可行的安排，制定有效的防汛预案宣传培训及演练机制，强化责任人培训与防汛演练。要充分发挥山洪灾害防治监测预警系统和群测群防体系的作用，完善预警发布工作机制，及时发布山洪灾害预警信息，切实做到山洪预警和转移避险无缝对接，确保群众生命安全。

5.3 基于海–河–陆统筹的黄河流域水环境提升策略

黄河水环境污染表象在水里、问题在流域、根子在岸上。以强化陆源污染控制、控制污染物入海总量、保障生态需水和入海淡水总量等为重点，深入贯彻落实以习近平同志为核心的党中央关于黄河流域生态保护和高质量发展的战略部署，遵循"以海定陆，陆海统筹；生态优先，绿色发展；因地制宜，有序利用；以人为本，人水和谐"的基本原则，充分考虑陆地、流域、沿海地区与流域–近海水环境系统之间的关系，坚持问题导向、差别化施策，打破区域、流域和陆海界限，加强陆海统筹和区域联动，落实陆源污染物入海总量控制制度，加快建立"以海定陆"的污染管理倒逼机制，实施以海–陆–河水环境系统

为基础的源头、过程和结果管理并重的水环境综合管理举措，实现黄河流域水环境高质量保护。

5.3.1 清水入河：强化点源污染控制，改善重点支流水质

统筹推进工业污染、养殖业、城乡生活等陆域点源污染综合整治，"一河（湖）一策"加强黄河干流、支流及流域腹地水环境污染治理，从源头防治污染进入黄河流域水体，减少陆源污染物进入河流和海洋。

以汾河、涑水河、无定河、延河、乌梁素海、东平湖等河湖为重点，重点识别沿黄地区落后的社会经济物质代谢，开展煤炭、火电、钢铁、焦化、化工、有色等行业强制性清洁生产发展，实行生态敏感脆弱区工业行业污染物特别排放限值要求，推动绿色生产发展。

对干支流城镇集中河段分布的城市，建设污水管网、污水处理厂和中水回用设施，提高管网收集率、处理率和中水回用率。黄河流域禁止区内的现有排污口，采取调整措施，经截污导流进入污水处理厂处理后，排入禁止区水域范围以外的相邻水功能区。对位于严格限制水域和一般限制水域内，污染物入河量对水域水质影响较大的排污口，采取人工湿地、稳定塘、生态沟渠、跌水复氧等污水深度处理措施，进一步降低入河污染物负荷，改善水域水质。废污水排放量较大、水质不达标、城市污水处理厂排污口所在的水功能区是布置本类工程的重点区域。大力推广非常规水源利用，充分利用再生水，具备条件的地区加大矿井疏干水、苦咸水等非常规水源利用。

5.3.2 立体防控：推进农业面源、水土流失和内源污染综合治理

农业方面，在宁蒙河套、汾渭、青海湟水河和大通河、甘肃沿黄、中下游引黄灌区等区域实施农业退水污染综合治理，深入推广科学施肥、安全用药、农田节水等清洁生产技术与先进适用装备，建设生态沟道、污水净塘、人工湿地等氮、磷高效生态拦截净化设施，加强农田退水循环利用。养殖业方面，积极发展规模化畜禽养殖技术，建立农作物秸秆、畜禽粪污等农业废弃物综合利用和无害化处理体系。

水土流失非点源源头控制方面，因地制宜，有针对性地对腾格里等沙漠、晋西北等多沙粗砂区、黄河源头、旱作梯田等进行水土涵养、水土保持和封育保护等综合治理措施，积极推进山水林田湖草沙系统治理，全面加强生态保护提升水源涵养能力与生态质量。

内源治理工程主要包括生态清淤、围网养殖、河道内垃圾清理工程，在甘肃省渭河天

水、定西等城市河段，河南省青龙涧河、天然文岩渠、大汶河等重要河流及其支流河道实施生态清淤及垃圾清理工程；对山西省伍姓湖、后河水库实施围网养殖清理工程。

5.3.3 宜居适度：合理改善宜居水环境，促进经济社会高质量发展

广义的"水环境安全"即常用的"水安全"概念，指围绕人群空间的水体处于能够持续支撑经济社会发展规模、能够维护生态系统良性发展的状态。狭义的"水环境安全"指水的化学成分和含量不会直接或间接影响人类生活和发展。综合起来，主要包括两个方面，一是狭义上水体理化性质满足人类开发利用水资源的需求，不影响水体的正常功能发挥；二是广义上围绕人群空间的水体满足人类对于良好生活生产环境的需求，形成宜居水环境，能够提升公众的幸福感和获得感。

在流域重点城市群和人员聚集区，要摒弃"水环境＝水质"的旧观念，从环境本身的内涵出发，科学认识水环境的多重内涵和目标要求。高举"幸福河湖"大旗，从打造宜居水环境的角度，增强城乡居民对于河湖水体的满意度和亲近率，通过良好水环境为公众提供更多优质生态产品。推进城市小微水体综合治理，着力解决目前部分水体水系不连通、水源补给不足、循环设施不完善导致的水质问题。充分发挥城市湖泊、池塘等的水资源配置和调蓄作用，资源化利用降水资源。做好农村水系综合整治，集中连片推进水系连通，健全水利、环境等民生基础设施，提升公共服务水平，探索将水环境治理项目与农村相关产业结合发展，促进流域社会经济高质量发展。

对于黄河流域来说，要综合考虑城市自然条件、水土资源可供量、人口、居民生活习惯和生活水平、社会和经济发展水平等因素，根据当地的自然环境条件、历史水面比例、经济社会状况和生态景观要求等实际情况，综合确定城市总体规划控制区内常水位下的水面面积占总面积的适宜比率，作为城镇空间适宜水域面积率。避免片面追求景观效果而盲目修建、开挖大量的人工湖，增加不合理的用水需求，加剧水资源供需矛盾。

5.3.4 产业优化：强化水环境刚性约束，优化流域产业空间布局

一是建立与水环境承载能力相适应的经济结构。在"以水定城、以水定地、以水定产、以水定人"过程中，一方面是强调水资源承载能力，另一方面也要注重水环境承载能力，立足流域和区域水资源水环境综合承载能力，合理确定经济布局和结构。控制高耗水、高污染行业比例，发展优质、低耗、高附加值产业，推动能源化工企业向工业园区集中，设置效率门槛，逐步淘汰低效工业企业。完善规划和建设项目水资源论证制度，出台重大规划水资源论证管理办法，加强对重点用水户、特殊用水行业用水户的监督管理。

二是强化国土空间管控。系统统筹流域水资源、水环境、社会经济、自然生态等要素，以推动生产方式和生活方式生态化为引领，打通"两山"转化通道，综合设计资源能源开发、国土空间格局、生态环境保护等方面的规划目标与任务；推进建立规划实施、投资保障与生态环境项目库建设；将编制实施黄河流域生态环境保护规划进入立法要求；强化黄河流域的生态保护和高质量发展规划、流域水生态环境治理规划、空间规划等的统筹实施，以及加强各层次规划的衔接，充分发挥规划体系效力，推动高质量发展和高水平保护。

三是优化产业空间布局。按照区域自然条件、资源环境承载能力和经济社会发展基础，优化阴山—贺兰山—青藏高原东缘一线以东（尤其是关中平原、呼包银地区以及伏牛山以东的黄淮海平原地区）的工业生产与生态承载力的协调关系，推动陕西北部的榆林、内蒙古西部的鄂尔多斯以及山西的吕梁、朔州、忻州、临汾等地区能源基础原材料开发过程的清洁化升级和改造，确定合理的产业发展空间与重点能源基础原材料产业的发展规模。严格控制湟水河、渭河、汾河等流域煤炭行业的发展速度和规模，通过推进产业结构升级和空间布局优化，促进区域生态环境质量的改进与提升。

5.3.5 智慧监管：健全污染物在线监测预警体系，提升水环境监测能力

加快构建覆盖农业、工业、城镇生活等所有关键排污口的在线监测系统，实现关键排污口长期在线、实时监测；统筹海–河–陆水环境监测指标体系，建立黄河流域地表水、地下水、集中式生活饮用水及水源地水质在内的水环境质量监测网络，实现云数据管理体系，实现全流域排污、水环境监测数据库共享发布机制，流域管理机构通过水质、水量、排污等数据，实现全流域水环境协同一体化监管研究，加快重点流域、近海、水源地水质预报预警监测体系建设，提高水环境质量预报和污染预警水平，健全黄河流域水质水量预报预警监测体系，强化污染源追踪与解析。

基于无人平台、先进传感器、物联网、大数据和人工智能等技术，发展海洋生态环境在线监测技术体系，获得高时效、高覆盖的水环境监测数据，建立健全的水环境在线监测研发链和产业链；始终坚持创新发展，研发流域–海洋水环境观测/监测新型传感器、开发流域–海洋水环境智能在线监测系统架构、在入海口、污染严重区域等关键地区建立多参数的在线监测网、获取和传递海洋长时间序列综合参数，实现水质污染治理和突发污染的快速响应。

5.4 基于流域国土空间格局的水生态保护修复策略

伴随高程梯度、温度梯度、水分梯度、泥沙梯度、人类活动强弱等的变化,黄河从河源到河口形成了复杂交织的生态空间格局。开展黄河流域水生态保护修复,重点是做好"一网两园四区"保护修复。其中,"一网"指打造黄河干支流生态水网,"两园"指建设维护好河源、河口两个国家公园,"四区"是做好祁连山—秦岭、河套灌区、黄土高原水土流失区、下游滩区的保护修复工作(王浩和胡鹏,2020)。

5.4.1 一网:打造黄河干支流生态水网

黄河干流受地形地貌影响,河道蜿蜒曲折,素有"黄河九曲十八弯"之说。黄河水系的特点是干流弯曲多变、支流分布不均、河床纵比降较大,支流众多。黄河流域集水面积大于 10 000km² 的一级支流基本特征值见表 5-2。黄河干支流形成的水网,既是水沙的输送廊道,也是水生生物栖息迁移的通道,打造黄河生态水网是流域水生态保护的重中之重。

表 5-2 黄河流域集水面积大于 10 000km² 的一级支流基本特征值

河流名称	集水面积(km²)	干流长度(km)	平均比降(‰)
渭河	134 766	818.0	1.27
汾河	39 471	693.8	1.11
湟水	32 863	373.9	4.16
无定河	30 261	491.2	1.79
洮河	25 227	673.1	2.80
伊洛河	18 881	446.9	1.75
大黑河	17 673	235.9	1.42
清水河	14 481	320.2	1.49
沁河	13 532	485.1	2.16
祖厉河	10 653	224.1	1.92

一是科学制定和调控保障河湖生态流量目标。在现有河湖生态流量计算方法基础上,针对黄河流域上中下游和干支流特点,充分考虑水生态系统特征及保护需求,科学确定流域生态流量水量目标体系。包括河流生态廊道维持的水量和流量、集中水源地保护流量、4~6 月敏感期生态流量、非汛期枯水时段生态基流等,重点湖泊要制定维系湖泊生态功能的最小生态水位,重要湿地、河口区应根据淡水湿地植被与洄游珍稀鱼类保护、鸟类栖

息、河口压咸补淡等需求，确定生态水量。在为每个断面确定流量或水量目标的同时，也明确相应的保证率要求，生态基流保证率应不低于90%；产卵期的脉冲流量等敏感生态需水保证率不低于75%。对已批复实施规划和水量分配方案，适时开展中期评估，对生态流量（水量）目标不明确、不满足生态保护要求的，应限期调整。建立水利工程多目标综合调度体系，通过调度手段对河流流量以及过程进行重新塑造，实现在丰水年最大化生态修复，平水年流域环境维持，枯水年保障供水的同时不出现极端生态事件。

二是加强水沙联合调控，确保河道不淤积。2002年小浪底水库投入调水调沙运用以来，大大增强了黄河水沙调控能力，使得黄河下游大堤的防洪标准提高到接近千年一遇，解决黄河生态系统保护下的防洪调度、水沙调控问题的条件更加充分。但上游宁蒙段因龙羊峡—刘家峡水库防洪及供水需求对大流量过程进行削减，从而导致泥沙淤积，乌梁素海无法自流进入黄河干流；中游淤地坝相当一部分已经达到极限拦沙量，沟壑治理亟待加强；下游河道主槽仍有萎缩趋势，滩区建设滞后，对河槽的塑造依然受到约束；小浪底的调水调沙能力毕竟有限，后续调水调沙动力不足问题仍然存在。因此，要大力加强新水沙条件下流域水沙综合调控，确保黄河生态水网畅通。

三是加强黄河水生态空间的管控，确保河流廊道不被侵占。建立水域空间监管指标体系，从数量和结构两个维度提出可量化、可监控的监测指标及监管制度与技术规范，逐步建立基于卫星遥感和地面巡查协同的立体监控能力，维持水域数量与"水体–滩涂–岸线"结构稳定。制定水域空间恢复规划与实施方案，依据水域空间恢复的必要性与可行性，与河湖长制相结合，构建责任明确、协调有序、监管严格、保护有力的河湖管理保护机制，为维护河湖健康生命、实现河湖功能永续利用提供制度保障，逐步恢复重点区域被侵占的天然水域空间。

四是加强水利工程生态化改造，提升水网功能连通性。对流域所有水工程进行一次大排查，结合当地河湖生态保护需求，开展水工程的生态化改造，包括泄流设施建设、基本生态流量闸口预留、鱼道建设、多层泄流、生态友好的水轮机更换等。要严格按照流域综合规划及项目环境影响评价报告书批复要求，将生态流量泄放设施、监控设施及投资纳入项目方案，与主体工程同时设计、同时施工、同时投产使用。对已涉水工程中，未按环境影响报告书批复要求建设生态流量泄放和监控设施的，要停止取用水并限期整改。水工程管理者要制定水工程的生态调度规则，与防洪、供水、发电等调度相互协调，坚持安全第一、基本生活用水优先、基本生态保护优先、兼顾生产的调度原则。

5.4.2 两园：建设河源河口两个国家公园，守护一条母亲河

黄河之治，关键在于河源和河口。三江源国家公园成为我国首个国家公园试点，为黄

河源的生态保护提供了强有力的支撑。通过设立黄河三角洲国家公园，将黄河河口生态保护摆在更加突出的位置，与三江源国家公园首尾呼应，实现黄河源与河口生态的对等保护，共同呵护中华民族母亲河的健康，让五千年的黄河文明历久弥新，永葆生机，激励一代又一代中华儿女为建设美丽新中国而奋斗（王建华等，2020）。

（1）三江源国家公园

黄河源区位于青藏高原东北部的三江源区，总面积约为 9.76 万 km²，河流密布，湖泊、沼泽众多，雪山冰川广布，是世界上海拔最高、面积最大、分布最集中的高原水体与湿地分布地区之一，区内分布有我国最大的高原淡水湖——扎陵湖和鄂陵湖。黄河源区生物区系和生态系统类型独特，特有物种丰富，水源涵养功能突出，其贡献的水资源占总黄河水资源总量的 38.6%。黄河源区地势高寒，气候恶劣，自然条件严酷，植被稀疏，属于典型高寒生态系统，是我国生态环境十分脆弱的地区之一。

黄河源区需要坚持以水定草，以草定畜，在科学评估区域水资源承载能力的基础上严格控制草地载畜量，实现草畜平衡。具体措施如下：一是因地制宜地开展天然草场的灌溉。黄河源区降水年内分配严重不均，冬春季节降水稀少，难以满足植被生长需求。应考虑水源条件，因地制宜推进基础设施建设，改善天然草场灌溉条件，遏制土壤沙化。二是全面实行天然草场的轮牧、禁牧。实施退牧还草工程，保护天然草场，实行划区轮牧、禁牧，控制草场鼠虫害，恢复草场生态。三是加强越冬牲畜的饲草料基地建设。立足"禁牧不禁养、减畜不减收"的目标，种草与养畜相结合，在条件适宜地区大力推进饲草料生产基地建设，保障畜牧业生产安全。四是加强源区对采矿活动的监管，确保黄河源区水质安全。

（2）黄河三角洲国家公园

黄河三角洲是我国乃至世界暖温带唯一的一块保存最完整、最典型、最年轻的滨海湿地生态系统，也是东亚至澳大利西亚和东北亚内陆—环西太平洋两条鸟类迁徙路线的重要中转站、越冬地和繁殖地，具有巨大的生态服务价值和重大的生态保护意义。野生鸟类的种类由 1990 年建立黄河三角洲自然保护区时 187 种增加到 2018 年的 368 种，有 44 种鸟类数量超过其全球总数量的 1%。其中珍稀濒危鸟类东方白鹳 1000 余只，占全球总数量的近 30%；繁殖黑嘴鸥种群数量超过 7000 只，接近全球总数量的 50%；迁徙丹顶鹤 380 只，占全球总数的近 20%。黄河三角洲还是中国沿海最大的新生湿地自然植被区，拥有种子植物 393 种，其中野生种子植物 116 种，天然柽柳在国际同类湿地中非常少见，渐危植物野大豆分布广泛。黄河三角洲还是我国盐地碱蓬保有面积最大、种质资源最丰富的区域，形成独特的"红地毯"景观。

要系统实施黄河口三角洲湿地大保护，提升生物多样性。尽早研究实施主河槽、滩地及整个三角洲横向连通机制，实现整个三角洲与黄河的大水系连通，保证三角洲湿地生态系统的良性维持，解决海水倒灌引起的陆域生态系统退化问题；研究实施黄河入海流路并行入海机制，形成多流入海的总体行水格局，减少海岸蚀退，维持自然岸线，从而促进黄河三角洲整体生态环境质量的提升和自然岸线的稳定，最大程度发挥黄河入海径流的综合生态效益。坚持海陆统筹的原则，充分发挥黄河入海水量的生态效益，率先在黄河三角洲实施陆域生态系统保护与修复，促进生态系统的正向演替；实施以入侵物种治理和原生物种恢复为主要内容的潮间带生态恢复，保护和改善以鸟类为主的滩涂生物栖息地质量，保护生物多样性，使黄河三角洲在渤海综合治理中起到带动示范作用，助推打赢渤海综合治理攻坚战，再现黄河三角洲"水光天色、四季竞秀，鸟集鳞萃、莽莽芦荡"大河三角洲的壮美景色。

5.4.3　四区：做好祁连山—秦岭、河套灌区、黄土高原区、下游滩区的保护修复

（1）祁连山—秦岭：做好植被保护修复，涵养水源保护生境

通过遥感数据解译发现，1980~2018年祁连山区林草地面积总体变化率为-0.25%。其中，林地从16 593km² 减少到16 568km²，减少25km²；草地从86 203km² 减少到85 966km²，减少237km²。虽然近30年来林草地总面积变化不大，但天然林草地被侵占情况比较严重。1980~2018年祁连山天然林草地保留率为94.93%，说明超过5%的天然林草地被侵占或退化。此外，2018年祁连山地区中高覆盖度林草地比例为57.54%，远低于72%的全国平均值。与祁连山区相似，1980~2018年秦岭北坡区林草地面积变化不大（-0.23%），但天然林草地同样被严重侵占。1980~2018年秦岭北坡区天然林草地保留率为95.28%，有4.72%的天然林草地被侵占或退化。

此外，受人工林、道路、居民点、耕地、小水电站、旅游、矿产开发等活动的影响，祁连山—秦岭生态空间破碎化严重，野生物种尤其珍稀物种栖息地连通性不足，物种分布面积萎缩，种群发展扩散受到制约。从大熊猫栖息地来看，现状整体质量并不高，栖息地受损、退化、破碎化严重。隔离种群间的基因交流受到阻碍，导致遗传多样性降低、种群质量下降，个别区域小种群在应对突发的自然灾害面前甚至有消失的危险。

研究表明，山区植被可以通过冠层截留、枯落物吸持、土壤层蓄水缓释等对降水进行有效截留和调蓄，起到拦蓄洪水、调节径流和净化水质的作用。植被覆盖度每增加1%，区域洪峰流量可被削减5%~10%，枯水期流量可增加1%以上。为做好祁连山—秦岭植被保护恢复，需要着力开展三个方面工作。首先，确保生态空间完整性。依托祁连山国家公园试点建设，科学划定并严守以水源涵养和生物多样性维护为主导生态功能的生态保护红线，禁止在红线范围内乱采乱挖违建，关停保护区内一切矿山探采活动，建立保护区矿业

权退出机制，对矿业权项目进行全面、科学系统地修复整治。其次，恢复生态空间连通性。严格控制生态空间内的人类生产建设行为，通过"造、封、补、改、修、管"等综合措施建立和完善生态廊道，恢复和提高生态空间连通性。最后，保持生态空间原真性。采取以封禁为主的自然恢复措施，辅以森林抚育、飞播造林等人工修复，开展水土流失治理，减少生产生活空间，增加生态空间，加强植被水源涵养功能，有效促进生物多样性恢复。

（2）河套灌区：推进生态灌区建设治理，促进区域生态平衡

"黄河百害，唯富一套"。河套灌区是我国第三大灌区和亚洲最大的一首制灌区，灌区地势平坦、引水条件便利，自古以来就为中华民族提供了丰富的生活资源和文化资源。河套灌区有效灌溉面积 1600 万亩，粮食总产量 471 万 t，是国家"七区二十三带"农业战略格局的关键组成，是我国重要的农业生产基地。河套地区经过长达 2000 年的开垦与耕作灌溉，形成农业生态系统、沟渠与河湖生态系统、林草生态系统等组成的大型人工复合生态系统。河套灌区复合生态系统除了农业基础功能外，还是我国"黄土高原—川滇生态屏障""北方防沙带"的重要组成部分，是阻隔乌兰布和沙漠与库布齐沙漠联通的"最后关口"，是世界候鸟迁徙的"重要通道"。此外，接纳灌区退水的乌梁素海也是地球同一纬度的最大湿地，承担着调节黄河水量、防洪防凌、水质净化的重要功能，是黄河生态安全的"自然之肾"。

在河套灌区，要推进生态灌区建设治理，促进区域生态平衡。主抓生态灌区建设与面源控制治理关键环节，尽快实施大中型灌区续建配套和现代化改造，优化灌区供排水体系，强化水生态保护和修复工程，建设农业高效节水系统。实施农业绿色发展行动，严格控制农业用水总量，大力发展节水农业，不断提高农田灌溉水有效利用系数。推行覆盖主要农作物的测土配方施肥技术，实行有机养分资源高效利用技术模式，合理调整施肥结构，提升耕地内在质量。构建病虫害监测预警体系，推广绿色防控技术，推进专业化统防统治与绿色防控融合，推进生物农药、高效低毒低残留农药应用，逐步淘汰高毒农药。统筹考虑畜禽养殖污染防治及环境承载能力，推行布局科学、规模适当、标准化畜禽养殖，因地制宜推广畜禽粪污综合利用技术模式，实施养殖废弃物资源化利用。改善乌梁素海生态状况，在乌梁素海实施水生态综合治理工程，实施河套灌区总排干和乌梁素海湖区生态清淤，以及入湖前置人工湿地营造工程。

（3）黄土高原区：开展水土流失分区精准治理，推进绿色发展和乡村振兴

位于黄河中游的黄土高原区是世界上分布最集中且面积最大的黄土堆积区，也是我国生态脆弱区分布面积最大、脆弱生态类型最多、生态脆弱性表现最明显的地区之一，水土流失问题成为制约黄土高原区域经济健康发展的重要限制因素。目前黄土高原丘陵沟壑区和高塬沟壑区土壤侵蚀模数大多高于 $5000t/(km^2 \cdot a)$。黄土高原每吨土壤流失中，含

0.8 ~ 1.5kg 铵态氮、1.5kg 全磷和 20kg 全钾，以每年 16 亿 t 土壤流失计算，共约有 3800t 铵态氮、全磷和全钾流失。严重的水土流失导致黄土高原千沟万壑、土地贫瘠，并殃及黄河下游广大地区。中华人民共和国成立以来持续开展了小流域综合治理、退耕还林（草）、坡耕地整治和淤地坝系等综合防治工程。截至 2018 年，黄土高原林草覆被率由 20 世纪 80 年代总体不到 20% 增加到 63%，梯田面积由 1.4 万 km² 提升至 5.5 万 km²，建设淤地坝 5.9 万座。黄土高原主色调已经由"黄"变"绿"，入黄沙量由 1919 ~ 1959 年的 16 亿 t/a 减少至 2000 ~ 2018 年的约 2.5 亿 t/a，土壤侵蚀强度呈现出高强度侵蚀向低强度变化的特征，中游黄土丘陵沟壑区土壤侵蚀模数普遍下降 50% 以上，水土流失严重状况得到了有效控制。

下一阶段要重点开展黄土高原水土流失分区精准治理，推进绿色发展和乡村振兴。需要根据近些年来生态恢复成效和存在的问题，总结不同类型区生态修复的成功经验和模式，积极探索在人口密度相对低、降水条件适宜、人为活动干扰少的区域，实施分类指导的生态自我修复。水土保持综合治理中的林草植被建设，要坚持宜草则草、宜灌则灌、宜乔则乔、宜封则封。以 400mm 降水量为界，以上区域提升林分郁闭度、近自然经营以提升系统质量，以下区域自然修复、辅人工干预以提升系统稳定。以需定产，围绕村镇居民点，在降水量大于 400mm 和坡度 5° ~ 15° 缓坡耕地发展旱作梯田及改造提升现状梯田。以多沙粗沙区、特别粗泥沙集中来源区及内蒙古十大孔兑等治理度低的区域为重点，推进淤地坝系工程建设。创新生态治理与乡村振兴融合发展模式，鼓励采用村民自建、以奖代补等多种形式，系统推进重点工程建设，并完善资金投入、生态补偿和项目运行等治理体制机制。

（4）下游滩区：推进滩区治理升级，实现滩区可持续发展

黄河下游滩区既是黄河滞洪沉沙的场所，又是 190 万群众赖以生存的家园，也是重要的自然保护区和种质资源保护区。黄河下游两岸大堤之间的河流系统由人工控制的干流廊道及滨河河滩湿地构成，河道总面积 4860.3km²，其中滩区面积 3154km²，有耕地 340 余万亩，村庄 1928 个，总人口 190 万，即使河南、山东居民迁建规划实施后，仍有近百万人生活在其中。滩区人水混居，生产生活空间与河流控导工程连线范围、自然保护区及种质资源保护区重叠，农业生产与河流治理、生态保护矛盾交织，防洪运用、"二级悬河"治理、湿地生态保护和经济发展矛盾突出，滩区治理开发整体滞后，农业综合效益低下，已成为集中连片贫困带，同时河流横向连通性难以保证，滩区湿地面积减少明显，由河流湿地和滩区组成的河流廊道生态环境质量低下，是黄河生态保护治理的关键点。

要积极推进黄河下游滩区治理升级，实现滩区可持续发展。在保障黄河下游河道防洪安全的前提下，利用现有的生产堤和河道整治工程形成新的黄河下游防洪堤，使下游大部分滩区成为永久安全区，从根本上解决滩区发展与治河的矛盾。今后要在相当长时间内，维持一个平滩流量 4000m³/s 以上的主河槽,并通过河道整治工程等,稳定河势,保障河道基本的泄洪输沙能力和大堤安全。在黄河下游主河槽两岸以控导工程、靠溜堤段和布局较为合理的现有生产堤为基础,建设两道新的防洪子堤,形成一条宽 3~5km 的窄河道,使新防洪子堤之间的窄河道可输送 8000~10 000m³/s 的流量,窄河道内控制种植高秆稠密作物,居民全部迁出。通过滩区引洪放淤及机械放淤,淤堵串沟堤河,平整和增加可用土地,标本兼治,加快二级悬河治理步伐,改变二级悬河河段槽高、滩低、堤根洼的不利局面。在新的防洪堤与原有黄河大堤之间的滩区上利用标准提高后的道路等作为隔堤,部分滩区形成滞洪区,当洪水流量大于 8000~10 000m³/s 时,可向新建滞洪区分滞洪。将一部分隔堤内的滩区按滞洪区建设,其中居民退出,土地可耕种;将另一部分隔堤内的滩区建设成居住生活区,提高该区域的防洪标准。对滩区进行分类治理,使大部分滩区成为永久安全区,解放除新建滞洪区以外的滩区。

5.5 基于系统治理的五水统筹治理机制创新策略

5.5.1 确立流域管理机构作为河流健康代言人

黄河水利委员会作为流域管理机构,为维护近 70 年黄河安澜和 1998 年以来黄河干流不断流做出了巨大的贡献。但是随着党中央国务院和流域人民对黄河流域发展质量的要求提高,黄河水利委员会"为水利部派出的流域管理机构,在黄河流域和新疆、青海、甘肃、内蒙古内陆河区域内(以下简称流域内)依法行使水行政管理职责,为具有行政职能的事业单位"的功能定位,已经不能满足新形势的需求。在黄河高质量发展和建设"幸福河"的愿景下,黄河水利委员会的功能需要重新定位,不仅是要作为"黄河水安澜,黄河水长流"的守护者,同时更应当作为黄河流域山水林田湖草生命共同体与河流生命健康的代言人与维护者。中共中央、国务院印发的《生态文明体制改革总体方案》明确,中央政府主要对大江大河大湖和跨境河流直接行使所有权。因此,应当明确由流域管理机构代中央政府履行黄河所有权代表职责。

5.5.2 建立国务院黄河流域协调机制

参考 2020 年 12 月通过的《中华人民共和国长江保护法》,国家建立黄河流域协调机制,统一指导、统筹协调黄河治理工作,审议黄河治理重大政策、重大规划,协调跨地区跨部门重大事项,督促检查黄河治理重要工作的落实情况。

黄河流域协调机制由国务院分管水利的副总理担任联席会议主席。成员包括国务院有关部门（水利部、自然资源部、生态环境部、国家卫生健康委员会、国家发展和改革委员会、科学技术部、工业和信息化部、交通运输部、应急管理部、财政部、交通运输部、审计署、司法部等）、最高人民法院、最高人民检察院，以及黄河流域9省（自治区）政府。黄河水利委员会作为黄河所有权代表也应列入协调机制成员单位。

黄河流域协调机制的职责如下。

1）合作促进：为黄河流域中涉及多个省份的流域治理、经济开发、联合执法和生态保护项目提供省部级沟通协商平台、促进上述方面中央与地方的合作以及跨省合作。

2）治理统筹：在涉及黄河流域多个省份的国家级治理、开发项目的规划以及黄河流域相关法律法规的制定和修正中听取并协调各个省份的利益诉求，进行独立的调查研究，并向全国人民代表大会和国务院提供调查报告与相关建议。

3）纠纷协调：通过特别法庭和特别仲裁庭协调处理黄河流域跨行政区域的水事、环境纠纷及公益诉讼事宜。

4）监督审计：管理并审计涉及黄河流域的国家级治理、开发项目资金，对黄河流域的水污染防治和生态保护进行监督。

5）体系建设：组织建立完善黄河流域相关标准、监测、风险预警、评估评价、信息共享等体系。

6）应急管控：通过应急管理委员会协调指挥对黄河流域涉及多个省份的生态危机、人为事故、自然灾害等紧急事件的应急管控。

5.5.3 依托河长制建立"九龙治水、一龙监水"的流域管理与行政区域管理结合机制

我国实行的是流域管理与行政区域管理相结合的水管理体制，这既是我国几千年治水实践的科学总结，也是国际社会水资源管理的基本经验，《中华人民共和国水法》中也明确了"流域范围内的区域规划应当服从流域规划"的条款。在长期行政体制影响下，我国水管理表现为区域强、流域弱、黄河流域九个省（自治区）的"九龙"明显压制了黄河水利委员会的"一龙"，流域对区域的统筹管理和总控约束亟待加强。

推行河长制，目的是要加强全流域的水资源保护、河湖水域岸线管理保护、水污染防治、水环境治理、水生态修复，区域的各项水事活动要符合流域的目标要求。因此要深化以流域为基础的流域与区域相结合的管理体制，进一步明确流域管理机构的法律地位，进一步明确流域管理机构与水利部、地方政府及有关部门的事权划分。地方全面实行河长制后，如果相关制度不配套，区域强、流域弱这一现象可能更加突出。黄河流域急需依托河

长制建立"九龙治水、一龙监水"的流域管理与行政区域管理结合机制。

一是进一步明确流域管理事权。《中华人民共和国水法》明确流域管理机构在所管辖的范围内行使法律、行政法规规定的和国务院水行政主管部门授予的水资源管理和监督职责。流域管理机构要加强流域管理，必须要有明确的事权，要有明确的法律、行政法规规定和水利部的授权。目前，流域管理机构职责规定散布在《中华人民共和国水法》《中华人民共和国水污染防治法》《中华人民共和国防洪法》等法律法规中；水利部授权文件，重要集中在 20 世纪 90 年代印发的取水许可管理、涉河建设项目审查方面，其他方面授权文件很少。在全面实行河长制的新形势下，要强化流域管理机构职责，由流域管理更方便更有效的事项，明确由流域管理机构承担。

二是强化行政区域管理与流域管理的服从关系。为了形成"九龙治水、一龙监水"的管理体系，流域对区域的统筹管理和总控约束亟待加强，必须强调行政区域管理服从流域管理。流域管理机构将流域管理保护主要任务和约束指标分解至省级行政区，并对地方实施情况进行监督考核。地方分级分段落实大江大河大湖河长制，凡涉及上下游、左右岸不同省级行政区域的事项，有关省级河长及其职能部门必须主动与有关流域管理机构对接，不得越位。

三是由流域管理机构牵头建立流域河长制联席会议制度，协调解决大江大河建立河长制的重大问题。联席会议具有四项主要职责：一是协商，通过召开联席会议，为各个河段提供主张利益的渠道，并通过商议来使各方权益得到最大的平衡，同时指导和协调各个河段管理工作。二是决策，开展流域管理顶层设计，商讨和评议流域开发和环境保护过程中的各类重大问题，形成具有法律效力的决议。三是仲裁，不同河段间出现涉水事务纠纷时，通过召开联席会议来商议对策，作出裁决。四是监督，对以往决议的落实情况进行监督检查，作出整改决定。

5.5.4 健全贯彻生命共同体理念的黄河保护法律体系

我国大江大河治理既存在共性问题，又存在个性问题。共性问题大多在《中华人民共和国水法》《中华人民共和国水污染防治法》《中华人民共和国防洪法》等有关法律法规中得到规范。个性问题则需要按照一河一法的原则加以解决。

《中华人民共和国长江保护法》开启了一河一法的先河。国家出台了贯彻黄河流域山水林田湖草生命共同体理念的黄河保护法。为落实好《中华人民共和国黄河保护法》还需要制定出台配套法律规章，健全黄河保护法律体系。在此过程中需要明确建立落实黄河流域协调机制，明确"九龙治水、一龙监水"的流域管理与行政区域管理结合新机制，明确黄河水利委员会的功能定位以及在黄河五水统筹治理中的地位和作用。作为黄河流域山水林田湖草生命共同体与河流生命健康的代言人与维护者，黄河水利委员会由国务院授权履行黄河所有权代表职责，将流域管理保护主要任务和约束指标分解至省级行政区，并对地方实施情况进行监督考核；同时对破坏黄河流域山水林田湖草生命共同体保护的行为提起诉讼。

5.5.5 建立五水全要素监测监控体系

通过多期国家水资源监控能力、防洪会商系统、山洪灾害预警系统建设，黄河流域水要素监控能力有了显著的提升。但目前看来，依然存在"干流强、支流弱""点上强、面上弱"等问题，全要素监管监控体系仍然存在很多薄弱环节。

为此，应进一步落实落细河长制、湖长制，丰富拓展工作任务，将维护河湖生态健康提升为河长制的根本任务，将地下水保护纳入河长制工作范畴。依托河长制、湖长制，以水域为重点，以全国广泛开展"智慧城市""智慧水务""智慧灌区""数字孪生流域"等体系建设为契机，分析现有监控体系中的薄弱环节，对比黄河流域高质量发展和幸福河建设的目标需求，着眼未来，科学规划，梯次推进，建立手段包括"空-天-地"一体，监测内容涵盖"量-质-域-流-生"各要素的水资源水生态水环境监控体系。

| 6 | 黄河流域水系统治理重大措施建议

坚持问题导向、目标导向、结果导向，为落实好水系统治理战略思路与分维策略，提出十大措施建议。

6.1 以幸福黄河建设统领黄河流域水系统治理

目前，幸福河的内涵要义基本清晰，指标体系框架初步建立，但指挥棒作用尚未发挥。为此，建议坚持以人民为中心，面向人民对河流在民生保障、发展支撑、精神享受等不同层次的幸福需求，从水灾害、水资源、水环境、水生态、水文化等多个维度，按照可感知、能通用、体现特色等实践要求，进一步完善体现人民对美好生活向往及符合现代河湖治理要求的评价指标体系，并以河湖幸福指数为标尺，通过科学评价，引导加快推进幸福黄河建设。组织第三方机构（如中国水利水电科学研究院）发布黄河幸福指数报告，定期对幸福黄河进程进行评估，为各地区落实和推动幸福黄河工作提供参考。

6.2 优先推进深度节水控水

黄河是世界上唯一一条实施全流域水量统一调度的大江大河，也是我国最早最全面开始节水型社会试点建设工作的区域。经过数十年的节水工作，黄河流域用水效率已经大幅提升，新鲜水取水量持续减少，节水效率与效益均处在全国水资源一级区前列。但由于黄河自然禀赋较差，且用水需求增长旺盛，优先推进深度节水控水是应对未来缺水形势的首要选择。根据黄河流域目前的节水效率与缺水程度，黄河流域节水工作要做好以下四个方面：一是做好全面节水，提高各行业用水效率，农业节水要强调重点灌区的灌溉水精细化管控，工业节水要强调提高水的循环利用效率，生活节水要强调降低管网漏损；二是做好深度极限节水，黄河流域需要在用水准入条件设置等多个环节采取极限措施，挖掘极限节水潜力，进一步促进水资源节约集约利用；三是做好资源性节水，严格落实总量强度双控制度，加强水资源超载区取水许可审批管理，实现节水与增效的深度融合；四是产业结构调整，水资源超载区要严格落实"四定"原则，从压缩灌溉面积、降低高耗水产业比例等方面积极采取措施，建立起与区域水资源条件相适宜的产业模式。

6.3 优化调整黄河"八七"分水方案

黄河"八七"分水方案是我国第一个全流域的水量分配方案,实践证明,该水量分配方案具有很强的科学性和前瞻性,是成功的,对于黄河乃至全国的水资源管理具有重要的意义。水量分配方案为沿黄各省(自治区)发展提供了水资源刚性约束,指导了黄河流域诸多水资源规划。适应黄河水资源衰减和流域内外供需形势,"八七"分水方案有必要调整。调整中需要考虑以下原则:一是适应水沙形势变化,坚持总量控制,突出生态保护。应考虑黄河水资源衰减、输沙需求降低、生态保护要求提高的新形势,按照生态保护黄河生态的基本要求,核定生态用水需求,确定经济可用水量,确保经济用水和生态用水的均衡。适应水资源约束要求,采用水资源总量分配的方案,再科学核定水资源量,将河川径流量与地下水统一纳入分配范围。二是立足现状,兼顾公平,确保高质量发展目标。立足已有方案,考虑上下游用水公平性,根据城市群发展、能源安全、粮食安全等国家战略目标,流域上下游不同省(自治区)的发展定位,分析按照"宜水则水、宜山则山、宜粮则粮、宜农则农、宜工则工、宜商则商"的高质量发展战略刚性合理的用水需求,作为调整依据。三是考虑配置格局变化,明确分水范围。南水北调东、中线以及引汉济渭等工程改变了中下游的水资源配置格局,应在不增加黄河向流域外调水总量的前提下,分析调水影响,核准分水范围。四是完善监测体系和实施制度,确保方案的执行。完善重点断面和取用耗的全过程监测,建立支撑水量分配、水资源管理的统一台账。结合最严格水资源管理制度,细化不同来水条件下的方案执行细则,确保分水方案在实际管理中的可操作性。规范分水方案实施评估体系,建立水量分配方案落实的奖惩制度,促进方案落实。

6.4 加快构建黄河"一网两园四区"水生态保护格局

目前黄河干流廊道保护较好,但支流生态流量、廊道空间、水系连通性保护未引起足够重视;黄河源区已建有三江源国家公园,但河口三角洲保护机制亟待明确;祁连山、秦岭已建立最严格的生态破坏追责机制,河套灌区、黄土高原、下游滩区等重点区域的水生态保护尚未引起足够重视。为了构建起黄河"一网两园四区"的水生态保护格局,建议尽快制定和完善黄河干支流主要断面生态流量目标、制定黄河水网廊道保护边界、制定黄河流域水系连通性整体保护规划,支撑黄河生态水网建设。建议尽快建设黄河三角洲国家公园,并探索人与生态和谐共生的国家公园建设新模式,开展沿海滩涂湿地和近海生态环境保护,同时加强生态补水,恢复滩涂适宜咸–淡格局和过程。建议加强祁连山—秦岭生态保护长效机制建设,在河套灌区、黄土高原、下游滩区探索人与自然和谐共生的特色区域生态保护和高质量发展之路。

6.5 构建"九龙治水、一龙监水"的流域综合管理新机制

我国实行的是流域管理与行政区域管理相结合的水管理体制。在长期行政体制影响下，我国水管理表现为区域强、流域弱。流域是水系统治理的最佳单元，流域层面协调是水系统治理的内在要求。目前，山、水、林、田、湖、草、沙等要素归属不同部门管理，很难形成系统治理的合力，流域对区域的统筹管理和总控约束亟待加强。因此要深化以流域为基础的流域与区域相结合的管理体制，依托河长制建立"九龙治水、一龙监水"的流域管理与行政区域管理结合新机制。明确流域管理事权，强化流域管理机构职责，由流域管理更方便更有效的事项，明确由流域管理机构承担。流域对区域的统筹管理和总控约束亟待加强，强调行政区域管理服从流域管理。流域管理机构将流域管理保护主要任务和约束指标分解至省级行政区，并对地方实施情况进行监督考核，形成"九龙治水，一龙监水"的管理体制。近期，推行由流域管理机构牵头建立流域河长制联席会议制度，协调解决黄河保护治理中的重大问题。

6.6 出台纠正人的错误行为的负面清单

黄河流域存在水资源短缺、水环境污染、水生态退化等多种水问题，急需根据国家和地区对各行业用水效率、污染排放等规范、导则的基础上，结合黄河流域各区域实际情况，评估各区域水资源、水环境承载能力，建立黄河流域水系统保护负面清单制度，以约束不符合黄河流域高质量发展和山水林田湖草生命共同体健康要求的产业发展，纠正人的错误行为。负面清单应包括用水效率负面清单、污染排放负面清单、区域准入负面清单。用水效率负面清单、污染排放负面清单约束不符合要求的产业，区域准入负面清单规范指定的产业不许进入特定的重点管控单元。负面清单对用水效率、污染排放等方面的要求，需要严于全国和地区规范、导则的要求。负面清单从流域尺度和市区尺度制定，对于重点的水资源、水环境和水生态管控单元，需要单独制定。通过立法确定负面清单制度的权威性，以"禁止增量、减少存量"的方式，管理黄河流域负面清单内的产业规模，一是严禁在黄河流域内新增规划和建设清单内的行业、企业；二是对已有存量，通过规模整合、优胜劣汰等方式，逐步进行"减量"行动。

6.7 把黄河流域水系统治理列为健全黄河保护法律体系的重点内容

黄河流域水系统保护与管理离不开法治保障。《黄河水量调度条例》2006 年公布施行，主要解决黄河断流问题，主要规范水量统一调度。2020 年，水利部、国家发展和改革委员会启动了黄河立法工作。2022 年 10 月 30 日全国人民代表大会常务委员会通过《中华人民共和国黄河保护法》，2023 年 4 月 1 日起正式施行。水系统失衡是黄河病得更重的主要症状，在健全黄河保护法律体系过程中要优先消除此症状。主要建议如下：一是把建设幸福黄河作为黄河生态保护和高质量发展的目标；二是把黄河流域水系统平衡作为黄河保护治理的优先任务；三是明确国家建立黄河流域协调机制，统一指导、统筹协调黄河保护治理工作；四是实施深度极限节水控水；五是坚持陆海统筹、河海联动、水陆互动，确定水资源、水环境、水生态系统治理目标与标准；六是建立水量为主、水量水质兼顾的流域生态补偿机制。

6.8 实施西部调水增源

黄河天然径流量年际变化大，干流断面最大年径流量一般为最小值的 3.1 ~ 3.9 倍，支流一般达 5 ~ 12 倍，容易遭遇连续枯水年。自有实测资料以来，黄河源区出现了 1969 ~ 1974 年、1990 ~ 1998 年的连续枯水段；花园口断面出现了 1969 ~ 1974 年、1991 ~ 2002 年的连续枯水段，并且根据未来气候变化预测，黄河天然径流量丰枯变化将进一步加大，实施西部调水增源工程将成为保障黄河连续枯水年供水安全的重要举措。考虑到大规模调水工程是一项系统工程，各方面代价很大，建议主要针对受水区的居民生活、工业、河道外生态等刚性缺水考虑西线调水规模的下限，农业、河道内生态等弹性缺水可视国家粮食安全保障，以及黄河河流健康修复等总体目标予以考虑。考虑到黄河流域水资源极度短缺的现实需求，黄河流域应积极推进西部调水增源，建议近期南水北调西线工程向黄河流域调水以解决刚性缺水为主，适宜调水规模为 66 亿 ~ 84 亿 m³，保障流域经济社会高质量发展。如果考虑长远保障国家粮食安全和高标准提升黄河流域生态环境质量，南水北调西线工程向黄河流域调水规模可提升至 150 亿 ~ 158 亿 m³，再进一步考虑海河和淮河流域补水需求，西线调水规模可进一步增加到 200 亿 m³ 左右，支撑建设健康、美丽、和谐、富裕的黄河流域，助力实现黄河流域生态保护和高质量发展。

6.9　建设黄河国家文化廊道

丰富的黄河文化遗产，揭示了中华文明起源演变进程，呈现了国家治理体系发展演进，记述了民族与文化融合共通，彰显了伟大黄河精神，成为塑造"美丽中国"独有景观。建议开展黄河文化遗产调查评估，形成专题数据库，提出分区分类分级保护和利用对策。强化遗产保护修复，实施整体性保护，实现抢救一批、修缮一批、保护一批。提高黄河文化遗产保护等级，推动重要黄河文化遗产系统性科学性保护。有序推进重要遗产历史演变、工程价值、科技与管理研究。打造黄河文化遗产廊道，以河为线，城镇为片，整合黄河沿线遗产资源，构建虚实结合的黄河文化遗产展示廊道。

6.10　开展五水统筹重大科学研究

构建水资源-水灾害-水环境-水生态-水文化五水融合的水系统，需要开展顶层设计，通过基础理论研究、关键技术与装备研发、流域管理创新、典型区域集成示范，形成流域水系统治理范式，并进行推广应用。重点研究内容包括流域五水统筹融合理论及水系统平衡机制、水资源节约集约利用前瞻性和颠覆性技术、黄河下游流路优选技术、基于水质目标的流域上下游与干支流污染统筹防控技术等。

下篇　专题报告

7 | 黄河流域高质量发展水平衡战略与措施

黄河以占全国2%的河川径流量养活了全国12%的人口，灌溉了全国15%的耕地，创造了全国14%的GDP。黄河流域的水资源演变对我国北方供水安全有着极其重要的影响。目前，在气候变化和强人类活动影响背景下，水少成为黄河流域的最大瓶颈和短板，流域的水资源短缺矛盾也已由干流发展到支流、由河道扩展到陆面、由地表转移到地下、由区域性蔓延到流域性，破坏性缺水、约束性缺水、转嫁性缺水并存。水资源问题是黄河战略实施的根本性、关键性、全局性问题，黄河流域水系统演化与水平衡调控是突破黄河水资源瓶颈问题的系统举措。本课题在黄河流域水资源短缺、节水意识淡薄、泥沙急剧减少、经济社会发展与生态安全用水之间的矛盾日趋突出等背景下，通过对流域水资源演变趋势、流域节水潜力以及流域水资源供需形势等多方面进行研究，为流域水平衡发展战略提供支撑。

7.1 黄河流域水资源演变趋势研判

黄河流域的水资源演变对我国北方供水安全有着极其重要的影响。基于黄河流域气候逐渐暖湿化的基本事实，对黄河流域水资源演变进行了分析，结果表明，气候变化将是未来径流衰减的主导因素，将造成未来水资源供需态势更加严峻。

7.1.1 流域特点与地位

黄河是我国第二大河，发源于青藏高原巴颜喀拉山北麓的约古宗列盆地，自西向东，流经青海、四川、甘肃、宁夏、内蒙古、陕西、山西、河南、山东9省（自治区），在山东省垦利县注入渤海，干流河道全长5464km，流域面积79.5万km²（包括内流区4.2万km²）。与其他江河不同，黄河流域上中游地区的面积占总面积的97%；长达数百公里的黄河下游河床高于两岸地面，流域面积只占3%。

（1）黄河流域是我国水资源本底条件最为短缺的地区之一，且近年来流域水资源总量显著衰减

降水量少、蒸发量大是黄河流域基本气候特征。全流域多年平均降水量446mm，比海河流域还要低，总体趋势由东南向西北递减，降水量最少的是流域北部干旱地区，如宁蒙河套平原年降水量只有 200mm 左右。黄河流域多年平均蒸发量达到 1100mm，随气温、地形、地理位置等变化较大，上游甘肃、宁夏和内蒙古中西部地区是我国年蒸发量最大的地区，最大年蒸发量可超过 2500mm。

水资源总量偏少，且时空分布不均。全流域面积占全国国土面积的 8.3%，而年径流量只占全国年径流量的 2%，人均水资源量仅为全国平均水平的 23%，亩水资源量仅为全国平均水平的 15%。黄河天然径流量年际变化大，干流断面最大年径流量一般为最小值的 3.1~3.9 倍，支流一般达 5~12 倍。黄河河川径流大部分来自兰州以上，年径流量占全河的 66.5%，而流域面积仅占全河的 30%。

近年来流域地表水显著衰减。根据《黄河流域水文设计成果修订》初步成果，1956~2010 年河口镇和利断面天然径流量分别为 313.5 亿 m^3 和 482.4 亿 m^3，较《黄河流域水资源综合规划（2010—2030 年）》分别减少了 18.2 亿 m^3 和 52.4 亿 m^3，较黄河"八七"分水方案河口镇断面增加了 0.9 亿 m^3 和利津断面减少了 97.6 亿 m^3。

（2）黄河流域土地资源、矿产资源、能源资源丰富，在全国占有重要的地位，发展潜力很大

全流域经济发展潜力巨大。黄河流域涉及 9 省（自治区）的 66 个地市（州、盟），340 个县（市、旗），其中有 267 个县（市、旗）全部位于黄河流域。截至 2016 年底，黄河流域总人口为 11 957 万人，占全国总人口的 8.6%，其中城镇人口为 6383 万人，城镇化率为 53.4%。黄河流域大部分位于我国中西部地区，由于历史、自然条件等原因，经济社会发展相对滞后，与东部地区相比存在着明显的差距，按 2016 年当年价统计，黄河流域 2016 年 GDP 61 293 亿元，人均 5.13 万元，略低于全国平均水平（5.37 万元）。近年来，随着西部大开发战略、"一带一路"倡议、中部崛起战略、区域协调发展战略等的实施，国家经济政策向中西部倾斜，黄河流域经济社会将得到快速发展。

黄河流域灌溉历史悠久，是我国重要粮食主产区。现状设计规模超过 10 万亩的灌区 87 处，设计规模达 100 万亩的特大型灌区有 16 处，是我国粮食、棉花、油料的重要产区。据统计，目前上中游地区还有宜农荒地约 3000 万亩，占全国宜农荒地总量的 30%，是我国重要的后备耕地，只要水资源条件具备，开发潜力很大。

黄河流域上中游是我国能源基地密集区。目前内蒙古、陕西、宁夏、甘肃和山西等省（自治区）煤炭产量为 17.5 亿 t，占黄河流域煤炭产量的 90% 以上，约占全国煤炭产量的一半。依托能源资源及有色金属矿产资源，建成了一大批能源和重化工基地、钢铁生产基地、铝业生产基地、机械制造和冶金工业基地。

（3）黄河流域水资源安全保障总体情势不容乐观，未来仍面临严峻挑战

黄河流域全国 2% 的河川径流量，养活着 12% 的人口，浇灌着 15% 的耕地，创造了 14% 的 GDP，支撑着沿河 50 多座大中城市、420 个县以及晋陕宁蒙地区能源基地的快速发展。目前黄河流域地表水和平原区浅层地下水开发利用率均超过80%，部分地区浅层地下水严重超采，部分支流出现断流。未来黄河流域水资源的刚性需求将持续增长。根据《全国主体功能区规划》，全国21个重点城镇化区域中，位于黄河流域重点城镇化区域有7个，占1/3；全国"五片一带"为主体的能源基地开发布局中，流域内山西和鄂尔多斯盆地片区位于前两位；全国七大农产品主产区中，涉及黄河流域有3个，占43%；全国25个重要生态功能区中，涉及黄河流域的有5个，占20%。今后一个时期，流域经济全面发展和生态文明建设的用水保障需求，将对现状供用水格局带来新的挑战。

7.1.2 黄河历史径流演变规律与成因分析

7.1.2.1 黄河流域气候变化特征

根据气象资料分析，黄河流域气温升高与全国基本同步，增温速率略高于全国平均水平。黄河流域1956~2016年多年平均气温6.48℃，近61年来升温约1.68℃，线性增温速率为0.28℃/10a（同期全国0.26℃/10a）（图7-1）。其中，1980~2016年升温约1.62℃，线性增温速率为0.45℃/10a（全国0.34℃/10a），气温增温趋势愈加明显。

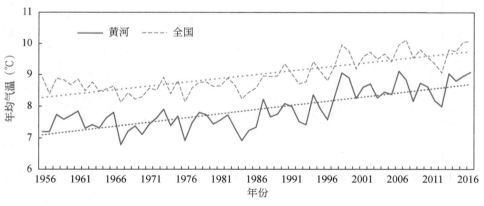

图7-1 黄河流域历史气温变化特征

黄河流域各个分区增温速率接近，且在1980年以后，增温速率明显加快（表7-1）。作为黄河主要产水区，兰州以上地区1956~2016年线性增温速率为0.27℃/10a，1980~2016年线性增温速率为0.43℃/10a，气温增温趋势愈加明显。

表7-1 黄河流域主要分区历史气温年际变化率 （单位:℃/10a）

分区	1956~2016年	1980~2016年
兰州以上	0.27	0.43

续表

分区	1956～2016 年	1980～2016 年
兰州至头道拐	0.36	0.41
头道拐至龙门	0.29	0.38
龙门至三门峡	0.28	0.38
三门峡至花园口	0.21	0.32
全流域	0.28	0.45

　　根据历史观测资料，黄河流域 1956～2016 年多年平均降水量为 458mm。黄河流域近 61 年历史降水量呈现出丰—枯—丰三阶段变化，其中 1956～1980 年年均降水量为 468mm，1981～2000 年年均降水量为 442mm，2001～2016 年年均降水量为 461mm（图 7-2）。2010～2016 年黄河上游、中游年均降水量分别为 413.6mm、521.9mm，较常年（1981～2010 年序列）偏多 2%。过去 61 年降水虽有波动性特征，但不管是黄河流域整体，还是主要属于产水区的兰州以上地区和中游头道拐至花园口区间，都没有显现明显的趋势性变化特征。

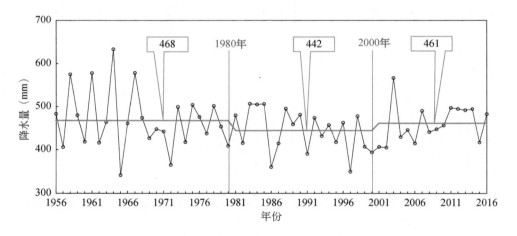

图 7-2　黄河流域历史降水变化特征

7.1.2.2　实测径流变化特点

　　根据 1956～2016 年流域 353 个水文断面的实测径流量日、月、年系列资料，统计了黄河干支流主要断面实测径流量，见表 7-2。可以看出，与 1956～2000 年均值相比，2001～2016 年，除支流大汶河戴村坝基本持平外，其余黄河干、支流断面都有明显的减少，干流水文断面减少幅度在 9.3%～48.7%。

表7-2　1956～2016年黄河干支流主要断面实测径流量计算成果　　（单位：亿 m^3）

断面	平均实测径流量				
	1956～1979年	1980～2000年	1956～2000年	2001～2016年	1956～2016年
干流唐乃亥	202.1	206.1	204.0	185.1	199.0
干流贵德	210.1	204.0	207.2	180.4	200.2
干流兰州	328.9	295.0	313.1	283.5	305.3
干流下河沿	326.4	286.2	307.7	267.0	297.0
干流石嘴山	301.1	258.8	281.4	229.7	267.8
干流河口镇	245.5	195.1	222.0	163.0	206.5
干流龙门	307.4	233.4	272.8	184.6	249.7
干流三门峡	408.9	299.7	357.9	220.6	321.9
干流花园口	447.1	326.8	390.6	255.4	355.2
干流利津	411.5	205.6	315.4	161.7	275.1
湟水民和	16.7	15.6	16.2	14.7	15.8
大通河享堂	28.1	28.9	28.5	24.8	27.5
大夏河折桥	10.8	7.5	9.2	6.4	8.5
洮河红旗	52.1	41.3	47.0	38.1	44.7
窟野河温家川	7.4	4.7	6.1	2.2	5.1
无定河白家川	14.1	9.6	12.0	8.2	11.0
汾河河津	15.1	5.7	10.7	5.0	9.2
渭河华县	79.5	60.2	70.5	49.6	65.0
泾河张家山	19.6	15.3	17.5	10.5	15.7
北洛河洑头	9.1	8.2	8.7	6.1	8.0
伊洛河黑石关	30.8	21.9	26.7	18.4	24.5
沁河武陟	11.2	4.6	8.2	5.0	7.3
大汶河戴村坝	14.1	6.0	10.3	9.9	10.2

7.1.2.3　黄河历史天然径流量演变特征及归因分析

近61年来，黄河流域的气候和环境条件发生了巨大变化，气候变暖、下垫面变化、人工取用水等区域高强度人类活动对水循环造成了强烈影响。采用"自然–社会"二元水循环模型进行黄河流域水资源评价，黄河流域花园口断面1956～1979年降水系列（历史同期下垫面）天然径流量568亿 m^3，1956～2000年降水系列（2000年下垫面）天然径流量487亿 m^3，1956～2016年降水系列（2016年下垫面）天然径流量453亿 m^3，水资源呈持续减少趋势（表7-3）。相对于1956～1979年降水系列，1956～2016年降水系列花园口以上天然径流量减少 115 亿 m³；其中兰州以上减少 10 亿 m³，兰州至头道拐区间减少 30 亿 m³，头道拐至龙门区间减少 21 亿 m³，龙门至三门峡区间减少 38 亿 m³，三门峡至花园口区间减少 16 亿 m³。总体上讲，黄河流域的自产水量在持续减少，其中主要产水区（兰州以上）径流量只有小幅减少，径流量的衰减主要发生在兰州以下区域，占总衰减量（115 亿 m³）的 90% 以上。

表 7-3　黄河流域三个时期水资源量对比　　　　　　　（单位：亿 m³）

情景/断面		兰州	头道拐	龙门	三门峡	花园口
降水系列	下垫面					
1956~1979 年	历史同期	327	343	402	521	568
1956~2000 年	2000 年	320	319	365	452	487
1956~2016 年	2016 年	317	303	341	422	453

采用多因子归因分析方法，对黄河流域水资源变化进行归因分析（表 7-4）。1956~2016 年降水系列（2016 下垫面）相比 1956~1979 年降水系列（历史同期下垫面），黄河流域不同断面区间水资源衰减影响因素存在细微差异。

表 7-4　主要干流分区天然河川径流量变化归因分析

项目	因素	兰州以上	兰州至头道拐	头道拐至龙门	龙门至三门峡	三门峡至花园口	花园口以上
各因素影响量（亿 m³）	气候变化	-3.0	-6.5	-7.5	-10.4	-0.6	-28.0
	下垫面	-1.4	-3.7	-7.4	-12.1	-4.0	-28.6
	取用水	-5.3	-19.3	-7.4	-15.2	-10.8	-58.0
各因素贡献率（%）	气候变化	-30.9	-22.0	-33.6	-27.6	-3.9	-24.4
	下垫面	-14.4	-12.6	-33.2	-32.1	-26.0	-25.0
	取用水	-54.7	-65.4	-33.2	-40.3	-70.1	-50.6

7.1.3　黄河未来 30~50 年径流变化趋势预测

7.1.3.1　黄河流域未来气候演变趋势

根据 CMIP5 全球气候模式在中等排放情景下的黄河流域未来气候预测结果（周文翀和韩振宇，2018），相比 1956~2016 年，2050 水平年全流域增暖 1.9~2.1℃，兰州以上地区增暖 2.06℃；2070 水平年全流域增暖 2.4~2.7℃，兰州以上地区增暖 2.54℃（图 7-3）。

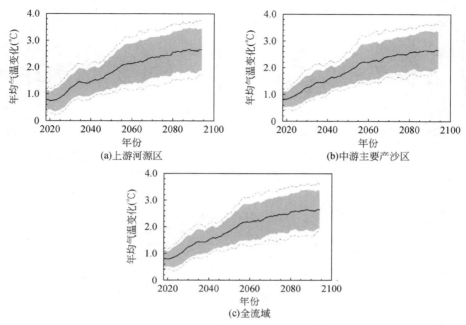

图 7-3　中等排放情景下，年均气温的未来相对变化

相对于 1986～2005 年。黑实线是全部 6 个降尺度预估结果的集合平均，

黑虚线是集合成员的最大、最小范围，填色是集合样本间的标准差

　　未来黄河流域平均降水都将增加，且增幅随时间增大，但增加的量值存在较大的不确定性。集合样本间标准差较大，甚至接近和超过变幅值。未来 30 年（2041～2060 年平均），黄河上游河源区、中游主要产沙区和全流域的年降水量分别增加 6.37%、3.83% 和 5.06%，集合样本间标准差在 5%~6%。未来 50 年（2061～2080 年平均），黄河上游河源区、中游主要产沙区和全流域的年降水量分别增加 7.54%、7.82% 和 7.54%，集合样本间标准差在 4.5%~6.5%（表 7-5，图 7-4）。从局地分布来看，未来 30～50 年黄河流域大部分区域的年降水都将增加，且通过集合同号率的检验，集合平均的增幅多在 15% 以内。

表 7-5　中等排放情景下未来 30～50 年降水量变化　　　　　　　（单位:%）

分区	上游河源区	主要产沙区	全流域
2041～2060 年平均年降水量增加	6.37（5.94）	3.83（5.66）	5.06（5.31）
2061～2080 年平均年降水量增加	7.54（4.57）	7.82（6.38）	7.54（4.81）

注：全部 6 个降尺度结果集合，括号内为集合样本间的标准差。

7.1.3.2　黄河流域未来径流演变趋势

　　采用多模式集合预估技术，对黄河流域未来水资源量进行预测。在未来降水增加、温

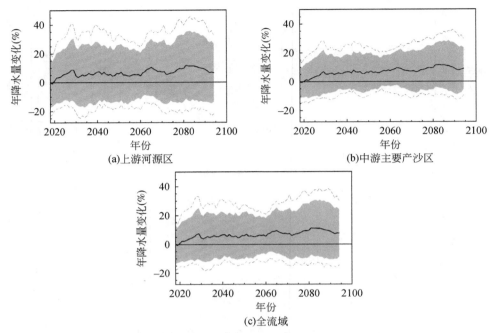

图 7-4 中等排放情景下，年降水量的未来相对变化

相对于 1986~2005 年。黑实线是全部 6 个降尺度预估结果的集合平均，
黑虚线是集合成员的最大、最小范围，填色是集合样本间的标准差

度升高的气候情景下，参考《黄河流域综合规划（2012—2030 年）》中 2030 年的水土保持和取用水水平，预测未来黄河流域水资源量呈现减少的趋势。

对于天然径流量来说，虽然降水持续增加，但在下垫面改变以及气温增温影响下，蒸发量增加的幅度更大，导致 2050 水平年和 2070 水平年天然径流量总体上较现状有所减少（Yan et al.，2020）。2050 水平年花园口断面天然径流量为 425 亿 m³，较 1956~2016 年系列减少 28 亿 m³；至 2070 水平年，花园口断面天然径流量为 434 亿 m³，较 1956~2016 年系列减少 19 亿 m³（表 7-6）。总体来讲，未来黄河天然径流量的衰减主要发生在产水区（兰州以上），气候变化将是产水区径流衰减的主导因素。

表 7-6 黄河流域主要断面不同时期天然径流量 （单位：亿 m³）

断面	1956~2016 年	2050 水平年（2041~2060 年平均）	2070 水平年（2061~2080 年平均）
唐乃亥	201	177	172
兰州	317	285	278
头道拐	304	279	273
龙门	341	311	312

断面	1956~2016 年	2050 水平年（2041~2060 年平均）	2070 水平年（2061~2080 年平均）
三门峡	422	382	395
花园口	453	425	434

7.1.4　径流持续衰减对水资源供需态势的影响

随着气候变化和人类活动影响，黄河流域水资源呈持续减少趋势，研究成果表明，黄河流域三门峡断面 1956~2016 年系列相对 1956~1979 年系列天然径流总衰减量 108 亿 m^3，其中，主要产水区（兰州以上）径流量只有小幅减少，黄河水资源的衰减主要发生在兰州以下地区，径流衰减量占总衰减量的 90% 以上。总体上讲，历史上径流量的减少主要受到人类活动（取用水、水土保持、水利工程建设）的影响（贡献率约 67%），气候变化在众多影响因素中贡献率仅占 33%。

根据《黄河流域水资源综合规划（2010—2030 年)》（以下简称《规划》），2030 水平年不考虑南水北调西线调水工程，也不考虑引汉济渭调水工程情况下，流域内多年平均供水量 443.2 亿 m^3，缺水量 104.2 亿 m^3，全流域河道外缺水率 19.0%，缺水部门主要集中于农林牧灌溉；其中龙羊峡至兰州区间和兰州至河口镇区间缺水率在 25% 左右，青海、甘肃、宁夏、陕西等省（自治区）缺水率超过 20%，甘肃缺水率达到 30%。可见在 2030 水平年，如果不考虑南水北调西线和引汉济渭等主要调水工程，黄河流域供需矛盾异常尖锐。

黄河流域自产水量未来呈持续减少的趋势，对《规划》中的水资源配置边界条件有较大影响。《规划》中利津断面多年平均天然河川径流量 534.8 亿 m^3（对应 1956~2000 年降水系列，2000 年下垫面），随着气候变化和人类活动影响的加剧，未来 30~50 年，利津断面多年平均天然径流量将衰减至 446 亿 m^3，比《规划》中减少约 90 亿 m^3。在南水北调西线工程实施之前，黄河流域缺水的程度将比《规划》计算的结果更加剧烈。

7.2　黄河流域节水潜力识别

7.2.1　黄河流域节水工作与成效

7.2.1.1　受水区节水工作进展

1）黄河流域是我国最早最全面开始节水型社会试点建设工作的区域，完成了从单一工程技术节水向综合节水的根本转变。黄河是国家级和省级节水型社会试点分布最密集的区域，全区域共有 30 个国家级节水型社会试点，接近全国国家级试点总数的 1/3，其中宁夏是全国唯一一个节水型社会示范省（自治区）（杨翊辰等，2021）。有 92 个县（市、区）先后创建省级节水型社会试点，占全国省级试点的 1/2。全区基于大范围试点建设基础，所有省（自治区）均先后编制各时期区域节水型社会建设规划，在规划指导下全域推进节水型社会建设工作（王素芬，2019）。

2）黄河流域是世界上唯一一条实施全流域水量统一调度的大江大河，通过取用水总量的严格控制，倒逼用水效率提升。1999 年，在黄河来水严重偏枯的情况下，全流域按照"八七"分水方案实施水量统一调度，至今连续实现了黄河不断流（沈彦俊，2018）。以"总量控制、断面流量控制、分级管理、分级负责"为原则的水资源统一调度管理，不仅统筹协调了沿黄地区经济社会发展与生态环境保护，减轻和消除了黄河断流造成的严重后果，更极大促进了有限的黄河水资源的优化配置，通过总量约束促进了各地区用水效率的提升，缓解黄河流域水资源供需矛盾，为其他流域提供了可借鉴的成功经验（孟钰，2014）。2006 年国务院颁布的《黄河水量调度条例》更具里程碑意义，水量调度范围由原来的干流分河段分时段向全河全年包括主要支流扩展，用水总量控制进一步强化。

3）黄河流域各省（自治区）多措并举实施全行业节水。全域农业节水灌溉工程建设稳步推进，2016 年全域高效节水灌溉工程共计 627 万亩，占全国的 16%。工业方面，黄河流域各省（自治区）把节水与减排相结合，以高耗水行业为重点，推广工业水循环利用、重复利用技术，推动节水技术与工艺改造，提高企业节水能力，降低污染物排放。对能源基地增量用水实行严格管控，当前黄河流域各大能源基地，企业用水效率基本达到国际先进标准。在公共机构节水载体建设方面，以校园和机关为重点积极推进合同节水与节水型机关建设（崔永正和刘涛，2021）。

4）黄河流域各省（自治区）推进节水顶层设计，建立了系统化的节约用水管理制度体系，是我国探索等水权分配与转让制度的先行地区。各省（自治区）结合不同地域特征和产业结构特点，各省（自治区）先后出台了节约用水条例（办法）、水资源管理条例（办法）、计划用水管理办法、节水型社会建设发展办法（规划）、水资源消耗总量和强度双控行动实施方案、全民节水行动计划、重点用水企业水效领跑者引领行动实施细则、县域节水型社会达标建设工作实施方案等一系列地方性节水法规、规章、制度，形成了较为完善的制度体系，为加快推进依法治水、促进节约用水提供了有力保障（喻立，2014）。各省（自治区）以各地出台的涵盖农业、工业和城镇生活等主要领域的用水定额为抓手，在建设项目进行水资源论证与取水许可时，以定额为重要标尺把关，倒逼用水企业节约用水，发挥了定额的导向和约束作用。宁夏、甘肃、河南、内蒙古 4 个省（自治区）是国家水权制度建设试点（全国共 7 个），逐步探索水权制度建设经验。宁夏在全区范围内部署开展水资源使用权确权登记工作。甘肃对灌溉区农业用水户用水权逐步分解，对取用水单位重新核定许可水量，开展了灌区内农户间、农民用水户协会间、农业与工业间等不同形式的水权交易（陈永奇，2014）。河南依托南水北调中线工程，组织开展了平顶山市与新密市之间南水北调水量交易。内蒙古成立了水权收储转让交易中心，将节约的农业用水有偿转让给鄂尔多斯市的工业企业，初步形成了跨盟市水权转让、以工业发展反哺农业的新路子。

7.2.1.2 节水工作总体成效

（1）全流域用水效率与效益大幅提升

近 20 年来，全流域各行业用水效率效益都得到了大幅提升。人均用水量、万元 GDP 用水量、万元工业增加值用水量、亩均灌溉用水量等指标都处于持续下降趋势，下降速率均超过全国平均水平。

2016 年较 2000 年，黄河流域人均用水量下降 9%（图 7-5）；万元 GDP 用水量下降 90%，高于全国 86.7% 的平均下降率（图 7-6）；万元工业增加值用水量下降 87%，高于全国 82% 的平均下降率（图 7-7）；亩均灌溉用水量下降 22%，与全国保持相当的下降速率（图 7-8）；城镇人均生活用水量在全国增长的情况下下降 15%（图 7-9）；而黄河流域由于农村人均生活用水水平低，农村人均生活用水量整体处于增长趋势，2016 年较 2001 年增加 17%（图 7-10）。

全流域用水结构也发生显著变化，呈现"一稳一减两增"的态势。农业用水量明显下降，占总用水量的比例由 77.4% 下降到 69.9%，工业用水量基本保持稳定，保持在 55 亿 m^3 左右，生活和生态用水量持续增加，生活用水量占总用水量的比例由 8.4% 提高到 13.3%，生态用水量占总用水量的比例由 0.8% 提高到 3.5%（图 7-11）。

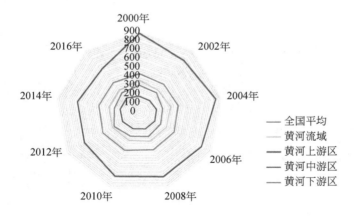

图 7-5　人均用水量变化情况（单位：m^3）

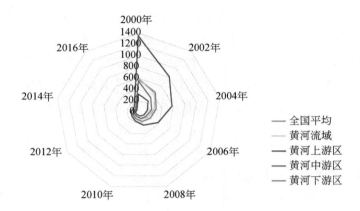

图 7-6　万元 GDP 用水量变化情况（单位：m³）

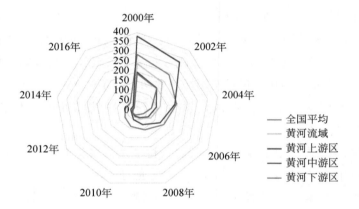

图 7-7　万元工业增加值用水量变化情况（单位：m³）

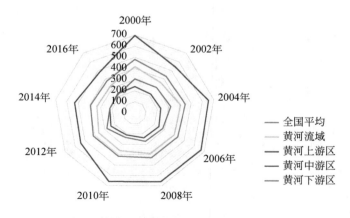

图 7-8　亩均灌溉用水量变化情况（单位：m³）

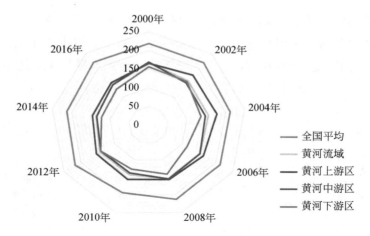

图 7-9　城镇人均生活用水量变化情况（单位：L/d）

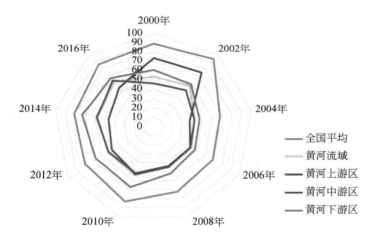

图 7-10　农村人均生活用水量变化情况（单位：L/d）

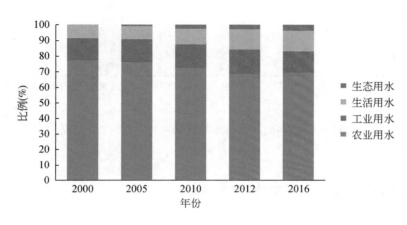

图 7-11　用水结构变化情况

（2） 以用水总量的零增长支撑了经济社会的稳定发展

2000 年以来，黄河流域用水总量基本保持稳定，其中新鲜水取用量呈现持续下降趋势，非常规水源利用量逐年增加。2016 年，经济社会总用水量为 411 亿 m³，非常规水源利用量为 11.5 亿 m³，较 2000 年增加了 10.4 亿 m³（图 7-12）。

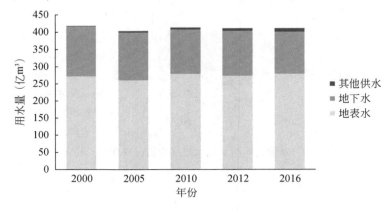

图 7-12　黄河流域用水量变化情况

用水总量的零增长支撑了经济社会的快速发展。随着西部大开发战略、中部崛起战略、"一带一路"倡议等的实施，国家经济政策向中西部倾斜，近年来黄河流域经济社会发展迅速。总人口由 2000 年的 10 971 万人增加到 2016 年的 11 957 万人，增加了 9%，其中城镇人口增加了 1 倍。按 2000 年可比价分析，GDP、人均 GDP、工业增加值均增加了 5 倍左右（图 7-13）。

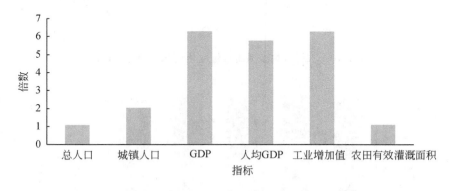

图 7-13　黄河流域 2016 年较 2000 年经济指标变化情况

7.2.2　黄河流域极限节水潜力分析

极限节水潜力来自极限节水措施，通过采取最大可能的措施，评估黄河流域极限取用节水潜力和资源节水潜力（秦长海等，2021）。在不考虑压缩经济社会规模的前提下，黄河取用节水潜力约为 37.7 亿 m³，资源节水潜力为 17.1 亿 m³。农业方面最大程度实施渠系衬砌和高效节水灌溉，资源节水潜力约为 14.3 亿 m³；工业方面最大可能提高工业用水重复利用率和降低供水管网漏损率，资源节水潜力为 2.2 亿 m³；城镇生活方面最大可能降低供水管网漏损率，资源节水潜力为 0.6 亿 m³。

7.2.2.1 农业极限节水潜力

（1）节水措施

农业节水措施包括种植结构调整、技术措施以及工程措施。种植结构调整主要体现在降低高耗水作物比例，降低亩均灌溉定额；技术措施主要体现在依靠农业技术进步，采取生物、农艺以及研发痕量灌溉、微润灌溉等先进灌水技术，推广科学灌溉制度，提高灌溉水利用率；工程措施主要体现在通过渠系衬砌提高渠系水利用系数，通过喷灌、微灌、低压管灌等高效节水灌溉措施提高田间水利用系数。农业节水潜力最终体现在通过种植结构调整和技术措施促进综合用水定额降低；通过工程措施提高渠系和田间水利用系数（李晓锋，2020）。

在实际生产和管理中，种植结构调整涉及影响因素较多，尤其与市场导向及农民意愿关系密切，规划种植结构调整一般限于政策引导，可控性不强，本次研究暂不考虑种植结构调整对极限节水潜力的影响；技术措施主要是降低作物净需水量，根据现状年统计数据，流域内和下游引黄灌区农林牧实际灌溉净定额分别为 190m³/亩和 151m³/亩，低于满足作物正常生长需求的 212m³/亩和 167m³/亩实际灌溉净定额需求，属于亏缺灌溉，实际净灌溉水量小于作物需水量，定额降低潜力较小，因此不再考虑技术措施对农业节水潜力的影响。本次研究的重点是分析工程措施的极限节水潜力。

流域内和下游引黄灌区灌溉现状节灌率分别为 62.0% 和 37.8%，高效节灌率分别为 29.0% 和 18.4%，对应农田灌溉水有效利用系数分别为 0.54 和 0.51。在工程可达、管理可控、经济可行的前提下，最大程度实施渠系衬砌和高效节水灌溉，挖掘渠系和田间输水效率。根据各省（自治区）现状种植结构状况，考虑高效节水灌溉措施的适应性，经济作物全部实施高效节水灌溉，大田作物适应性发展高效节水灌溉，流域内和下游引黄灌区未来高效节灌率最高将达到 40.7% 和 35.2%，全流域节水灌溉率达到 100%，详见表 7-8。

（2）节水潜力

取用节水潜力：在最高潜在高效节灌率模式下，流域内和下游引黄灌区灌溉水有效利用系数分别可提高到 0.61 和 0.57，计算得出黄河流域农业取用节水量为 42.36 亿 m³，其中流域内取用节水量为 31.74 亿 m³，下游引黄灌区取用节水量为 10.62 亿 m³。从水源节

表 7-8　黄河流域及下游引黄灌区节灌率

分区		现状年				规划年			
		渠道防渗 （万亩）	高效节灌面积 （万亩）	高效节灌率 （%）	节灌率 （%）	渠道防渗 （万亩）	高效节灌面积 （万亩）	高效节灌率 （%）	节灌率 （%）
流域内	青海	119	30	11.7	58.0	191	66	25.7	100
	甘肃	450	102	13.1	71.0	550	229	29.4	100
	宁夏	385	263	29.0	71.4	472	435	48.0	100
	内蒙古	1083	670	29.2	76.4	1359	937	40.8	100
	陕西	588	391	21.6	54.1	1251	562	31.0	100
	山西	208	643	41.6	55.0	637	910	58.8	100
	河南	195	363	29.6	45.6	835	388	31.7	100
	山东	53	245	47.2	57.4	247	272	52.4	100
	小计	3081	2707	29.0	62.0	5542	3799	40.7	100
下游引 黄灌区	河南	43	107	15.0	21.0	402	312	43.6	100
	山东	617	520	19.3	42.3	1804	887	33.0	100
	小计	660	627	18.4	37.8	2206	1199	35.2	100

水分析，地表水和地下水取用节水量分别为 32.71 亿 m^3 和 9.65 亿 m^3。其中流域内地表水和地下水取用节水量分别为 25.00 亿 m^3 和 6.74 亿 m^3，下游引黄灌区分别为 7.71 亿 m^3 和 2.91 亿 m^3。从输水和用水过程分析，渠系和田间节水量分别为 26.39 亿 m^3 和 15.97 亿 m^3。其中流域内渠系和田间节水量分别为 20.14 亿 m^3 和 11.60 亿 m^3，下游引黄灌区分别为 6.25 亿 m^3 和 4.37 亿 m^3，详见表 7-9 和图 7-14。

表 7-9　黄河流域及下游引黄灌区农业灌溉取用节水潜力

分区		灌溉面积 （万亩）	净定额 （m^3/亩）	灌溉水 有效利用系数		取用节水量（亿 m^3）				
						水源		环节		小计
				现状	节水	地表水	地下水	渠系	田间	
流域内	青海	217	270.5	0.55	0.63	1.33	0.03	0.64	0.72	1.36
	甘肃	617	227.2	0.56	0.63	2.54	0.24	1.16	1.62	2.78
	宁夏	870	344.5	0.51	0.57	5.34	0.06	2.90	2.50	5.40
	内蒙古	2 098	188.4	0.48	0.56	9.24	2.53	8.44	3.33	11.77
	陕西	1 506	143.0	0.57	0.63	2.55	1.04	2.62	0.97	3.59
	山西	1 314	146.3	0.60	0.67	1.82	1.53	2.45	0.90	3.35
	河南	1 058	146.0	0.56	0.61	1.40	0.86	1.13	1.13	2.26
	山东	479	181.3	0.62	0.68	0.78	0.45	0.80	0.43	1.23
	小计	8 159	189.7	0.54	0.61	25.00	6.74	20.14	11.60	31.74

续表

分区		灌溉面积（万亩）	净定额（m³/亩）	灌溉水有效利用系数		取用节水量（亿 m³）				
						水源		环节		小计
				现状	节水	地表水	地下水	渠系	田间	
下游引黄灌区	河南	656	141.1	0.50	0.58	1.71	0.85	1.30	1.26	2.56
	山东	2 541	153.7	0.51	0.57	6.00	2.06	4.95	3.11	8.06
	小计	3 197	151.1	0.51	0.57	7.71	2.91	6.25	4.37	10.62
黄河流域		11 356	178.4	0.51	0.60	32.71	9.65	26.39	15.97	42.36

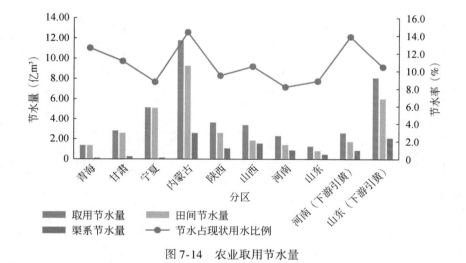

图 7-14　农业取用节水量

　　资源节水潜力：农田灌溉兼有维持周边生态环境的功能，尤其是渠系输水阶段。渠系输水损失去向主要分为四类，一是水面蒸发量，二是补充包气带的土壤水并最终形成的潜水无效蒸发，三是补给地下水被重新利用，四是滋养周边植被起到生态补水作用。第三项是水循环的重要环节，第四项是灌溉绿洲生态健康的重要补给，因此从区域宏观角度来讲，渠系输水损失水量中第三项和第四项属于有效用水。田间灌溉用水去向主要分三类，一是满足作物生长用水需求，二是补给地下水被重新利用，三是通过作物棵间蒸发形成无效蒸发。田间节水重点是减少棵间无效蒸发。资源节水潜力就是采取节水措施后灌区无效用水的减少量，包括渠系输水过程中的水面蒸发量、潜水无效蒸发量以及田间无效蒸发（南纪琴等，2015）。

　　根据相关实验成果，在渠系输水过程漏损水中，水面蒸发约占10%，潜水蒸发约占12%，补充地下水约65%，补给河道周边生态约占13%，其中水面蒸发节水和潜水蒸发节水为有效节水，田间节水都视为有效节水，则黄河流域资源节水量为24.94 亿 m³，其中流域内资源节水量为14.32 亿 m³，占取用节水量的45.1%，下游引黄灌区由于引水无法回归到黄河流域，因此资源节水量等于取用节水量，为 10.62 亿 m³。黄河流域内，按水源分析，地表水和地下水资源节水量分别为 11.15 亿 m³ 和 3.17 亿 m³；按供用水环节分析，田间无效蒸发节水 10.16 亿 m³，渠系水面蒸发节水 1.97 亿 m³，渠系潜水蒸发节水 2.19 亿 m³，详见表 7-10 和图 7-15。

表 7-10　黄河流域及下游引黄灌区农业资源节水潜力　　　（单位：亿 m³）

分区		水源		环节			资源节水量
		地表水	地下水	田间（无效蒸发）	渠系（水面蒸发）	渠系（潜水蒸发）	
流域内	青海	0.84	0.02	0.72	0.06	0.08	0.86
	甘肃	1.71	0.16	1.61	0.12	0.14	1.87
	宁夏	1.40	0.02	1.04	0.26	0.12	1.42
	内蒙古	4.07	1.12	3.34	0.84	1.01	5.19
	陕西	1.10	0.45	0.98	0.26	0.31	1.55
	山西	0.78	0.66	0.91	0.24	0.29	1.44
	河南	0.86	0.52	1.13	0.11	0.14	1.38
	山东	0.39	0.22	0.43	0.08	0.10	0.61
	小计	11.15	3.17	10.16	1.97	2.19	14.32
下游引黄灌区	河南	1.71	0.85	1.26	1.30（渠系）		2.56
	山东	6.00	2.06	3.11	4.95（渠系）		8.06
	小计	7.71	2.91	4.37	6.25（渠系）		10.62
黄河流域		18.86	6.08	14.53	10.41（渠系）		24.94

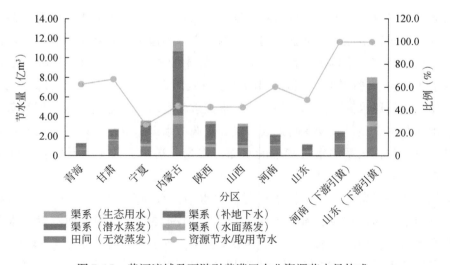

图 7-15　黄河流域及下游引黄灌区农业资源节水量构成

7.2.2.2 工业节水潜力

（1）节水措施

影响工业节水潜力的主要因素包括产业结构调整、技术节水措施、工程节水措施、管理节水措施等（王普查等，2018）。由于产业结构调整涉及地区总体规划，难以量化对综合定额的影响，本次研究不考虑该因素。本次研究工业节水潜力最终体现在供水管网漏损率和工业用水重复利用率两方面。根据工业各行业协会提供的数据资料，目前钢铁、石化、化工等行业工业用水重复利用率的国际先进值已经达到93%以上，纺织、皮革、造纸等行业由于生产工艺及水质要求，重复利用率相对较低，纺织染整仅为40%左右（表7-11）。综合考虑黄河流域内各省（自治区）产业结构状况，确定各省（自治区）工业用水重复利用率可达到的极限水平，各省（自治区）介于85%~95%。工业供水管网漏损率与管网年限、材质、管理水平有关，综合考虑各省（自治区）现状工业供水管网漏损状况，在考虑经济合理的状况下，各省（自治区）工业供水管网漏损率极限值介于8.0%~9.5%，详见表7-12。

表 7-11　典型行业用水重复利用率

序号	行业	先进值
1	钢铁	98%
2	石化	93.8%
3	化工	93.3%
4	纺织	纺纱织造 85%
		纺织染整 40%
5	皮革	64%
6	造纸	纸浆 75%
		纸及纸板 90%

表 7-12　黄河流域工业节水潜力计算

省（自治区）	重复利用率（%）		管网漏失率（%）		重复利用率提高节水潜力（亿 m³）	降低管网漏失率节水潜力（亿 m³）	工业取用节水潜力（亿 m³）
	现状	节水方案	现状	节水方案			
青海	50.1	85.0	15.3	9.5	0.40	0.05	0.45
四川	72.3	88.0	13.3	9.5	0.01	0.00	0.01
甘肃	94.3	95.0	8.2	8.0	0.04	0.01	0.05
宁夏	93.2	95.0	10.1	8.5	0.08	0.05	0.13
内蒙古	88.0	93.0	15.9	9.5	0.80	0.35	1.15
陕西	89.4	95.0	13.1	9.5	1.39	0.33	1.72
山西	86.8	92.0	10.4	9.5	0.40	0.05	0.45

省 （自治区）	重复利用率（%）		管网漏失率（%）		重复利用率提高 节水潜力（亿 m³）	降低管网漏失率 节水潜力（亿 m³）	工业取用节水潜力 （亿 m³）
	现状	节水方案	现状	节水方案			
河南	94.2	95.0	16.6	9.5	0.16	0.57	0.73
山东	91.1	95.0	12.2	9.5	0.10	0.06	0.16
黄河流域	84.4	92.6	—	—	3.38	1.47	4.85

（2）节水潜力

在预期的工业用水重复利用率和工业供水管网漏损率条件下，估算黄河流域工业最大可能取用节水潜力为 4.85 亿 m³，其中因提高工业用水重复利用率而产生的节水潜力为 3.38 亿 m³，因管网漏失率降低而产生的节水潜力为 1.47 亿 m³，详见表 7-12。

工业资源节水潜力为在工业取用节水潜力的基础上乘以工业综合耗水系数。黄河流域各省（自治区）工业耗水率在 20.3%~63%，结合工业取用节水量及工业耗水率，计算得出黄河流域工业资源节水潜力为 2.16 亿 m³，其中地表水节水量为 1.13 亿 m³，地下水节水量为 1.03 亿 m³，详见图 7-16。

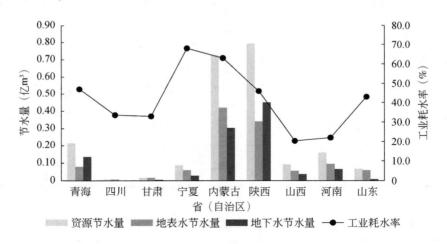

图 7-16　黄河流域工业资源节水量

7.2.2.3　生活节水潜力

（1）节水措施

影响生活节水潜力的主要因素包括城镇化率变化、工程节水措施以及管理节水措施。生活节水潜力最终体现为：在城镇化率变化、节水器具普及、管理节水措施的综合作用下，居民生活用水定额的变化；在工程节水措施下，供水管网漏损率的下降（王建东，2020）。随着城镇化水平的提高，未来居民生活用水定额将呈增长趋势，该问题将在缺水分析中考量，节水潜力分析不再考虑定额变化。

本次研究中生活极限节水的核心是分析在城镇供水管网漏损率极限条件下可实现的生活节水量。城镇供水管网漏损率与管网年限、材质、管理水平有关，目前有研究认为，对于中型城市在考虑投资经济性条件下，合理的漏损率水平为8.5%，若进一步降低漏损率，则投入将显著增加（陈文峰等，2019）；根据《全球主要城市供水管网漏损率调研结果汇编》成果，高收入国家供水管网漏损率普遍较低，中值介于8%~12%；根据《城镇供水管网漏损控制及评定标准》，城镇供水管网基本漏损率分为两级，一级为10%，二级为12%。综合考虑各省（自治区）现状供水管网漏损状况、城镇化水平状况，在经济合理的状况下，各省（自治区）供水管网漏损率极限值介于8.5%~10.0%。

（2）节水潜力

在考虑城镇供水管网漏损率可达的极限状态下，估算黄河流域城镇生活取用节水潜力为1.14亿 m^3 ，其中陕西省城镇生活节水潜力最大为0.34亿 m^3 ，其次是河南省为0.30亿 m^3 ，内蒙古自治区为0.23亿 m^3 ，详见表7-13。

表7-13　黄河流域城镇生活节水潜力

省（自治区）	城镇生活用水量（亿 m^3 ）	供水管网漏损率（%）		城镇生活节水潜力（亿 m^3 ）
		现状	节水方案	
青海	1.78	15.8	10.0	0.10
四川	0.03	13.8	10.0	0
甘肃	4.57	8.7	8.5	0.01
宁夏	2.51	10.6	9.0	0.04
内蒙古	3.53	16.4	10.0	0.23
陕西	9.57	13.6	10.0	0.34
山西	6.85	10.9	10.0	0.06
河南	4.19	17.1	10.0	0.30
山东	2.04	12.7	10.0	0.06
合计	35.07	—	—	1.14

生活资源节水潜力为在生活取用节水潜力的基础上乘以生活综合耗水系数。黄河流域各省（自治区）生活耗水率在48%~67%，结合生活取用节水量及生活耗水率，计算得出黄河流域生活资源节水潜力为0.63亿 m^3 ，其中地表水节水量为0.26亿 m^3 ，地下水节水量为0.37亿 m^3 ，详见图7-17。

7.2.2.4　综合节水潜力

本次分析黄河流域取用节水潜力为48.36亿 m^3 ，其中流域内取用节水潜力为37.74亿 m^3 ，

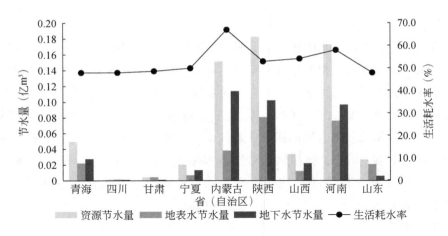

图 7-17　黄河流域生活资源节水量

下游引黄灌区取用节水潜力 10.62 亿 m^3。流域内取用节水潜力中，其中农业灌溉取用节水潜力为 31.74 亿 m^3，工业取用节水潜力为 4.85 亿 m^3，城镇生活取用节水潜力为 1.14 亿 m^3；下游引黄灌区农业取用节水潜力为 10.62 亿 m^3。黄河流域资源节水潜力为 27.73 亿 m^3，其中流域内资源节水潜力为 17.11 亿 m^3，下游引黄灌区资源节水潜力 10.62 亿 m^3。黄河流域内资源节水潜力中，其中农业灌溉资源节水潜力为 14.32 亿 m^3，工业资源节水潜力为 2.16 亿 m^3，城镇生活资源节水潜力为 0.63 亿 m^3；下游引黄灌区农业资源节水潜力为 10.62 亿 m^3，详见表 7-14。

表 7-14　黄河流域综合节水潜力

分区		取用节水潜力（亿 m^3）				资源节水潜力（亿 m^3）					
						按用户分			按水源分		
		农业	工业	生活	小计	农业	工业	生活	地表水	地下水	小计
流域内	青海	1.36	0.45	0.10	1.92	0.86	0.21	0.05	0.94	0.18	1.12
	四川	—	0.01	0	0.01	—	0	0	0	0	0
	甘肃	2.78	0.05	0.01	2.84	1.87	0.02	0	1.73	0.16	1.89
	宁夏	5.40	0.13	0.04	5.57	1.42	0.09	0.02	1.48	0.05	1.53
	内蒙古	11.77	1.15	0.23	13.15	5.19	0.72	0.15	4.53	1.53	6.06
	陕西	3.59	1.72	0.34	5.65	1.55	0.80	0.18	1.53	1.00	2.53
	山西	3.35	0.45	0.06	3.86	1.44	0.09	0.03	0.84	0.72	1.56
	河南	2.26	0.73	0.30	3.29	1.38	0.16	0.17	1.02	0.69	1.71
	山东	1.23	0.16	0.06	1.45	0.61	0.07	0.03	0.47	0.24	0.71
	小计	31.74	4.85	1.14	37.74	14.32	2.16	0.63	12.54	4.57	17.11

分区		取用节水潜力（亿 m^3）				资源节水潜力（亿 m^3）					
		农业	工业	生活	小计	按用户分			按水源分		
						农业	工业	生活	地表水	地下水	小计
下游引黄灌区	河南	2.56	—	—	2.56	2.56	—	—	1.71	0.85	2.56
	山东	8.06	—	—	8.06	8.06	—	—	6.00	2.06	8.06
	小计	10.62	—	—	10.62	10.62	—	—	7.71	2.91	10.62
合计		42.36	4.85	1.14	48.36	24.94	2.16	0.63	20.25	7.48	27.73

7.3 黄河流域水资源供需形势

在"把水资源作为最大刚性约束"的新形势要求下，坚持"以水定需"是做好黄河流域水资源供需配置的核心。考虑黄河流域城市群发展、粮食安全、能源安全的水安全保障目标，结合黄河水资源量和外来水源条件变化形势，分析黄河流域的未来水资源供需形势和合理配置格局，是确保黄河流域高质量发展的关键。

7.3.1 原有规划配置格局

2008 年完成的《黄河流域水资源综合规划（2010—2030 年)》（水利部黄河水利委员会，2008），拟定了黄河流域水资源配置方案，成果纳入了《全国水资源综合规划》。

规划现状（2006 年）至南水北调东中线工程生效前，配置河道外各省（自治区）水量 341.16 亿 m^3，入海水量 193.63 亿 m^3。黄河流域缺水量 95.46 亿 m^3，其中河道外缺水量 69.09 亿 m^3，缺水率 14.2%；河道内缺水量 26.37 亿 m^3，缺水率 12.0%。上游省份缺水率高于中下游。

南水北调东中线工程生效后至南水北调西线一期工程生效以前，由于需水增加和黄河河川径流量减少，黄河流域缺水量达到 109.71 亿 m^3，其中河道外缺水量 76.71 亿 m^3，缺水率 14.7%，河道内缺水量 33.00 亿 m^3，缺水率 15.0%。缺水主要集中在河口镇以上，上游省（自治区）缺水在 15%~28%，陕西省缺水 18%，山东省缺水 17%。在南水北调西线一期工程生效前，只能通过加强节水和产业结构调整缓解缺水矛盾。陕西省可通过引汉济渭等跨流域调水工程解决关中地区的缺水。

南水北调西线一期工程生效以前（2020 年水平），水资源矛盾突出，应采取多种措施缓解供需矛盾。南水北调西线一期等调水工程生效后有力地缓解了黄河流域极度缺水的矛盾，地表水耗损量达到 401 亿 m^3 左右，超过地表水可利用量 2%，入海水量达到

211 亿 m³ 左右（表7-15）。

表 7-15   黄河流域水资源开发利用规划情况

水平年	地表水（亿 m³）						平原区浅层地下水				生态环境需水量（亿 m³）	入海水量（亿 m³）	生态环境需水满足程度（%）
	地表水可利用量			地表水耗损量			耗损量占可利用量的比例（%）	可开采量（亿 m³）	规划开采量（亿 m³）	规划开采量占可开采量（%）			
	当地	调入量	合计	当地	调出量	合计							
现状年	314.79		314.79	236.35	104.81	341.16	108	119.39	79.97	67	220	193.63	88
2030 年	294.79	97.63	392.42	307.71	93.34	401.05	102	119.39	92.05	77	220	211.37	96

图 7-18 为黄河上中下游用水和分水指标对比情况。上游分水指标与实际用水接近，增长空间较小；中游近期增长明显，但指标约束空间较大；下游以流域外引水为主，主要引黄区域所在的山东省和河南省用水呈现先增长再稳定的状态，总用水与红线指标仍有较大差距。

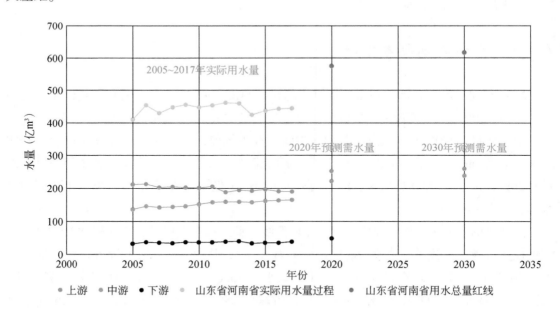

图 7-18   黄河上中下游实际用水与控制指标对比

7.3.2 现状供需与水源开发潜力

7.3.2.1 现状供需状况

根据黄河流域现有的供水量和用水效率状况，流域及其引水受水区现状河道外总需水（多年平均）约 530 亿 m³，其中生活约 55 亿 m³，工业 70 亿 m³，农业 380 亿 m³，河道外生态环境 25 亿 m³。按照现状实际供水状况分析，现状河道外用户缺水量超过 70 亿 m³，其中农业缺水量约 50 亿 m³，城镇缺水量约 10 亿 m³，生态缺水量超过 10 亿 m³。此外，河道内生态缺水量估计在 30 亿 ~ 40 亿 m³。

7.3.2.2 水源开发潜力

按照黄河流域第三次水资源评价初步成果，黄河流域水资源量 598.9 亿 m³，地表水资源量 490 亿 m³，地下水资源量 108.9 亿 m³。考虑工程调控的限制和上下游重复利用后，2035 年流域地表水供水量可以达到 350 亿 m³，总的可供水量约 460 亿 m³，相对现状最多还能增加 50 亿 m³ 本地供水量。在建引汉济渭等工程，2035 年可增加外流域调入水量约 15 亿 m³。

非常规水源方面，2035 年再生水利用量达到 15 亿 m³，矿坑水、咸水、雨水利用等其他非常规水源可以达到 15 亿 m³，总可供水量可以达到 30 亿 m³，但其用户具有一定限制。

综合流域内外各类可利用水源，在完善各类工程建设条件下，全流域可供水量可以达到 500 亿 m³。

7.3.3 黄河流域水资源供需分析和调控重点方向

7.3.3.1 主要水资源供需矛盾

黄河流域水资源供需矛盾在于"水少、沙多、水沙调控能力不足"，破解的思路在于"增水、减沙、提高水沙调控能力"。面向新时期黄河生态保护和高质量发展，需要抓住水沙关系调节这个"牛鼻子"，研判战略举措，完善水沙调控动力，带动解决黄河水资源主要矛盾。

（1）控制水资源开发利用强度是黄河流域生态保护的首要任务，但又会加剧经济社会水资源供需矛盾

黄河流域水资源开发利用率已经接近 80%，远超一般流域 40% 的生态警戒线，导致一系列生态环境问题。河流生态水量严重衰减，黄河干流利津站 2000~2016 年实测径流量年均值仅有 156.6 亿 m³，相对于 1919~1959 年系列均值减少了 66.2%。根据 1980~2016 年的卫星遥感信息分析，黄河流域湖泊面积由 1980 年的 2702km² 减少到 2016 年的 2364km²，降幅达到了 13%。加强黄河流域生态保护，首要任务是降低地表和地下水资源开发利用强度，但不可避免地影响经济社会用水，加剧已经十分紧张的水资源供需矛盾。

（2）加强水土保持治理"沙多"十分必要，但也有"减水"效应

拦截、减少入黄泥沙可以从根本上解决"沙多"的问题，未来通过工程、生物和耕作等综合措施把进入黄泥沙量降到最低限度。水土保持减少入黄泥沙的同时，也在减少径流量。《黄河流域综合规划（2012—2030 年）》估计认为，水土保持治理造成河川径流量减少 10 亿~30 亿 m³。虽然在减水减沙作用机理、定量程度等学术问题上观点不统一，但水土保持导致黄河径流量减少是客观存在的，也会加剧供需矛盾。

（3）深度节水是缓解供需矛盾最现实、最优先的途径，但难以从根本上改变流域缺水的基本格局

黄河流域是最早最全面开展节水型社会试点建设的区域，近 20 年来，用水效率大幅提升，在国内整体仅次于京津冀地区。2018 年，黄河流域万元工业增加值用水量为 21.9m³，为全国平均值的 1/2。保持现状灌溉面积，保障生态系统安全情景下，黄河流域资源节水潜力约为 17 亿 m³，占现状流域可耗用水量的 7.7%，不能解决黄河需求增长的总体趋势，充分节水也改变不了流域缺水的基本格局。

（4）黄河流域高质量发展仍然需要稳固的水资源支撑

黄河流域在我国社会经济中占有极其重要的战略地位，不仅关系到本流域的长治久安，还事关国家的粮食安全、能源安全和生态安全。综合各方面因素研判，未来一个时期黄河流域用水需求依然十分强烈。

一是城镇化发展用水需求有较大增长空间。2016 年黄河流域整体城镇化率为 53.4%，低于 57.4% 的全国平均水平，人均生活用水量不足全国平均的 70%。《国家新型城镇化规划（2014—2020 年）》提出中西部地区城市群应成为推动区域协调发展的新的重要增长极，近年来以兰州—西宁、宁夏沿黄经济区、关中—天水、呼包鄂榆、关中平原城市群、太原城市群、中原经济区等黄河流域城市群正在形成发育，随着城镇人口增加，生活水平提升，生活需水仍将保持增长态势。二是工业用水增长需求强烈。黄河流域工业化进程远未完成，滞后于全国平均水平。预计到 2035 年左右整体进入工业化后期，工业用水需求将逐步达到峰值，而在此期间，能源产业需水将保持较快增长。三是粮食安全用水需求保障不可懈怠。我国粮食自给率已降至红线，粮食安全至关重要。全国粮食生产重心不断北移，黄河流域在保障国家粮食安全中的作用十分突出，河套灌区、汾渭平原、黄淮海平原等国家农产品主产区的供水安全至关重要，灌溉面积和相应的灌溉水量难以大幅压缩。

（5）未来黄河流域水资源供需矛盾依然十分严峻，极限节水条件下保障重点需求是确保黄河生态保护和高质量发展目标的必然选择

近 20 年来，黄河流域用水总量基本没有增加，并不是没有发展需求，而是由于水资源约束下遭遇了供给"天花板"。在天然径流量衰减和用水需求增量强烈的双重压力下，黄河流域水资源供需缺口势必呈扩大趋势。只能在流域极限节水潜力的前提下，优先保障经济社会高质量发展的重点用水需求。

7.3.3.2　供需形势分析

根据现有的水源条件和可增加的非常规水源供水，在未来灌溉面积不增加、优先保障河道内生态的条件下，黄河流域 2035 年缺水约为 50 亿 m^3，在灌溉面积达到规划设计条件下，缺水将超过 100 亿 m^3。

由于城镇和工业需求增量较大，未来在挤占部分其他用户供水的前提下缺水量超过 10 亿 m^3，农业是最主要的缺水用户，缺水量达到 25 亿 m^3，河道外生态缺水量约为 15 亿 m^3。区域分布上，河口镇以上的上游地区缺水率更高，城镇和工业等刚性用水需求难以得到保障，下游为确保河道内生态流量，在限制引水的条件下会造成农业缺水。

7.3.3.3　黄河流域水资源配置调控方向

20 世纪 80 年代提出的黄河"八七"分水方案，为黄河水资源的开发利用提供了重要依据，对黄河水资源的合理利用及节约用水起到了积极的推动作用。尤其是 20 世纪 90 年代以来，黄河下游断流日益严重，分水方案为调控黄河水资源，保证下游不断流起到了不可替代的作用。

但是应对黄河流域整体新的保护要求和需求变化态势，需要针对现状问题和重点目标提出供需两端调控的对策。解决黄河流域用水供需矛盾问题，一方面要把节水优先、走内涵式发展道路作为根本出路；另一方面需要做好跨流域调水的战略储备，在流域发展的刚性需求不能满足时，通过开源、节流和调水的经济技术方案比较，选择合理可行的方案。尤其是西线通水前，必须以维持黄河健康生命和促进经济社会可持续发展为出发点，控制用水增长规模，优化水量的内部配置，优先满足黄河流域自身需求和刚性需求，从供需两端考虑资源约束下的优化调整，支撑有限水资源条件下的供需要求。

7.4　黄河流域水平衡战略和措施

黄河流域生态保护和高质量发展，要尊重规律，摒弃征服水、征服自然的冲动思想。为加强流域生态保护治理、保障黄河长治久安、促进全流域高质量发展，提出新时期黄河流域水资源治理的五大战略构想。

7.4.1 黄河流域三层水平衡战略

为了支撑黄河流域生态保护和高质量发展，需要以流域水量收支平衡、经济-生态用水平衡和水资源供需平衡三个层次的平衡为核心，形成黄河流域水系统平衡战略。

流域水量收支平衡体现在黄河流域自然-社会二元水循环过程中水分通量的动态平衡，以及气候变化和人类活动对水循环演变的协同贡献。在已经完成的三次黄河流域水资源评价成果中，黄河流域花园口断面 1956~1979 年系列（历史下垫面）天然径流量 568 亿 m³，1956~2000 年系列（2000 年下垫面）天然径流量 487 亿 m³，1956~2016 年系列（2016 下垫面）天然径流量 453 亿 m³，三阶段呈持续减少趋势。黄河流域的自产水量减少具有显著的空间差异，主要产水区（兰州以上）径流量只有小幅减少，径流量的衰减主要发生在兰州以下地区，占总衰减量（115 亿 m³）的 90% 以上。黄河径流量的减少主要受到人类活动的影响（贡献率超过 75%），气候变化在众多影响因素中贡献率仅占 25%。正是由于黄河流域水资源特有的演变特性，在对黄河流域进行水资源开发利用的同时，要以水循环演变规律为基础，对水资源减少的态势有清晰的认识，对社会经济系统、河道生态系统的水资源边界进行动态研判，并针对性地加强产水区的水源涵养以及骨干水利工程的调节作用，保证黄河流域未来水文情势的健康稳定。

经济-生态用水平衡是落实黄河生态保护与高质量发展战略的关键。控制经济用水，留足生态用水，保持经济-生态用水平衡，确保生态保护目标的落实。经济-生态用水平衡的关键策略在于确保基本生态用水，完善水沙调控机制。为减缓黄河下游淤积，在输沙用水需求方面，河道内生态用水需求应保持在 200 亿 m³，并实现分段分期调控；下游利津断面汛期输沙水量应不低于 150 亿 m³，中游河口镇汛期输沙水量需控制在 115 亿 m³。满足维持河道基流、保护河口三角洲生态系统健康要求，非汛期利津断面过流量应不低于 50 亿 m³。为保障凌汛安全，宁蒙河段防凌用水应保持在 57 亿 m³。按照水资源刚性约束的要求，经济用水应在确保生态用水的前提下予以调控满足，全河全年用水总量统一调度，经济用水、耗水总量丰增枯减。健全省、市、县三级行政区域用水总量、用水强度控制指标体系，强化节水约束性指标管理，落实主要领域用水指标，实现"以水四定"。

水资源供需平衡是在生态保护基础上优先保障刚性需求，确保水资源刚性约束下的供需平衡。一是控制用水增长规模，优化水量的内部配置，优先满足流域自身需求和刚性需求。在西线调水实施以前，从供需两端考虑资源约束下的优化调整，支撑有限水资源条件下的供需要求，超过分水指标的区域确保用水绝对零增长、负增长，严格控制跨流域调出水量规模与用途。二是规划引导，优化经济用水分配，确保合理供需平衡，细化社会经济发展管控。按照"以水四定"、约束倒逼的原则,建立社会经济发展规模的控制机制。以国家规划为依据,把准重点需求,精准分析以城市群、能源工业以及粮食安全等为主的重点需求。三是实施全流域科学深度节水,提升用水效率,优先加强非常规水源开发,提高地表水、地下水联合优化配置结构,上游地区和部分缺水支流地区提高水资源调控能力,服务流域水量总体平衡。四是提高多源互济配置能力,加大非常规水源利用强度,合理调控地下水。

7.4.2 面向生态保护和高质量发展的黄河流域水平衡措施

7.4.2.1 大力推进生态建设,涵养水源

在上游以三江源、祁连山、甘南黄河上游水源涵养区等为重点,推进实施一批重大生态保护修复和建设工程,提升水源涵养能力;中游地区科学开展水土保持,因地制宜开展旱作梯田、淤地坝建设;下游重点开展黄河三角洲保护,通过增加河道内的下泄水量,维持河口地区等重要湿地的用水要求;全流域通过水资源合理配置和水量统一调度,保障生态环境用水,构建全流域干支流生态廊道。

加强生态环境监测体系建设。加大监测能力建设,完善水资源–生态环境协同监测及信息管理系统,掌握源区生态环境动态变化过程。在已有监测体系的基础上,进一步完善遥感与地面监测网络一体化的综合监测体系。突破生态系统空地一体化监测与评估的关键技术方法,以生态工程设置的观测站为基础,构建生态系统地面长期监测体系,在生态工程构建的生态监测评估遥感信息平台的基础上,建立生态系统监测评估和生态安全预警业务化运行系统,为黄河源区生态保护和可持续发展服务。

完善生态补偿体系。加强顶层设计,发挥试点效应,设立三江源国家级生态补偿试验区。建立"以国家补偿为主、地方政府补助为辅、社会积极参与"的纵向与横向相结合的生态补偿长效机制。按照人地补偿与人际补偿相结合的原则构建"源区+青海省"两级补偿体系。在确保国家公园生态保护和公益属性的前提下,探索政府购买服务、设立公益性保护基金、水权交易、碳汇交易、生态税等多渠道多元化的投融资模式,促进效益最大化。建立量化考核评价体系,完善激励约束机制,出台相应奖惩措施,确保权责利相统一。

7.4.2.2 实施全流域科学深度节水,提升用水效率

(1) 落实节水优先,加强效率管控

大力推进农业节水,以上游宁蒙平原、中游汾渭盆地、下游引黄灌区及青海湟水河谷、甘肃中部扬黄灌区为重点,坚持"生态系统良好,水情远程监控,灌溉智慧决策,设

施自动控制、用水高效节约、机制体制灵活、运行管护到位"的原则，加快灌区续建配套和现代化改造，分区域规模化推进高效节水灌溉。结合高标准农田设施建设，加大田间节水设施建设力度，优化农业种植结构，因地制宜发展旱作农业。

严格高耗水产业节水市场准入，高标准建设能源化工行业节水型企业，严控高耗水行业新增产能。全面推广能源工业先进节水技术应用，火电行业推广超超临界燃煤空冷机组，煤炭采掘行业推广综采、干法选煤工艺，加快发展现代煤化工，做精做深产品产业链，优化提升传统煤化工，大力发展高端产品，通过提高工业用水重复利用率和推广先进的用水工艺与技术等措施，降低单位产品用水量。

严格执行城镇供水管网检漏制度，对使用年限超过 50 年、材质落后和受损失修的供水管网限期进行更新改造，大幅降低供水管网漏损。新建公共建筑必须安装节水器具，已建公共建筑限期淘汰非节水型器具，大力推广感应式、触控式等节水器具。对家庭节水器具实施财政补贴，提高高效节水器具普及率。

（2）健全节水机制，提升节水意识

建立健全沿黄各省（自治区）用水定额标准体系，逐步建立节水标准实时跟踪、评估和监督机制。加快推进沿黄省（自治区）水价改革。积极推进农业水价综合改革，实行"按方收费、按亩返还"。加快健全城镇供水价格形成机制和动态调整机制，进一步拉大特种用水与非居民用水的价差。制定再生水利用水价优惠政策。各级财政支出要增加水资源节约集约利用专项投入。鼓励、引导政府与社会资本合作。推动建立节水财政激励政策、税收优惠政策和绿色金融信贷政策，全面激发节水内生动力。加大宣传力度，提升公众节水意识。

（3）深入研究黄河流域农业节水对生态环境的潜在影响

对于黄河流域的灌溉农业，从资源、生态保护角度分析，农业节水的力度需要慎重对待。一方面过度的农业节水可能会带来区域地下水位的下降，给区域陆生生态环境带来不利影响；另一方面农业节约下来的水一般会用于工业和生活，从资源耗损角度而言，工业和生活的耗水率更高，从整个流域看总体耗水量更大，以宁夏青铜峡灌区为例，农业引黄灌溉一直都是大引大排，耗水率在 0.5 左右，农业节水后，采用水权转让的方式将节约下来的水给工业用户，工业用水耗水率在 0.9 以上，这样排入河道的退水会越来越少，给下游供用水安全带来不利影响。

7.4.2.3　建立水资源刚性约束制度，严格落实"四定"

一是加强总量控制，强化水资源承载能力的刚性约束。进一步将水资源作为最大的刚性约束，全面开展全流域水资源承载力调查评价，划定水资源承载能力地区分类，实施差别化管控措施，建立监测预警机制。水资源超载地区要制定并实施用水总量削减计划，严格落实考核制度。健全省、市、县三级行政区域用水总量、用水强度控制指标体系，强化节水约束性指标管理，落实主要领域用水指标。进一步加强流域水量分配和调度，基于国务院颁布的《黄河水量调度条例》，实施全河全年用水总量统一调度。

二是实施统筹规划，建立与水资源承载能力相适应的经济结构。按照量水而行的思路进行规划布局，坚持"以水定城、以水定地、以水定产、以水定人"，强调在经济结构和产业布局上要适水发展，按照减量化、再利用、再循环的原则利用水资源。立足流域和区域水资源承载能力，确立"适水发展"的理念，严控水资源开发利用强度，合理确定经济布局和结构。根据资源禀赋条件，科学确定全流域各片区农业灌溉规模，妥善安排农作物的种植结构，控制高耗水作物种植面积，因地制宜优化农、林、牧、渔业比例。统筹工业布局和结构，控制高耗水、高污染行业比例，发展优质、低耗、高附加值产业，继续开展以节水为重点内容的绿色高质量转型升级和循环化改造，同时加快节水及水循环利用设施建设，推动能源化工企业向工业园区集中，发挥工业园区企业聚集效应，设置效率门槛，逐步淘汰低效工业企业。大力发展节水型服务业，合理规划城镇发展布局和结构。完善规划和建设项目水资源论证制度，出台重大规划水资源论证管理办法，严格实行取水许可制度，加强对重点用水户、特殊用水行业用水户的监督管理。

7.4.2.4 优化多水源时空优化配置

水资源配置的目标是在水资源作为最大刚性约束条件下，确保黄河流域的高质量发展。首先是面向民生，保障基本民生要求、改善人居环境状况；其次是面向生态，践行资源节约利用、维护良好生态系统；最后是面向发展，服务国家战略目标、改进经济发展质量。具体的控制目标指标包括优先保障河道内水量流量目标，控制分区用耗水指标，保障重点用水户的用水需求。

配置策略主要是通过约束倒逼、优化提升，确保刚需必须满足、最低生态优先，主要内容如下：

一是控制经济用水，留足生态用水，保持经济-生态用水平衡，确保生态保护目标的落实。在西线调水实施以前，控制用水增长规模，优化水量的内部配置，优先满足流域自身需求和刚性需求，从供需两端考虑资源约束下的优化调整，支撑有限水资源条件下的供需要求，超过分水指标的区域确保用水绝对零增长、负增长。

二是规划引导，优化经济用水分配，确保合理供需平衡，细化社会经济发展管控。按照"以水四定"、约束倒逼的原则建立社会经济发展规模的控制机制。以国家规划为依据，把准重点需求，精准分析以城市群、能源工业以及粮食安全等重点需求；在保障生活用水、优先满足国家目标等刚性用户需求条件下确定其他产业发展布局。

三是均衡区域用水布局，严格控制跨流域调出水量规模与用途。考虑未来黄河上游地区缺水较严重且存在增加灌溉面积保障粮食安全等潜在需求，在严格控制黄河引水总量的条件下，适当增强上游地区水资源调配能力，增加供水量，减少区域缺水，补足落后地区水利工程、供水设施建设的短板。跨流域调水规模应不高于现状，且不应增加供水范围和用户。下游调出水量随着南水北调供水范围扩大应逐步降低，相应的置换水量应归还黄河生态或上游缺水地区用水。

四是调整供水的策略，严控跨流域调出水量规模。黄河流域在自身开发利用程度极高的情况下，仍向其他流域调出水量，使得流域水量超载。考虑历史和实际情况，应控制跨流域引水量。跨流域调水不得扩大用户规模，包括扩大耕地面积或新增供水范围，现有用户提高用水效率节约出的水量不得扩大再生产。黄河流域外调水量不超过 90 亿 m^3，未来逐步降低至 70 亿 m^3 以下，在上游实施石羊河等西北缺水地区调水工程后，应相应调整下游南水北调受水区的调水量。

五是合理分水，优化区域水量配置布局。考虑未来黄河上游地区缺水较大且存在增加灌溉面积保障粮食安全等潜在需求，在严格控制黄河引水总量的条件下，适当增强上游地区水资源调配能力，增加供水量，减少区域缺水。增强部分支流的水资源开发能力，补足落后地区水利工程、供水设施建设的短板。

六是提高多源互济配置能力，加大非常规水源利用强度，合理调控地下水。大力推广非常规水源利用，充分利用再生水，具备条件的地区促进矿井疏干水、苦咸水等非常规水源利用，力争远期非常规水源利用达到 30 亿 m^3，达到总用水的 10% 以上。根据现有地下水超采状况，应逐步退还深层地下水开采量和浅层地下水超采量；尚有地下水开采潜力的地区可适当增加地下水开采量。明确流域缺水量和分阶段缺口，加快南水北调西线工程前期论证。

8 | 新时期黄河流域防洪除涝保安布局

黄河以"善淤、善决、善徙"闻名于世，2500多年间下游决口1590多次，改道26次，平均"三年两决口、百年一改道"。洪水给两岸人民带来了深重灾难。人民治黄以来，基本建成了防洪减灾体系，保障了伏秋大汛岁岁安澜，保障了人民生命和财产安全，但黄河水少、沙多、水沙关系不协调的根本特性尚未改变，洪水风险依然是流域最大的威胁。本章主要针对悬河滩区治理需要，提出新时期黄河流域防洪除涝保安战略。

8.1 防洪防凌形势分析

8.1.1 流域暴雨洪水及凌汛灾害情况

黄河洪水按成因可分为暴雨洪水和凌汛洪水两种类型，暴雨洪水多发生在6~10月，主要来自上游兰州以上和中游地区，凌汛洪水在冬春季，主要发生在上游宁蒙河段和下游河口河段。

黄河上游洪水历时长、洪量大，1981年洪水，兰州站洪峰流量达$7090m^3/s$，45天洪量达160亿m^3。中游三门峡以上的"上大洪水"洪峰高、洪量大、含沙量高，对下游防洪威胁严重，1933年洪水，陕县站洪峰流量达22 000m^3/s，45天洪量达220亿m^3、沙量为28.1亿t；中游三门峡至花园口区间的"下大洪水"洪峰高、涨势猛、预见期短，对下游防洪威胁最为严重，1958年洪水，花园口站洪峰流量达22 300m^3/s，12天洪量达88.9亿m^3。

黄河下游是举世闻名的"地上悬河"，洪水灾害严重，历史上被称为"中国之忧患"。在1919~1938年的20年间，就有14年发生堤防决口，1933年洪水下游两岸50多处决口，河南、山东、河北、江苏4省30个县受灾，受灾面积6592km^2，灾民273万人。1949年以来黄河下游滩区遭受不同程度的洪水漫滩20余次，1996年洪水，花园口站洪峰流量7860m^3/s，滩区几乎全部进水，洪水围困118.8万人，淹没耕地247万亩，倒塌房屋26.54万间。

黄河上游宁蒙河段凌汛灾害严重。20世纪60年代以前年年都有不同程度的凌汛灾害发生，1986 年以来宁蒙河段主槽淤积萎缩、行洪能力下降，内蒙古河段凌汛堤防决口 6 次，2008 年 3 月，内蒙古杭锦旗黄河大堤决口，受灾人口 1 万余人，淹没耕地 8.1 万亩。

8.1.2 现状防洪工程布局情况

人民治黄以来，一直把下游防洪作为治黄的首要任务，并进行了坚持不懈的治理，修建了一系列防洪工程，基本建成了以中游干支流水库、下游堤防、河道整治、分滞洪工程为主体的"上拦下排，两岸分滞"防洪工程体系。中游干支流已建成三门峡、小浪底、陆浑、故县、河口村水库等控制性水利工程，四次加高培厚下游两岸 1371km 的黄河大堤，完成了标准化堤防工程建设，开展了河道整治工程建设，完成了东平湖滞洪区防洪工程建设，明确了北金堤滞洪区为保留滞洪区。

上游已建成龙羊峡、刘家峡、海勃湾等梯级水库，青海至甘肃河段建设堤防 895km，宁夏至内蒙古河段建设堤防 1417km、河道整治工程 255km，初步建设了"上控、中分、下排"的上游防洪防凌体系。

中游禹门口至三门峡大坝河段已建各类护岸及控导工程 256km，渭河下游修建干堤 265km，伊洛河已建堤防及护岸总长 389km，沁河下游建设堤防 162km，提高了抗御洪水的能力，减少了水患灾害。

8.1.3 现状防洪形势

黄河下游防洪形势明显改善。小浪底水库建成后，下游防洪标准提高，通过水库拦沙和调水调沙，下游河道全线冲刷，主槽过流能力由 1800m³/s 恢复到 4350m³/s。小浪底水库设计拦沙库容尚未淤满，2020 年汛前防洪库容 79.4 亿 m³，比设计防洪库容大 38.9 亿 m³，能够有效拦蓄水库以上洪水。2018～2020 年小浪底水库降水冲刷，3 年累计排沙出库 13 亿 t，延长了小浪底水库的使用寿命。总体上，下游防洪形势明显改善。小浪底水库建成后出库水温增高，拦沙期库容大、调控能力强，黄河下游凌汛形势得以有效控制。

黄河上游干流防洪防凌形势有所改观。上游龙羊峡、刘家峡水库联合防洪运用后，兰州城市河段防洪标准达到百年一遇，宁蒙河段堤防防洪标准达到二十年一遇至五十年一遇，对保障兰州市、宁蒙平原等重要城市和地区的防洪防凌安全发挥了重要作用。2010 年后，2012 年、2018 年、2019 年、2020 年上游连续发生较大洪水，水库汛期泄洪，宁蒙河段主槽过流能力略有恢复，防洪防凌形势有所改观。

黄河中游干支流防洪形势总体可控，重要城市防洪能力得到加强。

8.1.4　存在的主要问题

8.1.4.1　下游洪水依然是最大威胁

小浪底水库设计保滩库容不足，中游控制性骨干工程少。小浪底水库原设计5年一遇洪水控制花园口流量不超过8000m³/s，目前由于滩区人口多，小浪底水库处于拦沙期防洪库容较大，中小洪水均按控制花园口不超过下游平滩流量（2020年4350m³/s）运用。小浪底水库拦沙库容淤满后，保滩库容不能满足滩区保安要求。小浪底至花园口区间无工程控制区洪水威胁大，滩区洪水淹没风险高。规划的黄河干流七大控制性骨干工程中游还有古贤、碛口尚未建设，缺少控制性骨干工程分担大洪水防洪库容，不能有效控制上中游大洪水、减轻三门峡和小浪底水库淤积、长期保持小浪底水库较大库容；同时，小浪底水库调水调沙后续动力不足、水沙调控体系的整体合力无法充分发挥，也难以降低潼关高程、减轻渭河下游淤积。

"下排"工程尚不完善，下游滩区人口多，滞洪沉沙与群众脱贫发展矛盾大，"中滞"问题突出。下游河道二级悬河态势依然严峻，河道整治工程尚不完善，高村以上299km游荡性河势未得到完全控制。部分引黄涵闸、分洪闸等穿堤建筑物存在安全隐患，河口地区防洪工程仍不完善，刁口河入海备用流路萎缩、侵占严重。下游河道上宽下窄，河道排洪能力上大下小，大洪水期间，艾山以上宽河道是天然"大型滞洪水库"，发挥了巨大的行洪滞洪沉沙作用。但下游滩区既是黄河滞洪沉沙的场所，也是190万群众赖以生存的家园，防洪运用和经济发展矛盾长期存在。河南、山东两省滩区居民迁建规划实施后，仍有近百万人生活在洪水威胁中。

8.1.4.2　上游干流防洪防凌形势依然严峻

"上控"工程仍有短板。龙羊峡水库运用后，拦蓄汛期洪水，宁蒙河段汛期来水减少，水沙关系恶化，主槽淤积萎缩，主槽过流能力由20世纪80年代的约4000m³/s减小到21世纪初的不足2000m³/s，内蒙古三盛公至昭君坟200多千米河段形成新的悬河（安催花等，2018）。上控工程对凌汛调控能力不足，刘家峡水库距石嘴山778km，凌汛期出库流量演进至内蒙古河段时间长达6~15天，难以及时准确调控封河流量、凌洪流量；海勃湾水库调节库容小，对凌汛过程的调控能力不足。

"中分"能力不足。2008年内蒙古河段凌汛决口后，内蒙古河段两岸建设了六个应急分凌区，目前只有乌兰布和、河套灌区及乌梁素海两个较大的分凌区能够正常启用，另外四个规模较小的分凌区仍存在未建设完工、达不到原设计分洪分凌能力等问题。

"下排"工程尚不完善。宁蒙河段河道整治工程尚不完善，洪水、凌汛威胁依然严峻。内蒙古河段滩区仍有约 1 万居民，耕地较多，部分河段建设了多处生产堤，影响河道行洪。上游部分城镇发展较快，部分河段防洪能力不足，安全隐患大。

8.2 黄河上游防洪防凌减灾优化布局研究

8.2.1 宁蒙河段泥沙冲淤研究

8.2.1.1 宁蒙河段冲淤特性

近年来，由于上游引黄水量增加，宁蒙河段来水大幅减少；龙羊峡水库、刘家峡水库联合调度运用，水库发挥巨大的兴利效益的同时也改变了径流的年内分配，每年将 50 亿 m³ 左右的水量调节到非汛期；减少了大流量出现的概率；加剧了宁蒙河段水沙关系的不协调，使内蒙古河道主槽淤积严重，排洪能力降低。

根据实测资料统计分析，20 世纪 80 年代以来宁蒙河段淤积加重，发生持续淤积。1969~1986 年，宁蒙河段汛期、非汛期均表现为淤积，汛期、非汛期淤积量分别为 0.029 亿 t、0.181 亿 t，以非汛期淤积为主，汛期淤积量只占全年淤积量的 13.8%。1987~2014 年，宁蒙河段淤积加重，汛期、非汛期淤积量分别为 0.454 亿 t、0.128 亿 t，汛期淤积转化为全年淤积的主体，占全年淤积量的 78.0%，表明宁蒙河段不同时期年内的冲淤分配不同，1987 年以来淤积加重主要发生在汛期。

20 世纪 80 年代中期以后宁蒙河段淤积加重主要集中在内蒙古冲积性河段巴彦高勒至头道拐河段，尤其是三湖河口至头道拐河段。淤积加重主要集中在主槽，断面萎缩。

内蒙古巴彦高勒至头道拐河段冲淤横向分布表明，1986 年以前，内蒙古河段有冲有淤，发生淤积时，滩槽同步淤积；发生冲刷时，主要集中在河槽内，而 1986 年以后，内蒙古河段发生持续性淤积，且淤积主要发生在河槽。20 世纪 80 年代，主槽、滩地同步淤积，分别为 0.213 亿 t、0.166 亿 t，滩槽淤积比例基本相当，主槽淤积比例为 56.2%；20 世纪 90 年代主槽淤积比例加大，主槽淤积量为 0.473 亿 t、滩地淤积量为 0.067 亿 t，主槽淤积比例为 87.6%；2000~2012 年，巴彦高勒至头道拐河段年均淤积泥沙 0.385 亿 t，其中主槽淤积量为 0.293 亿 t，占淤积总量的 76.1%，滩地年淤积量为 0.092 亿 t，占淤积总量的 23.9%。

宁蒙河段自 20 世纪 80 年代以来淤积萎缩加重，淤积萎缩加重主要集中在内蒙古河段，以主槽淤积为主，导致内蒙古河段主槽淤积萎缩，同流量水位显著升高，过流能力下降，平滩流量由 4000m³/s 左右减少至 2018 年的 1800m³/s 左右。

宁蒙河段的水沙条件（包括干流水沙、支流水沙以及引水等）是宁蒙河段冲淤变化的主要影响因子。宁蒙河段区间支流来水来沙和入黄风积沙、灌区引水以及青铜峡、三盛公水库排沙对河道淤积加重影响较小，干流来水量减少和来水过程改变尤其是龙羊峡与刘家峡水库联合运用对干流来水过程的显著改变，包括减少汛期水量以及大流量过程，是宁蒙河段淤积加重的主要原因。由于干流来水条件的改变，有利于输沙塑槽的大流量过程减少，宁蒙河段中水河槽过流能力由 20 世纪 80 年代以前的约 4000m³/s 以上减小到历史最小值 1500m³/s（2000 年左右），导致凌汛期冰下过流能力降低，槽蓄水增量增加，防凌防洪形势十分严峻。

8.2.1.2 宁蒙河段冲淤趋势预测

考虑近年来黄河水资源量变化情况，以 1956～2010 年天然径流系列为基础系列，黄河多年平均天然径流量 482.4 亿 m³，其中黄河上游下河沿站天然径流量约 316.7 亿 m³，中游龙华河湫四站多年平均天然径流量约 443.1 亿 m³。根据天然径流及各河段水量分配方案估算，未来下河沿站多年平均来水量 285 亿 m³ 左右，龙华河湫四站多年平均来水量 270 亿 m³ 左右。

1968 年以前的人类活动影响较小，1950～1968 年下河沿断面多年平均来沙量 2.09 亿 t。根据"十二五"科技支撑计划"黄河中游来沙锐减主要驱动力及人为调控效应研究"课题成果，预计龙羊峡、李家峡等大型骨干水库可长期稳定地年均减沙量约 0.3 亿 t。支流水土保持措施年均减沙量 0.7 亿 t，这两方面年均减沙量合计 1.0 亿 t 左右。

根据对影响黄河径流量的降水、下垫面条件以及水资源开发利用等多方面因素分析，考虑黄河流域水资源量减少的实情，预估未来长时期黄河上游宁蒙河段下河沿站的年均水量为 285 亿 m³ 左右，年均沙量约为 1 亿 t，宁蒙河段区间支流来沙为 0.6 亿 t 左右，入黄风积沙量为 0.160 亿 t。按照黄河水沙基本分析，进行了 1956～2010 年长系列水沙过程设计（表 8-1），选取 1956～2010 年长系列循环 3 次组成 162 年的水沙代表系列。

表 8-1　黄河上游设计水沙特征值表（1956～2010 年设计系列）

水文站	水量（亿 m³）			沙量（亿 t）			含沙量（kg/m³）		
	汛期	非汛期	全年	汛期	非汛期	全年	汛期	非汛期	全年
下河沿	131.96	152.92	284.88	0.762	0.184	0.946	5.8	1.2	3.3
区间支流	4.05	2.92	6.97	0.567	0.045	0.612	140.0	15.4	87.8
风积沙				0.027	0.133	0.160			

建立宁蒙河段一维水沙数学模型，结合实测水沙进行了验证，并对龙羊峡、刘家峡水库现状运用方式条件下的宁蒙河段冲淤进行了预测分析。

对于龙羊峡、刘家峡水库现状运用方案，未来 162 年宁蒙河段年均淤积泥沙 0.64 亿 t，其中宁夏河段年均淤积 0.07 亿 t，内蒙古河段年均淤积 0.57 亿 t。从分河段来看，淤积主要发生在内蒙古河段，其中巴彦高勒至头道拐河段年均淤积量达到 0.53 亿 t，占宁蒙河段年均总淤积量的 82.8%。内蒙古河段尤其是巴彦高勒至头道拐河段的持续淤积，导致该河段最小平滩流量减小到 1095 m³/s，部分年份甚至不足 1000 m³/s。

计算结果表明，设计水沙条件下，宁蒙河段未来仍将以淤积为主，中水河槽过流能力将降低至 1000 m³/s 左右，防凌防洪形势无法有效改善。

8.2.2 上游防凌控制指标

8.2.2.1 凌情影响因子

黄河上游宁蒙河段凌汛主要受热力、动力和河道边界条件三种因素的影响，热力条件主要指河段气温，动力条件主要指河道流量，河道边界条件主要包括河道过流能力和桥梁等阻水建筑物情况等。

（1）热力条件

宁蒙河段凌汛期气温的基本特点为，冬季严寒时间长，严寒程度大；顺河自上而下负气温维持时间加长、严寒程度加大；凌汛期上下游相邻站间的逐月平均气温差距呈现"严寒期差距大，偏暖期差距小"的特点。宁蒙河段近 20 年凌汛期变暖，但年际仍有较大冷暖变化幅度，凌汛期内逐旬平均气温过程出现异常升、降温情况。

（2）动力条件

龙羊峡水库运用后尤其是 1999 年全河水量统一调度后，龙羊峡、刘家峡水库防凌调度进一步优化，11 月下旬至 12 月上旬加强下泄流量控制，尽量避免小流量封河，形成较高冰盖有利于增加冰下过流量；稳封期保持流量由大到小、缓慢递减基本特征，控制日流量波动幅度，避免封河期严重冰塞壅水，控制槽蓄水增量增长，保持稳定封河形势；开河期削减下泄流量时间提前至 2 月下旬，并加大控泄力度，为削减槽蓄水增量释放强度，控制"文开河"提供了较好条件。通过优化水库防凌调度，在一定程度上控制了宁蒙河段封开河的稳定，但是由于距离远、防凌库容不足，对凌情的控制程度还不能满足要求。

（3）河道边界条件

从全河段、长时间来看，对凌情影响较大的是河床冲淤所引起的中水河槽过流能力变化，中水河槽过流能力变化与凌情关系密切。近期中水河槽过流能力下降导致冰下过流能力降低，进而引起凌水漫滩封河、槽蓄水增量大，是近期内蒙古河段不利凌情的主要影响因子。因此，应采取措施恢复保持一定的中水河槽过流能力，为宁蒙河段能够更好防凌（洪）提供基本条件。

8.2.2.2 防凌关键控制时段及指标

宁蒙河段凌汛险情主要发生在封、开河阶段，而开河期的防凌形势与前期形成的槽蓄水增量关系密切，因此凌汛期应主要分析与槽蓄水增量形成、发展相关的三个时段：一是首封及封河发展期，首封时需要控制适宜稍大的封河流量，避免过大、过小流量封河，形成冰塞或对后期防凌形势不利；封河发展期，控制适宜的封河流量且缓慢稍有减小，以减小槽蓄水增量。二是在稳定封河期，控制流量稳定，维持较稳定的冰盖，避免流量大幅波动，保持封河形势稳定及避免过度增大槽蓄水增量。三是在开河期，尽量减少上游来水，减少动力因素影响，缓解槽蓄水增量释放流量，尽量避免武开河。因此，为减少冰塞冰坝等凌汛险情发生，宁蒙河段凌汛期应主要控制流凌封河期、稳定封河期和开河期三个时段的流量。水库防凌调度关键控制指标主要包括流凌封河期、稳定封河期和开河期的控制流量，槽蓄水增量以及河道的平滩流量。

8.2.2.3 宁蒙河段不同平滩流量下的防凌控制指标

（1）流凌封河期适宜的封河流量

控制适宜的封河流量，既能避免冰塞发生，又能使河道封冻后保持一定的冰下过流能力，对减少槽蓄水增量、控制凌汛期防凌形势有利。通过分析不发生、发生冰塞的封河流量，河道过流条件较好的封河流量上限值，形成冰塞的第二临界弗劳德数等确定适宜的封河流量，见图 8-1。根据分析，当宁蒙河段河道主槽过流能力在 $1500\text{m}^3/\text{s}$ 左右时，河段首封时的封河流量控制在 $600 \sim 750\text{m}^3/\text{s}$ 较为合适；河道主槽过流能力达到 $2000\text{m}^3/\text{s}$ 左右、遇合适的气温条件，封河流量可控制在 $650 \sim 800\text{m}^3/\text{s}$；河道主槽过流能力达到 $4000\text{m}^3/\text{s}$ 左右，封河流量一般不超过 $900\text{m}^3/\text{s}$。河段封河流量一般不低于 $400\text{m}^3/\text{s}$。首封后仍应控制适宜流量，根据首封流量大小，按照仍维持首封流量或略有减小的方式控制封河流量。

（2）稳封期安全过流量分析

从控制河段平滩水位和控制最大槽蓄水增量（一般不超过 14 亿~16 亿 m^3）两方面综合考虑，宁蒙河段平滩流量 $1500\text{m}^3/\text{s}$ 左右时，稳封期宜控制宁蒙河段的过流量为 $400 \sim 500\text{m}^3/\text{s}$；宁蒙河段平滩流量 $2000\text{m}^3/\text{s}$ 左右时，稳封期一般应控制宁蒙河段的过流量为 $550 \sim 750\text{m}^3/\text{s}$。宁蒙河段平滩流量 $4000\text{m}^3/\text{s}$ 左右时，稳封期一般应控制宁蒙河段的过流量不超过 $850\text{m}^3/\text{s}$。

（3）开河期控制流量分析

开河期槽蓄水增量的释放受气温等影响较大，刘家峡水库距离三湖河口河段较远，同

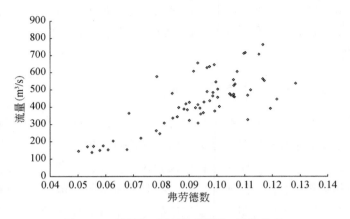

图 8-1　三湖河口断面弗劳德数–流量关系

时还受区间来水影响，不能精确控制内蒙古河段流量，因此，开河关键期刘家峡水库按刘家峡至头道拐河段需水要求的最小流量 300m³/s 左右控制下泄。

8.2.3　不同场景下防洪防凌减灾优化布局

8.2.3.1　防洪防凌减灾优化布局需求

（1）防洪减淤的需求

由于水沙关系不协调，目前宁蒙河段特别是内蒙古河道淤积严重，已形成了继黄河下游之后的又一处"地上悬河"。今后若水沙条件不能改善，河道淤积抬高的局面不能得到遏制，宁蒙河段"地上悬河"的态势将持续严重。

现状工程体系下，上游以龙羊峡、刘家峡水库为主的水量调控体系，在对流域水资源调配的同时，也因为汛期大量蓄水、减少大流量过程而带来下游冲积性河道尤其是宁蒙河段主槽严重淤积萎缩，严重威胁宁蒙河段防凌安全。

（2）防洪防凌的需求

现状水工程防凌调度存在的问题，一是缺少控制性骨干工程，难以改善目前严峻的防凌形势。现状工程条件和现状运用方式下，无法通过水库调节恢复和维持宁蒙河段较大的中水河槽规模，中水河槽过流能力小，对防凌（洪）极为不利。龙羊峡、刘家峡水库由于距离内蒙古河段远，无法有效控制区间来水以及宁蒙灌区冬季引水退水，防凌调度不够及时、灵活，不能有效控制槽蓄水增量，难以有效处置突发凌情，且水库防凌调度与发电、供水矛盾突出，水库防凌调度压力大。海勃湾水库初期最大防凌库容4.43 亿 m³，应急防凌库容 0.78 亿 m³，由于库容小对龙羊峡、刘家峡水库防凌辅助作用有限，南水北调生效前，为满足宁蒙河段防凌要求，需要宁蒙河段上游水库的防凌库容不小于 38 亿 m³，而目前刘家峡水库调节库容 20 亿 m³，不能满足内蒙古河段防凌库容需求。

二是凌情复杂，应急分洪区防凌被动，作用有限。内蒙古应急分凌工程设计总分凌库容只有 4.59 亿 m³，相对于近期大多数年份超过 14 亿 m³、最大接近 20 亿 m³ 的槽蓄水增量，远不能满足分洪需要。由于各分洪区库容较小，分洪时只对局部河段减小槽蓄水增量有作用，对较远河段作用不明显，而且堤防出险位置不确定，分洪区的作用进一步受到限制。

三是龙羊峡、刘家峡水库防凌调度限制了上游发电、供水等综合效益进一步优化的空间。水库防凌调度对下泄流量的控制限制了黄河上游水资源综合利用效率的进一步提高及沿黄各省（自治区）电网电量结构的更大幅度的优化，也使得上游冬季防凌控泄与梯级电站发电、兰州市供水流量要求之间的矛盾时有发生。以青海省为例，夏季青海省电力富余，冬季为满足宁蒙河段防凌、龙羊峡刘家峡水库控制下泄流量，上游梯级电站出力降低，使得青海省冬季缺电现象比较突出。

8.2.3.2 上游防凌减灾优化布局

按照"上控、中分、下排"的总体思路，进一步完善宁蒙河段的防洪（凌）工程体系。

"上控"以水库调度为常规手段，在满足水库防凌、减淤调度要求的同时，兼顾水库其他综合利用要求，实现水资源的优化配置和合理利用。为解决宁蒙河段的防洪（凌）、减淤问题，调水调沙，塑造协调的水沙关系，逐步恢复和维持中水河槽排洪能力。海勃湾水利枢纽，配合干流水库防凌和调水调沙运用。

"中分"以应急分洪区和涵闸引水工程分水调度为应急辅助手段，在发生冰塞、冰坝等险情和河道内高水位持续历时较长时，适时启用分水工程分蓄河道内水量、降低河道水位、缓解凌汛紧张形势。在内蒙古河段设置应急分凌区，遇重大凌汛险情时，适时启用应急分凌区，分滞冰凌洪水，降低河道水位。

"下排"是防凌减灾工程的最后一道安全保障措施，利用两岸堤防和河道整治工程，确保凌汛期河道水流及流凌顺利下泄，避免河道冰凌堵塞造成壅水漫溢或决堤。需要统筹推进宁夏和内蒙古河段堤防建设、河道整治、滩区治理等。

8.3　黄河下游生态防洪治理方略研究

黄河下游宽河段生态空间需求与滩区生态治理的矛盾突出。构建"洪水分级设防，泥沙分区落淤，三滩分区治理"为主体的生态防洪廊道，系统提出下游治理方略与生态空间格局，有利于从根本上解决滩区群众防洪安全问题。

8.3.1　综合治理方略的提出

8.3.1.1　综合治理必要性

习近平总书记在黄河流域生态保护和高质量发展座谈会上指出，黄河洪水风险依然是流域的最大威胁……下游防洪短板突出，洪水预见期短、威胁大；地上悬河形势严峻，下游地上悬河长达800km……下游滩区既是黄河行洪滞洪沉沙的场所，也是190万群众赖以生存的家园，防洪运用和经济发展矛盾长期存在。在谈到"保障黄河长治久安"时，特别提出要完善水沙调控机制，解决九龙治水、分头管理问题，实施河道和滩区综合提升治理工程，减缓黄河下游淤积，确保黄河沿岸安全。

黄河下游河道滩区是黄河行洪滞洪沉沙重要区域，是黄河下游防洪减淤体系的重要组成部分，在处理黄河洪水、泥沙问题上具有重要的战略地位；是广大滩区群众赖以生存的家园，滩区群众生活贫困经济发展落后；同时也是华北平原的生态廊道，对保障国家生态安全具有独特的作用。滩区行洪滞洪沉沙功能与群众生活生产、沿岸高质量发展、生态空间需求之间矛盾日益突出，已成为黄河下游治理的瓶颈。目前由于滩区安全建设进展滞后，近百万滩区群众安全和财产无保障，经济发展水平低，滩区已成为下游沿黄的贫困带。

二级悬河治理与滩区综合治理相辅相成、相互影响，新时代以习近平生态文明思想和新时期治水思路为指导，认真贯彻落实习近平总书记在黄河流域生态保护和高质量发展座谈会上的重要讲话精神，在充分保障黄河行洪安全的前提下，统筹考虑滩区生产生活、地方经济发展及生态建设等因素，开展二级悬河和下游滩区综合治理提升对策研究是非常必要的。

8.3.1.2　治理方略思路

解决二级悬河和下游滩区问题需要综合考虑，系统治理，分步实施。按照"宽河固堤、稳定主槽、因滩施策、综合治理"的思路，破解防洪保安和滩区高质量发展之间的矛盾。

坚持宽河固堤、稳定主槽。坚持现有宽河格局,完善并利用两岸标准化堤防约束大洪水或特大洪水,确保堤防不决口,防止决口泛滥成灾;实施河道整治,不断调整、完善现有控导工程布局,控制游荡多变的河势,继续开展调水调沙,逐步塑造一个相对窄深的稳定主槽,恢复和维持主槽过流能力,确保河床不抬高。

因滩施策、创新滩区治理模式。针对滩区不同特点开展因滩施策,形成下游滩区生活、生产、生态等不同功能区,保障黄河下游和滩区防洪安全的同时打造黄河下游生态廊道,助力滩区高质量发展。在河南段封丘倒灌区和温孟滩等滩区,实施封丘倒灌区贯孟堤扩建和温孟滩移民防护堤加固,提高防洪安全保障程度,确保封丘倒灌区43万和温孟滩5万人民群众的生命财产安全;对已批复迁建规划的陶城铺以下窄河段滩区及其他滩区,继续实施滩区居民外迁等措施,同时结合土地整治开展二级悬河治理,解决滩区防洪问题。在陶城铺以上宽河段滩区创新采用河道和滩区综合提升治理工程解决滩区人水矛盾与防洪工程体系短板问题。

综合治理、破解滩区滞洪运用和经济发展的矛盾。通过实施滩区居民迁建、二级悬河治理、倒灌区贯孟堤扩建和温孟滩移民防护堤加固等滩区综合治理措施,实现堤防安全牢固、河槽相对稳定、滩区生态优美、群众安居乐业,实现滩区及两岸高质量发展。

8.3.1.3　三滩分区治理格局构建

根据黄河下游河道"宽河固堤、稳定主槽、因滩施策、综合治理"的治理方略思路,按照"洪水分级设防,泥沙分区落淤,滩槽水沙自由交换"的理念,通过改造黄河下游滩区,配合生态治理措施,形成不同功能区域,实现黄河下游和滩区防洪安全,支撑下游两岸经济快速发展,打造黄河下游生态廊道,连接沿黄城市群,构建黄河下游生态经济带。

根据黄河下游水沙特性、河道地形条件、人口分布、区位条件等,进行河道整治,稳定主槽,结合二级悬河治理及低洼地整治,利用疏浚主槽泥沙对滩区进行再造,自两岸大堤向河槽依次改造为"高滩""二滩""嫩滩"。"高滩"生态开发的核心是人水共荣,构筑千里黄河滩上的生态家园;"二滩"构建更加完善的复合生态系统,形成高效农田生态系统、低碳牧草生态系统、绿色果园生态系统的有机集成;"嫩滩"构建湿地生态系统,与河槽一起承担行洪输沙功能。

黄河下游各河段及滩区各功能组成部分开展生态治理后,结合各滩区特点,形成了"高滩+现状二滩+嫩滩""现状二滩+嫩滩""二滩+嫩滩""高滩+二滩+嫩滩""高滩+嫩滩"5种生态治理格局(表8-2)。

表 8-2 黄河下游滩区生态治理格局

治理模式	滩区生态发展格局	涉及滩区	生态发展模式
高滩+现状二滩+嫩滩	生态旅游小镇（或新型社区或特色小镇）+休闲观光农业（或生态公园）+湿地公园	原阳滩、中牟滩、开封滩	城市生态观光模式
现状二滩+嫩滩	现代规模化农牧业基地+湿地修复保护	封丘滩	乡村生态修复模式
	休闲观光农业（或生态公园）+湿地公园	惠济滩	城市生态观光模式
二滩+嫩滩	现代规模化农牧业基地+湿地修复保护	东坝头滩、渠村东滩、兰考滩、辛庄滩、打渔陈滩、菜园集滩、牡丹滩、董口滩、鄄城西滩、鄄城东滩、梁山赵堌堆滩	乡村生态修复模式
高滩+二滩+嫩滩	历史文化特色小镇（农业特色小镇）+休闲观光农业（生态公园）+湿地公园	长垣滩、清河滩	城市生态观光模式
	农业特色小镇（或新型社区）+现代规模化农业基地+湿地修复保护	习城滩、陆集滩、东明滩、葛庄滩、左营滩、银山滩	乡村生态修复模式
高滩+嫩滩	新型社区+湿地修复保护	平阴滩、高青滩、利津滩	乡村生态修复模式
	新型社区+湿地公园	长清滩、滨州滩	城市生态观光模式

8.3.2 技术研究

8.3.2.1 宽滩河流形态重构与生态空间构建技术

针对黄河下游宽河段二级悬河和滩区治理存在的问题，在系统分析总结以往研究成果和有关专家对黄河下游河道滩区治理有关建议的基础上，考虑全面建成小康社会、黄河流域生态保护和高质量发展战略、生态文明建设战略以及乡村振兴战略等多项国家战略对黄河下游治理的新要求，结合现状黄河下游防洪工程体系建设情况及各河段河道滩区特性、人口分布情况，同时考虑到中小流量漫滩洪水挟带的泥沙沉淀在滩区的数量有限，但仍会出现大面积漫滩，严重威胁滩区群众的生产安全以及低滩区群众的生活安全，从而产生较大的经济损失，不仅地方政府及国家难以承受，其社会影响也是十分巨大的，在满足下游河道防洪治理的前提下，为给滩区群众生产生活提供更好安全保障，从着眼于流域经济社会可持续发展，促进流域人水和谐发展战略高度，提出本次研究的宽滩河流形态重构与生态空间构建技术。

在国务院批复的《黄河流域综合规划（2012—2030年）》滩区治理方案基础上，结合黄河下游河道地形条件及水沙特性，充分考虑地方区域经济发展要求，优化提出三滩分区治理方案。对滩区进行功能区划分，分为居民安置区（特色小镇）、高效农业区（田园综合体）以及资源利用区（湿地）等；采用生态疏浚、泥沙淤筑的方式塑造滩区，形成高滩、二滩及嫩滩的空间格局，作为生活、生产、生态的基底。

高滩，从河道及滩区抽取泥沙沿大堤临河侧淤高形成居住区，建设生态特色小镇，达到20年一遇以上的防洪标准。作为移民安置区，应引导当前滩区居民就近积聚迁建，以乡村振兴战略为指引，建设特色生态小镇和美丽乡村，解决全部滩区群众防洪安全问题。

二滩，为高滩至控导工程之间的区域。按照"宜水则水、宜泽则泽、宜田则田"的原则，结合二级悬河治理淤筑二滩，构建河湖水系、沼泽湿地、低碳牧草、高效农田、绿色果园等复合生态系统，对搬迁后的村庄进行土地复耕及高标准农田整治，调整滩区农业生产结构，引导洪水风险适应性高的产业入驻，发展高效生态农业、旅游观光产业，建设生态化、规模化、品牌化、可持续的生产基地，助推滩区居民脱贫致富。

嫩滩，为控导工程以内区域，在优先保护现有湿地自然保护区的同时，开展滨水缓冲带保护与湿地修复，结合生态疏浚等手段，打破生态孤岛，形成连续的生态廊道，修复提升下游湿地生态系统。

通过调整河道断面，塑造三滩，分区治理，使洪水分级设防，泥沙分区落淤，进而协调好生活、生产、生态之间的关系，协调好滩区内外的均衡发展。考虑空间均衡发展，对河道内空间进行优化配置，将现状"病态"的反向河道形态调整为生态的正向河道形态，连通现状村镇、土地等各缀块成廊成网，按照不同防御洪水标准和设计泥沙淤积分区，塑造高滩、二滩、嫩滩等不同生态分区，科学布局调整处理洪水、泥沙、人和生态的关系，打造高效行洪输沙廊道的同时再塑生态乡村廊道、生态产业廊道，形成多功能融合的宽滩河流生态廊道。

三滩分区治理方案的运用方式为，洪水分级设防、泥沙分区落淤，流量小于主槽过流量时，洪水在嫩滩行洪，建设高效输沙通道，束水攻沙。流量大于主槽过流量时全滩区自然行滞洪运用。滩区安全建设措施为，根据滩区地形条件和人口安置需求，沿大堤临河侧高滩建设小镇，安置滩区居民；二级悬河治理措施为，考虑泥沙资源空间配置，积极主动治理二级悬河，采用人工机械放淤等措施，挖主河槽及嫩滩淤积泥沙至二滩和高滩，减少主槽淤积的同时治理二级悬河。

8.3.2.2 控导工程连接技术

控导工程连接作用有利于改善河道整治工程管理、抢险条件，提高河势变化的控制能力和工程管护的快速应变能力;为滩区群众生产生活创造便利交通条件。

控导工程连接基于河道治导线及现状河势布置,与上、下游工程平顺连接,尽量利用现有生产堤、道路。控导工程连接将沿河控导工程依次首尾串联形成带状有机整体,构筑一条连续的滩区防洪、抢险、物流通道。京广铁路桥以上河段,右岸自铁谢控导末端开始,依次连接花园口、赵沟、裴峪、神堤控导,末端与伊洛河口沿黄公路相连;伊洛河口至京广铁路桥河段,主流靠右岸邙山岭,不再布置防护堤。左岸自温孟滩移民围堤末端依次连接张王庄控导、驾部控导,通过驾部控导防汛路上抵黄河大堤。陶城铺以下河段堤距较窄,为方便工程管理滩区生产生活,参照宽河段开展控导工程连接。

8.3.3 黄河下游宽河段生态治理工程技术体系

8.3.3.1 生态治理综合提升治理工程体系

依据黄河下游河道滩区治理思路,通过实施三滩分区治理、居民迁建、二级悬河治理、控导工程连接、倒灌区贯孟堤扩建、温孟滩移民防护堤加固等综合治理措施,实现堤防安全牢固、主槽相对稳定、滩区生态优美、群众安居乐业,实现滩区及两岸高质量发展。

(1) 封丘倒灌区贯孟堤扩建工程

目前,封丘倒灌区仍参照黄河滩区进行管理,由于封丘倒灌区西南高、东北低地势特点,受淹概率相对较小,洪水淹没形式以倒灌为主,加之规划编制时期封丘倒灌区发展落后,以经济农业为主,社会固定资产有限,故当发生较大洪水时,相关前期规划均采用临时撤离的措施,没有规划安排其他安全建设措施。目前,国家安排的避水工程全部集中在贯孟堤河段以外的其他黄河滩区,虽然国务院批复的《黄河流域防洪规划》和《黄河流域综合规划(2012—2030年)》对封丘倒灌区的安全建设(修建临时撤退道路)作出了安排,但是受国家投资规模限制以及地方投资迟缓,上述项目尚未实施。

贯孟堤工程背河侧的黄河滩区共涉及封丘、长垣两县市13个乡镇,284个自然村,43.14万人,耕地54.54万亩。区内固定资产总值达176.62亿元,各乡镇GDP达129.52亿元。改革开放以来,封丘倒灌区内部分滩区经济社会有了长足发展,乡镇经济发展态势良好,城镇化进程加速,现代产业聚集,特色农业与装备制造业已辐射周边地区,以恼里镇为例,全镇2016年GDP接近30亿元,拥有"第三批全国发展改革试点镇""全国重点镇""全国文明镇""河南省百强乡镇""河南省科技示范镇"等称号。倒灌区内出现了多家年产值超亿元的公司,以起重机械制造为主,呈现多元化发展的趋势。倒灌区内企业厂房林立,辎重设备、电气设备众多,洪水来临时需要拆卸设备,甚至使用特殊车辆才能撤退，速度慢，难度大，一旦发生洪水倒灌，除人员可临时撤离，倒灌区内村镇、农田、道路、企业厂矿、医院学校等固定资产及自然资源将遭受特大经济损失，并且可能威胁省道 S311 线、S227 线、S213 线和大广高速公路的运行安全，倒灌区多年发展成果将付之东流。

封丘倒灌区是黄河下游滩区的一部分，倒灌区与下游滩区的防洪安全紧密相连。从治河角度看，滩区安全问题得不到解决，黄河下游防洪治理、防洪调度就会始终受到羁绊，大洪水不能在滩区畅行，滩内、滩外双线作战的局面将长期存在，黄河的长治久安无从谈起。从地方经济发展的角度看，滩区的安全问题得不到解决，滩区群众的经济发展水平与相邻保护区群众的差距将越来越大。

因此，解决滩区群众防洪安全，促进滩区群众脱贫致富，改善人民生活环境，推动区域全面综合发展，实现治河和惠民有机结合，其根本出路在于根据滩区的实际情况，制订出防洪保安全的措施，或尽快完善防洪工程建设，或加快实施滩区安全建设。统筹考虑河段防洪与滩区安全建设、经济发展的关系，尽快完善封丘倒灌区安全建设规划方案，加快实施贯孟堤扩建工程是保障倒灌区防洪安全与加快倒灌区经济发展的必由之路。

完善封丘倒灌区防洪保安方式，实施贯孟堤扩建 23.87km，提高倒灌区防洪保障程度，确保倒灌区内 43 万群众防洪安全。

（2）温孟滩防护堤加固工程

黄河小浪底水利枢纽温孟滩移民安置区，在小浪底水库坝址下游约 20km 处，上起洛阳市孟津区的白坡，下至伊洛河口对岸的大玉兰工程，东西长约 48km，南北宽 3~4km，面积约 53km²，目前安置区内人口约 4.75 万。该河段无二级悬河问题，现状大多数滩区居民位于移民防护堤或新蟒河堤内。加固移民防护堤，满足滩区居民防护要求。

目前黄河小浪底水利枢纽温孟滩移民安置区内人口约 4.75 万。完善移民防护堤工程加固，确保防护堤内 5 万群众防洪安全。

（3）三滩分区治理

按照"洪水分级设防、泥沙分区落淤、三滩分区治理"的思路，根据滩区行洪输沙、滞洪沉沙、生产生活、生态保护等功能需求，利用泥沙放淤、挖河疏浚等手段，由黄河大堤向主槽的滩地依次分区改造"高滩""二滩""嫩滩"，实现河道防洪与生态同治，生活、生产和生态分离，达到人水和谐。

选择地方政府推动意愿强烈的滩区，如新乡市平原示范区、长垣、开封等河段和滩区开展试点工程，总结经验，推广应用。

（4）控导工程连接

黄河下游控导工程连接长度 527km，其中左岸 269km，右岸 258km。陶城铺以上河段连接长度 367km，陶城铺以下河段连接长度 161km。

8.3.3.2　加强水库群防洪减淤等综合调度研究

加强与现有三门峡、小浪底、陆浑、故县、河口村 5 座水库的联合调度研究，制定科学合理的水库群联合调度方案，形成防洪与兴利的整体合力，发挥"一加一大于二的效果"。

通过调度方案运用现状分析，根据黄河中下游的设计径流洪水泥沙条件，结合调控指标体系分析，提出古贤、三门峡、小浪底，陆浑、故县、河口村、东庄水库防洪减淤、灌溉、供水、生态、防凌等综合利用联合调控模式，构建古贤、三门峡、小浪底，陆浑、故县、河口村、东庄水库联合调度数学模型，统筹考虑水库与河道的防洪减淤、灌溉、供水、生态等需求，拟定不同的水库群联合调度方案，采用多目标综合评价技术，综合评价各方案在防洪、减淤、供水、灌溉、发电等综合效益，提出推荐的古贤、三门峡、小浪底，陆浑、故县、河口村、东庄联合调度方案。

8.3.3.3　加强滩区监管

黄河下游河道管理实行按流域统一管理和按行政区域分级管理相结合的管理体制。流域机构及其所属各级河务局、县级以上地方人民政府水行政主管部门按照规定的权限和授权负责所辖黄河河段的河道管理与监督工作。县级以上地方人民政府负责河湖管理保护具体工作；流域机构监督、指导、协调河南和山东两省（自治区）开展河湖管理保护工作；两省（自治区）生态环境、自然资源、住房和城乡建设、发展改革、农业农村、财政等主管部门依据职责做好河湖管理保护工作；流域机构、地方人民政府及水行政主管部门要加强河道管理中的沟通协作，建立权责明确、职责清晰、监督有效、保障有力的水行政管理体制。

统筹做好滩区防洪安全和土地利用，依法合理利用滩区土地资源，滩区土地开发利用要与滩区治理相结合，以保障防洪安全为前提，满足防洪要求和河道管理要求，并统筹考虑项目自身防洪安全。实施滩区国土空间差别化用途管制，结合黄河干流岸线规划，将滩区分为保护区、保留区和控制利用区，实行分区管理。严格限制自发修建生产堤等无序活动，依法打击非法采土、盗挖河沙、私搭乱建等行为。对与永久基本农田、重大基础设施和重要生态空间等相冲突的用地空间进行适度调整。

鼓励滩区结合土地流转开展集约利用、结合水资源节约集约利用要求优化农业种植结构、改造现状灌溉渠系，推动基础设施建设，促进滩区社会经济可持续发展。滩区土地开发利用要严格履行相关行政审批手续，严禁违规建设，必须服从河道主管部门以及涉河机关的监管。

在不影响河道防洪的前提下，鼓励滩区开展特色农业、文旅活动，必须做好环境保护工作，采用有效措施减免对黄河河道和水环境产生影响。

要把保护和改善滩区生态环境摆在重要位置，严禁高污染、高耗水的项目建设，以严格的管理措施促进滩区资源节约集约利用，促进滩区生态环境改善和绿色发展。

滩区土地开发利用应办理洪水影响评价等审批手续；对黄河行洪、河势稳定、防汛抢险、工程管理以及河防工程和其他水利工程与设施等方面造成影响的，应按项目洪水影响评价提出的补救措施开展补救工作，补救措施应与滩区土地开发利用同步实施。

| 9 | 基于海-河-陆统筹的黄河流域 水环境提升战略

本课题主要针对黄河流域水污染严重问题，按照海河陆统筹倒逼思路，提出黄河流域水环境提升战略。

9.1 黄河流域水环境现状及其变化特征

9.1.1 流域水质总体现状及变化特征

9.1.1.1 流域断面水质现状及变化特征

近年来，黄河流域水质呈好转趋势，但水质问题仍较为突出。2012~2019年，黄河流域水质状况整体呈现好转趋势，流域地表水Ⅰ、Ⅱ类水质比例呈上升趋势，Ⅴ类及劣Ⅴ类水质比例虽呈减少趋势，但劣Ⅴ类水质比例仍较大，其比例均在8.8%以上（表9-1）。

表9-1 黄河流域不同类型水质变化情况

年份	断面数/个	比例/%					
		Ⅰ类	Ⅱ类	Ⅲ类	Ⅳ类	Ⅴ类	劣Ⅴ类
2012	61	60.7	0	0	21.3	0	18.0
2013	61	1.6	33.9	24.2	19.3	8.1	12.9
2014	62	1.6	33.9	24.2	19.3	8.1	12.9
2015	62	1.6	30.6	29.0	21.0	4.8	12.9
2016	137	2.2	32.1	24.8	20.4	6.6	13.9
2017	137	1.5	29.2	27.0	16.1	10.2	16.1
2018	137	2.9	45.3	18.2	17.5	3.6	12.4
2019	137	3.6	51.8	17.5	12.4	5.8	8.8

注：2012年所示Ⅰ类水质比例为Ⅰ、Ⅱ、Ⅲ类水质比例之和；所示Ⅳ类水质比例为Ⅳ、Ⅴ类水质比例之和。

黄河流域干流水质总体较好。2012～2019 年《中国生态环境状况公报》统计结果显示（表9-2），黄河流域干流所监测的断面水质均优于Ⅴ类水质，其中Ⅰ类水质比例呈现较为稳定的上升态势，但上升幅度较小；Ⅱ类水质比例呈现波动式的上升态势。总体来看，黄河流域干流水质相对较为理想。

表9-2 黄河流域干流不同类型水质变化情况

年份	断面数（个）	比例（%）					
		Ⅰ类	Ⅱ类	Ⅲ类	Ⅳ类	Ⅴ类	劣Ⅴ类
2012	26	96.2	0	0	3.8	0	0
2013	26	92.3	0	0	7.7	0	0
2014	26	3.8	53.8	34.7	7.7	0	0
2015	26	3.8	46.2	38.5	11.5	0	0
2016	31	6.5	64.5	22.6	6.5	0	0
2017	31	6.5	58.1	32.3	3.2	0	0
2018	31	6.5	80.6	12.9	0	0	0
2019	31	6.5	77.4	16.1	0	0	0

注：2012 年、2013 年所示Ⅰ类水质比例为Ⅰ、Ⅱ、Ⅲ类水质比例之和。

黄河流域支流水体污染问题较为突出。2012～2019 年《中国生态环境状况公报》统计结果显示，在黄河支流所监测的断面中，黄河支流水质虽呈好转趋势，但其水质状况仍较为不理想（表9-3）。其中，黄河支流劣Ⅴ类水质比例在 11.3%～31.4%。黄河支流Ⅰ～Ⅲ类水质比例近年来均呈增加趋势，其中Ⅱ类水质比例增加速度最快。

表9-3 黄河流域主要支流不同类型水质变化情况

年份	断面数（个）	比例（%）					
		Ⅰ类	Ⅱ类	Ⅲ类	Ⅳ类	Ⅴ类	劣Ⅴ类
2012	35	34.3	0	0	34.3	0	31.4
2013	35	33.3	0	0	38.9	0	27.8
2014	36	0	19.4	16.7	27.8	13.9	22.2
2015	36	0	19.4	22.2	27.8	8.3	22.2
2016	106	0.9	22.6	25.5	24.5	8.5	17.9
2017	106	0	20.8	25.5	19.8	13.2	20.8
2018	106	1.9	34.9	19.8	22.6	4.7	16.0
2019	106	2.8	44.3	17.9	16.0	7.5	11.3

注：2012 年、2013 年所示Ⅰ类水质比例为Ⅰ、Ⅱ、Ⅲ类水质比例之和。

9.1.1.2 流域河段水质现状及变化特征

黄河流域不同河段水质亦呈好转态势，但仍有一定比例的河段水质问题较为突出。2018 年黄河流域水质评价河长 23 043.1km；Ⅰ~Ⅲ类、Ⅳ~Ⅴ类和劣Ⅴ类水质河长分别为 17 013.9km、3204.7km 和 2824.5km，相应占全流域水质评价河长的 73.8%、13.9% 和 12.3%。

结合近年来黄河流域河段水质评价和不同断面的监测结果发现，黄河流域水质达标情况呈现明显的空间差异性，上游水质状况明显优于中游、下游。黄河流域水质较为突出的区域主要集中在流域中游部分，其上游和下游水质相对较好。

黄河流域劣Ⅴ类水主要分布在汾河及其支流、涑水河、三川河、清涧河等，这表明黄河流域仍然存在突出的生态问题，污染严重水体水质还没有得到充分的改善。

9.1.2 流域水质指标演变特征

9.1.2.1 水质指标演变特征

黄河流域的污染因子主要是氨氮和 COD_{Mn}。不同污染因子变化呈现一定的波动性，但各污染因子的污染程度均有所好转（图 9-1）。从年际变化角度来看，四个水质指标变化如下：pH 波动幅度不大，各代表断面基本呈弱碱性；DO 浓度各代表断面呈上升趋势；COD_{Mn} 和氨氮浓度则基本呈下降趋势。空间变化上，受地区工农业发展及非人为因素影响，断面间水质指标大小及浓度存在较大差异。

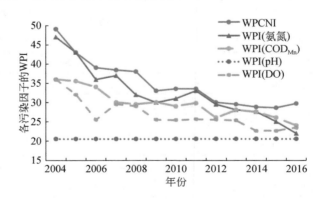

图 9-1 黄河干流水质类别占比、WPCNI 和各污染因子 WPI

9.1.2.2 沿黄各省（自治区）水质指标演变特征

氨氮浓度均呈显著下降趋势，而 COD 仅青海、宁夏、陕西、山西和山东呈显著下降趋势（表9-4 和表9-5）。

表9-4 沿黄各省（自治区）COD 变化特征 （单位：mg/L）

年份	青海	甘肃	宁夏	内蒙古	陕西	山西	河南	山东
2006	12.2	12.9	15.4	16.9	95.6	126.7	13.8	18.2
2007	17	12.7	12.2	15.9	40.1	92.7	14.5	20.9
2008	19.5	12.8	12.7	15.5	36.2	78.8	14.4	19.3
2009	14.6	13.2	10.5	14.5	34.5	70.8	12	17.1
2010	14.8	13.5	15.1	14.4	32.5	60.1	11.9	17.4
2011	14.1	14.8	13.2	15.1	34.5	52.5	12.6	15.7
2012	12.8	15.5	10.2	25.4	18.5	36.1	14.7	15.5
2013	12.2	13.8	10.3	22.8	19.9	33.3	14.5	14.3
2014	11.5	14.2	9.9	22.2	18.9	36	13.3	15
2015	11.1	14.4	9.2	24.3	16.3	31	13	14.7

表9-5 沿黄各省（自治区）氨氮变化特征 （单位：mg/L）

年份	青海	甘肃	宁夏	内蒙古	陕西	山西	河南	山东
2006	1.56	0.46	0.82	0.69	6.5	18.29	0.54	0.57
2007	1.87	0.54	0.7	0.82	6	19.24	0.62	0.55
2008	1.43	0.4	0.69	0.89	4.04	20.3	0.55	0.49
2009	1.46	0.51	0.62	0.97	3.92	18.14	0.38	0.46
2010	1.23	0.46	0.49	0.66	3.44	16.56	0.4	0.42
2011	0.9	0.4	0.44	0.62	3.14	15.65	0.42	0.37
2012	0.63	0.65	0.4	0.62	1.19	8.15	0.48	0.3
2013	0.68	0.9	0.38	0.63	1.18	7.17	0.51	0.32
2014	0.6	0.62	0.39	0.55	1.08	6.06	0.39	0.34
2015	0.69	0.48	0.3	1.37	0.93	5.57	0.28	0.21

COD 和氨氮浓度和各自的单位水资源纳污量变化趋势基本一致，即均呈显著下降趋势（图9-2）。随着水污染防治和减排力度的加大，污染物排放量逐年减少，是水质好转的重要原因（嵇晓燕等，2016）。

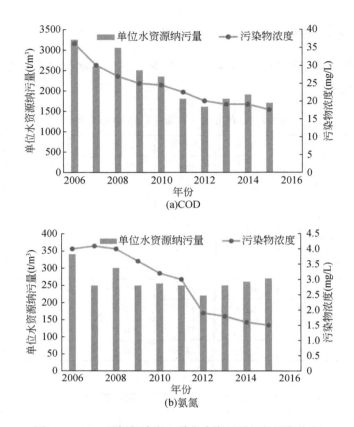

图 9-2　COD 及氨氮浓度和单位水资源纳污量逐年变化

9.1.3　黄河口及邻近海域水环境现状及变化特征

黄河口附近海域富营养化程度比较严重，无机氮成为黄河口附近海域富营养化的主要因子，而磷酸盐已是该海域浮游植物成长的限制因子（宋兵魁等，2019）。以莱州湾为例，莱州湾表层营养盐分布显示，在湾西部和西南部浓度较高，主要受黄河和小清河入海径流的影响（图 9-3）。营养盐浓度在丰水期上升较明显，表明其主要受到陆源输入的影响，并且入海河流富营养化在加重。

黄河口附近海域富营养化问题较为突出，而有机污染问题相对缓和。56 个站位的调查结果显示（胡琴等，2016），黄河口附近海域的水体富营养化指数为 0.11~1.6，均值为 0.56。黄河口附近海域有 6 个测站的富营养化指数大于 1，超标率为 10.7%。海域富营养化指数在 0.6~1 的共有 14 个站位，占 25%，表明调查海域有 1/4 的范围已经开始处于轻度富营养化状态。

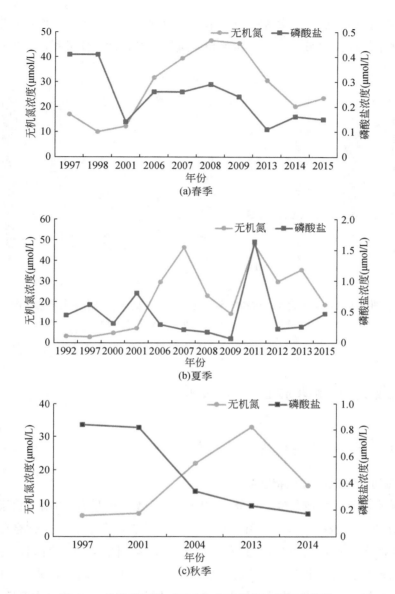

图 9-3 莱州湾历年不同季节表层营养盐的调查结果

9.2 黄河流域水环境保护影响要素及问题

黄河流域水污染物排放总量呈下降趋势，但下降幅度总体小于其他流域。根据《2019 中国生态环境状况公报》，黄河流域为轻度污染，主要污染指标为氨氮、化学需氧量和总磷；黄河流域劣 V 类水质比例为 8.8%，高出全国 5.4 个百分点，在长江、黄河、珠江、松花江、淮河、海河、辽河七大流域中处第一位（图9-4）。汾河、渭河、涑水河等支流入河污染物严重超载，2006～2019年汾河持续重度污染，治理任务艰巨。

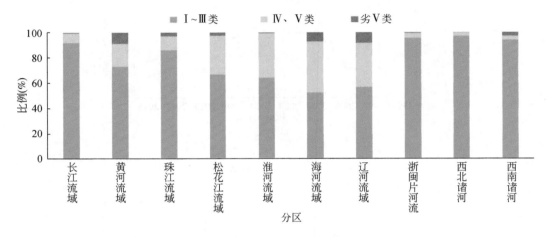

图9-4　2019年七大流域和浙闽片河流、西北诸河、西南诸河水质状况

资料来源：《2019中国生态环境状况公报》

9.2.1　流域污染物排放趋势与问题

9.2.1.1　流域污染物排放变化趋势与问题

（1）流域污染排放区域性特征突出

黄河流域水污染物排放与经济格局的空间分布一致，从上游、中游到下游地区呈现明显的阶梯形分布。流域产业经济、社会生活等活动重心均在中下游，上游农牧业比例大，中下游工业比例高，上中下游产业发展呈现层次性差异（图9-5）。陕西省、山西省、河南省、山东省四省的工业废水量、化学需氧量、氨氮、总氮、总磷、石油类、挥发酚、氰化物、五日化学需氧量、动植物油排放量占全流域排放量的65%～90%（白璐等，2020）。

（2）流域污染排放结构性特征突出

农业和生活是黄河水污染物的重要来源（白璐等，2020）。从排放结构来看，化学需氧量、总磷入环境量主要来自农业源（占比分别为62.93%、73.48%），氨氮入环境量主要来自生活源（占比为65.54%），总氮入环境量的农业源和生活源贡献基本一致，均占47%左右；四项污染物排放结构中工业源占比为2%～7%，集中式占比在1%左右（图9-5、图9-6和表9-6）。

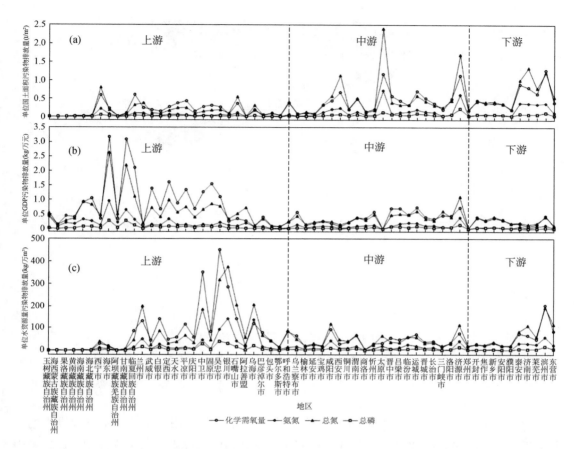

图 9-5　黄河流域上中下游地区主要水污染物排放强度（白璐等，2020）

化学需氧量的值为图中值的 10 倍

表 9-6　黄河中上游流域废水及主要污染物排放情况

年份	废水（亿 t）				化学需氧量（万 t）					氨氮（万 t）				
	工业源	生活源	集中式	总计	工业源	农业源	生活源	集中式	总计	工业源	农业源	生活源	集中式	总计
2011	13.35	24.12	0.01	37.48	38.65	82.92	63.15	1.00	185.72	3.34	3.70	10.67	0.12	17.83
2012	13.24	26.61	0.01	39.86	36.67	74.00	61.74	1.01	173.42	3.54	3.58	10.21	0.12	17.45
2013	12.70	28.08	0.02	40.80	35.09	71.96	60.11	0.87	168.03	3.35	3.41	10.04	0.09	16.89
2014	13.44	30.15	0.01	43.60	34.24	70.71	58.56	0.65	164.16	3.20	3.35	9.80	0.06	16.41
2015	13.02	32.33	0.01	45.36	30.87	69.94	57.3	0.63	158.74	3.05	3.27	9.41	0.06	15.79

　　总体来看，黄河流域水污染物排放强度的空间分布具有明显的区域差异，呈现单位水资源污染物排放强度和单位 GDP 污染物排放强度西高东低，单位国土面积污染物排放强

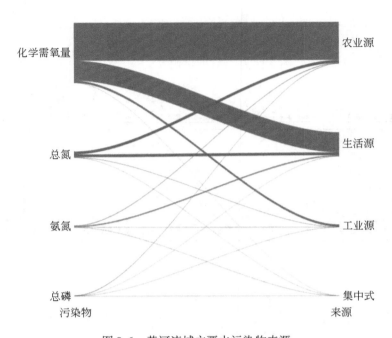

图 9-6 黄河流域主要水污染物来源

污染物排放数据（水污染物入环境量等）和部分活动水平

（如畜禽养殖量、工业新鲜水耗等）来自第二次全国污染源普查结果

度西低东高的格局。上游人群和生产生活活动分散，水资源利用效率低、水资源投入的非期望产出（水污染物排放量）大，在获取同等经济效益的情况下，污染物排放量远高于中下游地区（盛广耀，2020）。

因此，正如习近平总书记提出的黄河流域污染问题，"表象在黄河，根子在流域"，黄河流域的工业、城镇生活和农业面源三方面污染，加之尾矿库污染是污染来源。

9.2.1.2 点源污染排放变化趋势与问题

（1）污染排放行业结构性、区域性特征突出

黄河流域产业结构偏重，能源基地集中，煤炭采选、煤化工、有色金属冶炼及压延加工等高耗水、高污染企业多，其中煤化工企业占全国总量的80%（表9-7和图9-7）。

表 9-7 2018 年黄河流域主要省份主要产品产量

省 （自治区）	原煤 （万 t）	原油 （万 t）	天然气 （亿 m³）	布 （亿 m）	农用 （万 t）	水泥 （万 t）	生铁 （万 t）	粗钢 （万 t）	钢材 （万 t）
山西	92 633.5	—	52.419 01	0.24	361.26	4415.57	4 761.33	5 386.24	4 903.31
内蒙古	97 560.26	10.665 22	16.071	0	377.51	3 052.33	1 744.28	2 307.58	2 259.46

续表

省 （自治区）	原煤 （万 t）	原油 （万 t）	天然气 （亿 m³）	布 （亿 m）	农用 （万 t）	水泥 （万 t）	生铁 （万 t）	粗钢 （万 t）	钢材 （万 t）
山东	12 632.15	2 231.442	4.798 7	75.25	387.07	12 619.03	6 456.83	7 177.2	9 427.78
河南	11 445.93	258.842 3	2.898 3	18.86	441.57	11 019.99	2 511.48	2 892.03	3 660.99
四川	3 708.156	8.128 4	369.847 9	16.04	370.54	13 752.78	1 978.55	2 400.7	2 896.74
陕西	62 973.96	3 519.494	444.478 2	9.81	129.38	6 286.61	1 157.61	1 178.69	1 445.15
甘肃	3 601.929	51.761 43	1.030 9	0	29.54	3 883.25	613.99	802.41	833.45
青海	821.274 7	223.300 3	64.050 3	0	478.55	1 354.86	124.45	138.08	146.63
宁夏	7 840.088	—	—	0.83	39.11	1 767.91	210.06	252.46	266.78
全国	36 8324.9	18 910.6	1 602.7	657.3	5 424.4	220 770.7	77 105.4	92 800.9	110 551.7
总量	293 217.2	6 303.634	955.594 3	121.03	2 614.53	58 152.33	19 558.58	22 535.39	25 840.29
占比（%）	79.61	33.33	59.62	18.41	48.20	26.34	25.37	24.28	23.37

资料来源：《中国统计年鉴 2019》。

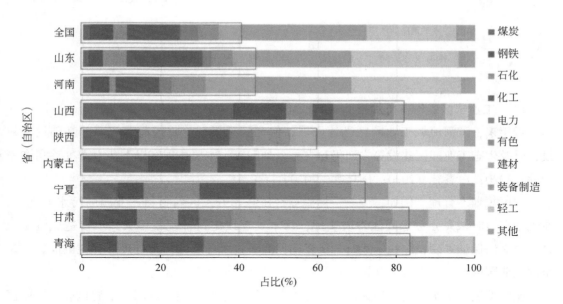

图 9-7　2017 年黄河流域八省（自治区）工业部门结构（金凤君等，2020）

黄河流域水环境风险较高，企业大多沿河分布，主要污染集中在支流。2018 年 11 个劣 V 类断面全部分布在支流，其中 8 个位于汾河流域，2006～2018 年汾河流域持续重度污染。受煤炭供需关系的影响，煤化工企业主要聚集在山西、陕西和内蒙古等煤炭大省，污染集中、风险集中，沿河分布的特征依然存在（图 9-8）。1km 范围内约有 1800 多个风险源，以陕西南部、山西、河南、山东较为集中（金凤君等，2020）。

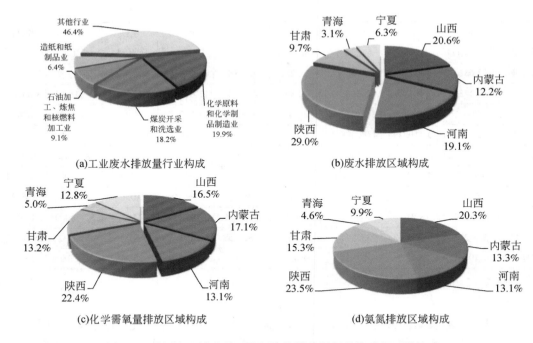

图 9-8 黄河中上游流域工业污染物排放量行业构成与区域构成

（2）工业园区建设有待加强

近年来，黄河流域工业园区迅速发展，但在园区规划、园区运营和园区基础设施建设，以及生态工业园区建设等方面仍存在一系列问题，主要体现在以下几方面（徐勇和王传胜，2020；白春礼，2020；杨丹等，2020）。

园区规划不合理。例如，位于宁夏固原经济技术开发区新材料产业园的污水处理厂，在规划建设时未充分考虑园区发展实际，污水处理设施设计规模偏大，不仅造成资源浪费，也无法保证处理设施稳定运行。宁夏固原经济技术开发区污水处理厂存在的问题，是全国工业园区污水处理设施建设运行过程中难啃"硬骨头"的缩影。

园区发展不平衡，空间集聚度高。受水源、地形条件影响，黄河中上游地区工业园区有沿黄分布的特点，其中一半以上的工业园区集中分布在关中地区。园区发展不平衡和空间高度集聚，导致经济发展不平衡的，亦增大了点源污染的治理难度。

工业园区运营不规范、手续不完善、基础配套设施建设不完善。例如，山东省建设了一批化工、石灰窑等与园区产业发展方向不符的项目，仍存在污水处理设施运行不稳定、运行台账不全等问题。

生态工业园区建设的数量与质量均有待提升。截至 2017 年，黄河流域主要省份总共有 18 个国家生态工业示范园区，通过验收并批准命名的国家生态工业园共有 7 个，分别占全国国家生态工业示范园区的 19.4%、14.6%，并且主要集中于山东省（表9-8）。

表9-8 黄河流域主要省份生态工业园区构建及分布情况

省（自治区）	通过验收并批准命名的国家生态工业园（个）	批准开展建设的国家生态工业园（个）	合计（个）
山西	0	1	1
内蒙古	0	2	2
山东	6	5	11
河南	1	0	1
四川	0	2	2
陕西	0	1	1
甘肃	0	0	0
青海	0	0	0
宁夏	0	0	0
合计	7	11	18
全国	48	45	93
占比（%）	14.6	24.4	19.4

（3）循环经济未得到全面落实

现阶段流域循环经济发展成效尚不明显。黄河流域循环经济产业链多以资源型、能源原材料工业为主，高附加值、新兴产业、生态产业链项目少，有些工业园区相互关联性不高、资源和废物利用率低、园区循环经济产业链条短，"循环不经济、循环高耗能"问题突出（左其亭，2020）。此外，黄河流域水资源利用水平较低。黄河流域农业用水占60%以上，农业扩耕"黑地""黑水"问题多见，农业水利用水平比世界先进水平低30%。

（4）工业企业非法排污、超标排污现象严重

黄河流域内偷排、漏排、乱排现象严重，企业私设暗管，直接向水环境中排放工业生产高浓度废水，严重污染流域环境。例如，2020年河南省启动黄河干流生态环境保护专项执法行动，发现近1.4万个疑似点位。2020年7月山西省汾河流域入河口排污口超标率达28.1%。

（5）污水处理配套基础设施建设亟待加强

以宁夏为例，虽然目前宁夏实现了县级以上城市污水处理厂"全覆盖"，但集污管网尚未覆盖所有污染源。由于缺乏技术支撑和专业运维管理人员，未实现稳定达标运行，影响水环境和水质改善。

9.2.1.3 非点源污染排放变化趋势与问题

（1）非点源污染源头总量大、减排难度高

黄河流域农业生产和人口总量的增长导致黄河流域非点源污染排放总量的增加。黄河流域虽然在取耗水方面得到有效的控制，但废水排放量仍居高不下，其中城镇居民生活等废水排放量仍呈增加趋势（表 9-9）。直接给黄河流域非点源污染的源头控制带来了一系列的挑战。

表 9-9　黄河流域总取水量、耗水量及废水排放量情况　　　　（单位：亿 m^3）

年份	总取水量	总耗水	废水排放量			
			总排放量	城镇居民生活	第二产业	第三产业
2012	523.6	419.12	44.74	12.38	28.03	4.33
2013	532.98	426.75	43.75	13.04	26.16	4.55
2014	534.78	431.07	42.94	14.51	24.29	4.14
2015	534.63	432.05	44.01	13.85	25.4	4.76
2016	514.76	412.9	43.37	16.78	21.94	4.65
2017	519.16	417.09	44.93	17.26	22.61	5.06
2018	516.22	415.93	—	—	—	—

A. 黄河农业面源污染严重

近年来引黄灌区化肥农药施用量不断增大，在水动力作用下田间富集的氮磷等营养物质大量淋失，经灌区排水系统直接或间接排入黄河，对黄河干流水质影响较大。以宁夏引黄灌区为例，该灌区入黄排水沟污染严重，氮肥当季利用率仅为 20%～30%，磷肥仅为 15%～20%，10 年平均排入黄河水量为 40.58 亿 m^3，排水沟退水进入黄河 90% 以上为 V 类水质。黄河流域养殖业 COD 污染负荷贡献率逐年增大，对黄河水质污染的影响日益凸显。N、P 面源营养物质是加剧黄河水污染的主要根源之一。

B. 水土流失型非点源污染严重

截至 2018 年底，黄河流域采取各种水土保持措施，累计治理水土流失面积 27.5 万 km^2，水土流失得到了有效治理（殷宝库等，2020）。但流域水土流失未得到根本控制，根据 2018 年全国水土流失动态监测结果可知，黄河流域仍有水土流失面积 26.96 万 km^2，其中黄土高原地区 24.2 万 km^2 水土流失面积未得到有效治理。在冲刷作用下，泥沙与其携带的氮、磷等污染物（营养物）一并进入水体，形成水土流失型非点源污染（陈怡平和张义，2019）。

C. 城镇非点源污染依旧存在

近年来，随着城镇化的发展，降水径流冲刷引起的城市非点源污染逐渐受到关注。目前，黄河流域部分地区城镇生活污水直排入河、生活垃圾随意堆放的问题仍然存在。根据《中国环境统计年鉴 2018》，黄河流域 9 个主要省份 2017 年平均城市污水处理率、污水处理厂集中处理率分别为 92.8%、91.6%，均低于全国平均水平，其中，青海省两项指标均低于全国平均水平 10% 以上。

D. 库区非点源污染

水库兴建改变了原来的河道水文条件，污染物的输送和迁移条件也随之改变，同时在降水径流冲刷作用下，库区周围的非点源污染物随径流进入水库。

E. 畜牧业非点源污染

黄河流域畜禽养殖业规模日益扩大，但污染治理系统却未能匹配，导致大量禽畜粪肥难以得到处理，由此也产生了诸多环境问题。此外，黄河流域还存在畜禽养殖废水处理设施不完善的问题。饲养管理过程中的立体污染有：①滥用抗生素及激素等饲料添加剂造成的严重污染；②滥用重金属饲料添加剂造成的严重污染；③饲料霉变造成的污染。另外，还有畜禽交易和加工过程中的污染及畜离病原微生物对人畜环境造成污染。

（2）雨污合流问题突出

受历史条件制约，黄河流域大部分城市的污水收集管网尚不完善，污水管道破损严重，管网建设和管理混乱，难以实现雨污分流，直接造成城市地表径流非点源污染的加剧，使得流域污染处理成本居高不下，难以满足不断提高的污水排放标准要求。

（3）阻滞缓冲系统生态功能丧失

20 世纪以来，黄河流域人口、社会和经济的快速发展直接导致了流域林地、湿地、沼泽面积的迅速减少，降低了流域植被的覆盖面积。由此，导致流域植被缓冲带生态功能的丧失，各类非点源污染毫无阻拦直接汇入至河流水系中，增加非点源污染的入河总量。

9.2.2 黄河流域水沙变化特征及其对水质的影响

9.2.2.1 黄河流域库坝工程多

20 世纪 60 年代，黄河流域自建成三门峡水库（流域内第一座水利枢纽）后，黄河流域水利水电工程开发速度加快，干流上陆续建设了数十座水库，2018 年黄河流域共统计大、中型水库 219 座，其中大型水库 34 座。大、中型水库年初蓄水量 422.60 亿 m³，年末蓄水量 47.53 亿 m³，年蓄水量增加 24.93 亿 m³，其中大型水库蓄水量增加 26.11 亿 m³，中型水库蓄水量减少 1.18 亿 m³。

在人为的干预下，黄河流域不同分区大型水库蓄水变量变化幅度较大，而中型水库蓄水变量变化幅度较小（冯家豪等，2020）。近年来黄河流域分区大中型水库蓄水变量如图 9-9 所示，其中蓄水变量变化幅度较大的大型水库主要位于龙羊峡水库以上（简称龙库以上）、三门峡至花园口（简称三—花）、花园口以下（简称花以下）和龙羊峡水库至兰州（简称龙库—兰）等分区。近年来，这些区域的大型水库蓄水变量呈波动的变化态势，水库蓄水量的改变亦将显著改变黄河流域的输沙量。

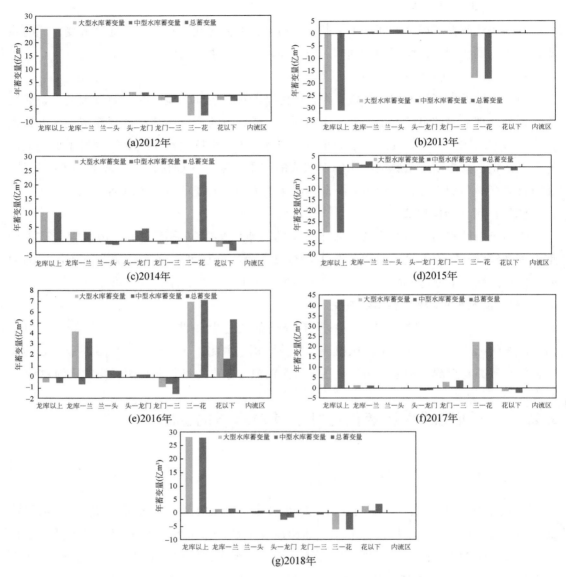

图9-9　近年来黄河流域分区大中型水库蓄水变量

兰—头指兰州至头道拐，头—龙门指头道拐至龙门，龙门—三指龙门至三门峡

9.2.2.2　黄河流域输沙量整体呈减少趋势

（1）黄河流域输沙量整体呈减少趋势，但泥沙仍携带大量污染物

黄河流域各断面输沙量总体呈减少趋势，但近年来输沙量有所增加（表9-10和

图9-10）。黄河流域水土流失是下游河道非点源污染的重要来源。黄土高原严重的水土流失不仅造成当地生态环境脆弱，而且致使黄河下游河道淤积、水质恶化，严重威胁着黄河下游的健康运行。据测定，黄土高原流失的每吨泥土中含有氨氮0.8～1.5kg，全磷1.5kg。以陕北黄土丘陵区为例，每年土壤养分流失量折合化肥高达2250kg/hm²，是当年化肥总投入量的17.9倍之多，且黄河流域施入农田的化肥有30%左右随水土流失和灌溉退水而进入黄河。

表9-10　黄河流域主要断面输沙量变化情况 （单位：亿t）

年份	兰州	头道拐	潼关	花园口	利津
2012	0.372	0.747	2.06	1.38	1.83
2013	0.134	0.604	3.05	1.17	1.73
2014	0.121	0.4	0.691	0.325	0.301
2015	0.094	0.2	0.55	0.129	0.314
2016	0.154	0.163	1.08	0.06	0.106
2017	0.089	0.188	1.3	0.058	0.077
2018	1	1.1	3.8	3.5	3.4

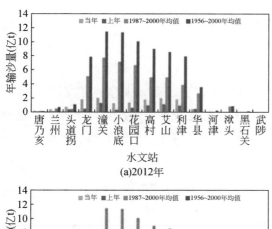

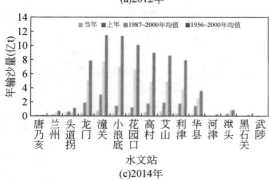

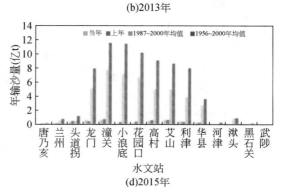

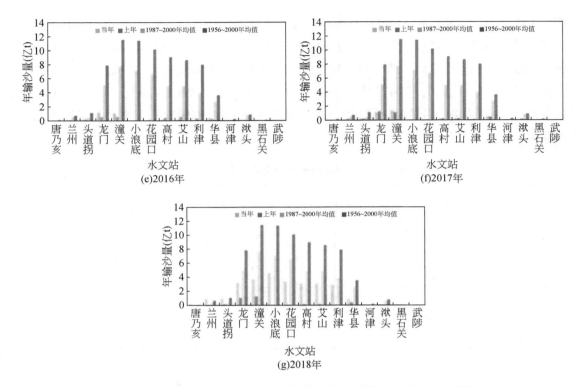

图 9-10　黄河流域干、支流主要控制水文站实测输沙量对比变化情况

（2）径流输沙关系

径流、泥沙均处于减少趋势，且泥沙减少趋势度远大于径流减少趋势度（图 9-11）。人类活动显著影响黄河流域输沙量变化，大量的水利工程建设导致输沙量显著减小，进而导致水沙关系不协调现象仍未明显改变，径流量、输沙量年内分配比例更加不合理。

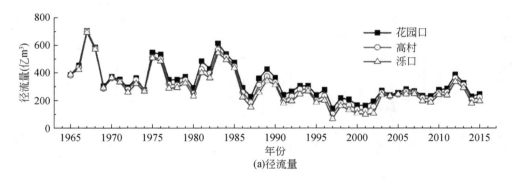

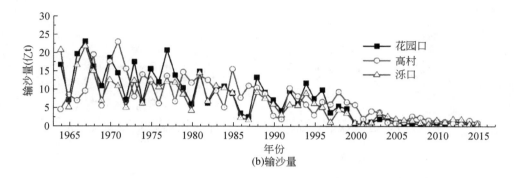

图9-11　黄河下游站点径流量和输沙量年际变化特征

1）水沙关系不协调现象仍未明显改变。总体而言，输沙量减幅大于径流量减幅，同时平均含沙量有所减少，但是来沙系数只减45.5%，年均为0.015kg·s/m⁶，仍高于下游河道汛期冲淤平衡的临界来沙系数0.01kg·s/m⁶，由此表明其径流泥沙减少并没有改变水沙搭配关系不合理的现象。

2）径流量、输沙量年内分配比例更加不合理。2000～2016年，大于2000m³/s的流量出现时间比例进一步减至8.8%，大于2000m³/s流量过程的径流量、输沙量占汛期的比例进一步减为24.6%和31.2%，这就减少了大流量集中输沙的概率。

9.2.2.3　水沙调控会导致部分污染指标浓度增大

水沙调控对黄河水质具有显著的影响。水沙调控前、中、后3个时期各水质因子均值见图9-12。水沙调控对污染指标的影响表现如下：水沙调控前、中、后3个时期，黄河下游水温变化范围分别为25～30℃、25～33℃及29～34℃，呈现分段式变化；水沙调控后电导率明显低于水沙调控前，前、中期电导率变化不大；DO含量总体为水沙调控中<水沙调控后<水沙调控前；TDS含量总体表现为水沙调控后<水沙调控中<水沙调控前，总体变化不大，波动范围在550～700mg/L；pH表现为水沙调控后>水沙调控前>水沙调控中，水沙调控前、中期，黄河下游水体pH变化范围为7.5～8.4；水沙调控前后，各采样点水体浊度均在0～1000NTU范围内小幅波动；水沙调控过程对较近河段的浊度影响较大，而对较远河段浊度的影响较小；叶绿素含量在水沙调控各阶段变化幅度均不大，波动范围为0～10μg/L，变化趋势平稳；硅酸盐含量在水沙调控前后总体变化幅度不大，总体变化规律为水沙调控前<水沙调控中<水沙调控后，表明硅酸盐浓度随水沙调控过程逐渐升高；总氮浓度呈现水沙调控后>水沙调控中>水沙调控前；水沙调控前、中期各采样点总磷浓度变化幅度不大，呈较为平稳的发展趋势。

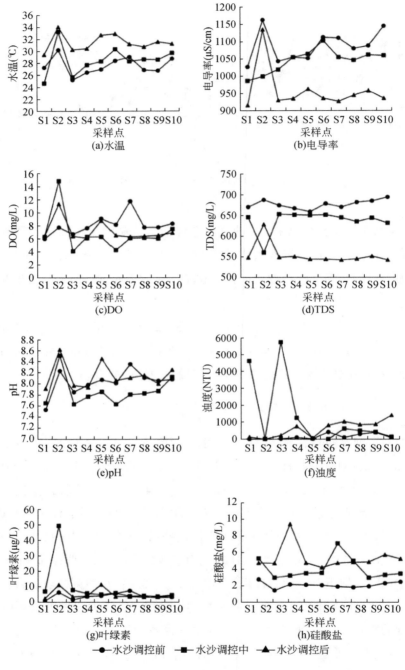

图 9-12　水沙调控前、中、后不同时期各水质因子变化趋势

S1～S10 表示距离水沙调控点的距离由近到远

9.2.3　黄河入海营养盐通量仍处于较高水平

　　黄河流域入海营养盐整体呈下降趋势，但其入海量仍处于较高水平。黄河流域沿岸城镇密集、中小企业多，排污压力大，近几年监测结果表明，其入海污染物总量整体上呈下降趋势，但入海污染物总量居高不下，河口邻近海域海水营养盐含量偏高。2012～2017年，化学需氧量、氨氮、石油类和亚硝酸盐入海总量呈较为显著的下降趋势，而硝酸盐和总磷下降幅度较小，且呈现波动的态势；在这期间，化学需氧量、氨氮、硝酸盐、亚硝酸盐、总磷、石油类多年平均入海量分别为 258 364t、8054t、15 164t、1623t、1756t、2927t（图 9-13）。入海污染物体量最大的为化学需氧量和硝酸盐。

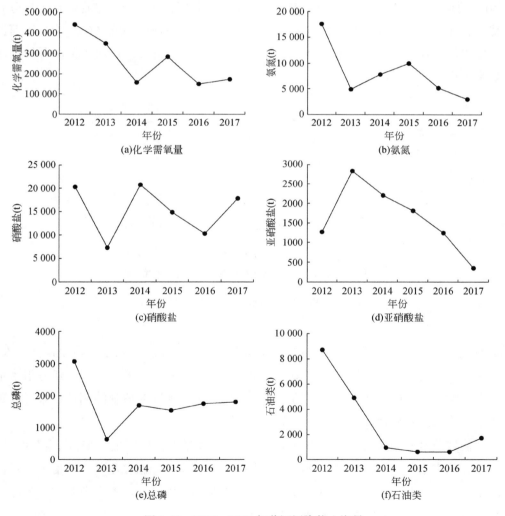

图 9-13　2012～2017 年黄河污染物入海量

9.2.4　资源开发利用变化趋势与问题

9.2.4.1　黄河流域水资源禀赋差且开发强度高

黄河流域水资源禀赋差，用水量或已经达到河流可利用水资源量的极限（王煜等，2018；贾绍凤和梁媛，2020；刘柏君等，2020）。2017年黄河流域水资源总量不足长江的1/10，位于全国十大流域第八位，仅比辽河流域和海河流域略高；人均水资源量不足1000m³，属于水资源相对匮乏区域；受气候变化和人类活动对下垫面的影响，黄河水资源总量明显减少。黄河流域开发强度在全国十大流域中仅低于海河流域排第二位，远超一般流域40%的生态警戒线；水资源的过度开发与不合理利用，与黄河流域径流量年内分布不均的特点叠加，造成部分支流生态流量不足，河流的水生态环境功能受到影响。黄河流域河道外取水量和耗水量近十年来仍呈增加趋势（图9-14），对黄河流域水资源开发利用和保护提出了更高的要求。

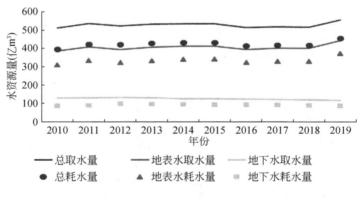

图9-14　黄河流域取水量和耗水量变化趋势

黄河流域1980~2017年河道外各行业用水量和耗水量按从大到小的顺序排列为农业、工业、生活和生态（图9-15和图9-16）。其中，农业用水量占比最大，占到总用水量的70%以上。参考发达国家水资源利用的经验，在黄河流域水资源短缺的刚性约束下，黄河流域用水量或已经达到河流可利用水资源量的极限。

黄河流域节水潜力相对有限（图9-17）。万元工业增加值用水量为23m³，仅为全国的一半左右，节水水平达到国内甚至国际先进水平。据测算，考虑农业可节转潜力，黄河流域实际毛节水潜力为20.37亿m³（上中游为17.43亿m³），净节水潜力为14.23亿m³（上中游为11.80亿m³）。预计到2035年，黄河流域生活、工业总缺水量为77亿~92亿m³，

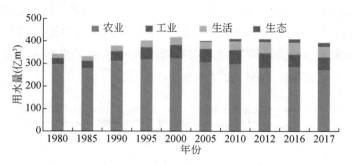

图 9-15　黄河流域河道外各行业用水量年际变化

图 9-16　黄河流域各用水部门耗水量年际变化特征

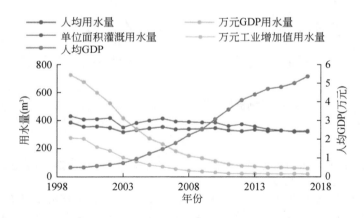

图 9-17　黄河流域水资源利用效率变化

2050 年生活、工业总缺水量为 83 亿~114 亿 m³。总的来看,黄河流域水资源量缺乏问题仍十分突出。

黄河流域社会经济需水超过承载能力上限的状况没有改变。2004~2017 年,黄河流域水生态足迹呈现波动上升态势，但上升幅度相对较小，整体维持较为稳定的状态；而黄河流域水生态承载力却呈波动下降的趋势，其下降趋势相对水生态足迹的上升变化幅度大（图9-18）。总体来看，社会经济发展对水资源开发利用的需求挤占着生态环境需水，导致流域生态环境用水保障压力仍较大（图9-19）。

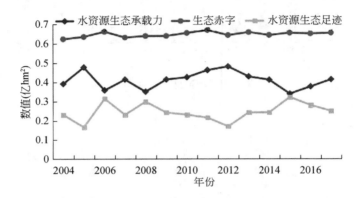

图 9-18 黄河流域水资源生态承载力、生态足迹和生态赤字的年际变化

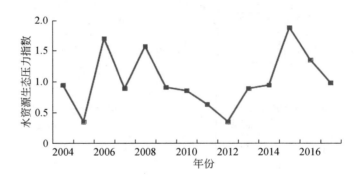

图 9-19 黄河流域水资源生态压力指数年际变化特征

9.2.4.2 流域内矿产资源丰富但以资源开采和初级加工为主

流域内矿产资源利用以资源开采和初级加工为主。2017 年甘肃、青海、宁夏和内蒙古的风能和光伏发电装机总和占到全国总量的 45% 以上。但是由于地区自身消纳能力有限，中上游地区能矿资源开发以资源开采和初级加工为主，产业链短，产品大量调出。2017 年黄河中上游的山西、内蒙古、陕西三省（自治区）煤炭产量为 23.49 亿 t，本地消费只有 10.16 亿 t，占比仅为 43.25%，当年煤炭净调出 10.27 亿 t，占到当年全国煤炭总产量的 29.08%；而在本地消费中，有近 40% 的煤炭被用于发电后再进行输出。当年电力净输出

量为 2520.55 亿 kW·h, 占到全国省际电力流量的 25.08%。因此, 该地区是中国"北煤南运"和"西电东送"的重要源地, 是国家重要的能源储备基地和输出基地。而在能矿资源的深加工方面, 受水资源和技术制约, 发展规模受限。虽然国家规划的四大煤化工产业示范区中有 3 个 (鄂尔多斯、宁东、榆林) 都位于流域之内, 但尚不具备大规模产业化条件, 系统集成和污染控制技术有待提升, 煤炭转化量总体规模受限。

对水环境胁迫较为明显的城市中以煤炭工业城市为主。采矿工业产值增长大于 100 亿元且工业废水排放量增长大于 1000 万 t 的城市主要集中在山西地区, 如大同、长治、晋城、晋中、临汾、吕梁等, 以及陕西、河南、山东、内蒙古等部分矿区城市。不少煤矿区矿井水矿物质含量高, 很多矿井污水并未加以处理就近排放, 未经处理的矿井水中含有大量的悬浮物、化学需氧量、硫化物和五日生化需氧量等污染物, 对矿区周围的水环境造成了污染。

9.3 国际流域——海湾水环境保护经验启示

9.3.1 典型流域——海湾水环境保护经验启示

9.3.1.1 莱茵河流域水环境保护经验

(1) 莱茵河流域存在的主要问题

A. 入河污染物排放量大, 水质污染严重

自 1850 年起, 随着莱茵河沿岸人口增长和工业化加速, 越来越多有机和无机物排入河道, 氮负荷迅速增加。第二次世界大战后, 随着工业复苏和城市重建, 莱茵河水质更加恶化。1973~1975 年监测数据表明, 每年大约 47t 汞、400t 砷、130t 镉、1600t 铅、1500t 铜、1200t 锌、2600t 铬、1200 万 t 氯化物随河水流入下游荷兰境内。

B. 水环境快速恶化, 生物多样性受损严重

河道污染和不适当的人类活动造成生态环境退化。18 世纪与 19 世纪之交, 由于水力发电、航运发展和河道渠化, 同时机械工具过度捕捞, 鱼类大量减少。至 1940 年鲑鱼几乎从全莱茵河流域绝迹 (图 9-20)。水生动物区系种类数量大幅度减少, 种类谱系以耐污种类为主。

(2) 莱茵河流域综合治理的启示

A. 构建流域内府际协同治理机制, 形成共商共建共享的流域治理格局

ICPR 作为莱茵河流域的协同治理组织机构, 打破了原有政治和行政边界, 协调流域

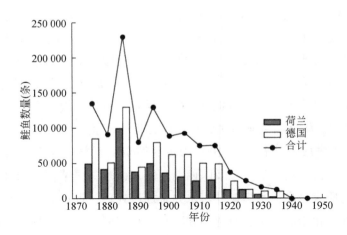

图 9-20   1875～1945 年德国和荷兰的鲑鱼捕捞数量

各国进行协同合作，在莱茵河治理过程中发挥着至关重要的作用。黄河水利委员会作为当前黄河流域的最高一级管理机构，缺乏全流域、全方位、多领域治理的实际权力，缺乏一定的权威支撑，导致了流域治理的碎片化局面，流域内的生态保护和资源开发目标存在冲突，制定的治理政策难以反映流域干支流、上下游、左右岸的整体利益，流域的统一管理措施难以得到有效实施，严重影响了流域治理成效。

B. 高度重视协调与合作，制定流域总体目标和行动计划

1987 年开始执行"莱茵河行动计划"，1993 年和 1995 年流域性大洪水发生后，1998 年"洪水行动计划"被迅速提出。《莱茵河保护公约》明确提出流域治理的具体目标：①实现莱茵河生态系统的可持续发展；②保护莱茵河成为安全饮用水水源；③改善河道淤泥质量，保证在疏浚时不对环境造成危害；④结合生态要求，采取全面的防洪保护措施。

C. 协调流域内各方利益，提升下游区域的话语权

莱茵河国际合作始于 1950 年，污染问题是当时下游国家（荷兰）最为关心的，由此倡导成立了保护莱茵河国际委员会，并保障下游区域的话语权。

9.3.1.2   美国切萨皮克湾水环境保护经验

美国联邦政府与海湾流域内各州政府成立跨区域治理项目，从科学研究到行政实施，采取了机制研究、减排控制、跨区域综合治理等一系列措施，确保切萨皮克湾及其河流不受有毒污染物对生命资源和人类健康的影响。

（1）切萨皮克湾面临的主要水环境问题

A. 水质急剧恶化

由于农民大量使用化肥和城市污水处理标准较低等，切萨皮克湾内大部分水域中所含

营养成分特别是氮和磷的浓度增高，这些过剩的营养物质造成藻类快速生长，导致水质急剧恶化。

B. 水土流失严重影响水质和生境

由于海湾岸线和各支流严重的水土流失，以及长期以来建设的河坝、涵洞等水工工程，泥沙覆盖、生境破坏、水质恶化、生物量锐减等问题日益凸显。据统计，1990 年切萨皮克湾蓝蟹捕获量为 4.65 万 t，到 2000 年蓝蟹捕获量下降为 2.34 万 t（张婷婷等，2017）。

（2）切萨皮克湾经验借鉴

A. 协同治理

切萨皮克湾的保护与修复由隶属于美国国家环境保护局的切萨皮克湾项目负责协调管理，由美国国家环境保护局局长、各州州长和华盛顿哥伦比亚特区区长组成核心的领导机构。切萨皮克湾项目负责协调流域内的众多联邦政府机构（包括美国农业部、美国地质勘探局等）、州级别的政府机构（包括各州农业部门、环境部门、自然资源部门等）、县市政府机构、大学科研机构、非营利组织等，堪称世界范围内跨政府协作治理的典范和先驱。

B. 制定减排指标并强制执行

切萨皮克湾的主要环境问题源于流域内超负荷排放的氮、磷、泥沙等污染物，减排是主要治理措施。2010 年在时任总统奥巴马"保护切萨皮克湾"的总统行政命令的推动下，美国国家环境保护局颁布切萨皮克湾各州最大日负荷总量（TMDL），要求整个切萨皮克湾流域每年减少 84 300t 氮、5670t 磷、293 万 t 泥沙的排放。该 TMDL 同时规定了其流域内各州所需完成的具体减排指标。

C. 强化顶层设计与统筹，建立流域尺度综治体系

切萨皮克湾水环境修复涵盖整个流域点源/非点源污染的治理，富营养化水平的防治、治理沉积物，限制整个流域土地开发利用速度、保护原生土地、恢复和保护流域范围内各种重要的栖息地。这需要多部门、多组织的协调配合、组成强有力的领导、协调和实施机构进行综合治理。

9.3.1.3 墨西哥湾生态环境保护经验

随着美国人口的增长和经济的发展，大量污水、工业废物、农业肥料的污染注入湾内，以及漏油事件的发生，墨西哥湾大片湿地丧失，海水富营养化和缺氧问题严重，生态系统遭到严重破坏。美国政府针对污染源头密西西比河的水质恶化等问题，采取了完善流域管理政策、建立跨州协调机制、开展专项行动计划、实施排污许可证制度、细化监测体系、制定墨西哥湾区域生态系统恢复战略等措施，密西西比河水生态环境质量得到了有效

改善；在一定程度上恢复并保护了墨西哥湾生境、恢复了水质、补充并保护了海洋及沿岸的生物资源。

（1）墨西哥湾重要环境问题

墨西哥湾生态系统面临的主要问题如下（Kennicutt，2017；van der Wiel et al.，2018；Ha et al.，2018；Crawford et al.，2019）。

一是湿地栖息地的失去，包括海岸沼泽、森林湿地、岛屿及形成密西西比河三角洲和切尼尔平原的海岸线。

二是沿海河口栖息地的丧失和退化。海湾沿岸的河口和海岸系统受到各种压力源的影响，包括污染、海岸开发、能源开发、侵蚀、水文变化、淡水流入量变化、结构性沼泽管理和过度捕捞。

三是墨西哥湾缺氧（低氧）。墨西哥北部湾毗邻密西西比河，是美国最大的低氧区，也是全球第二大低氧区。墨西哥湾的"死区"是由过量的营养物质对海湾的输入造成的，其中大部分来自密西西比河流域的上游。密西西比河的主要环境问题包括：①河流水质不断恶化，墨西哥湾富营养化问题严重；②流域湿地不断消失，水生态系统破坏严重；③管理政策难统一，流域规划不协调。

（2）墨西哥湾生态保护的启示

从墨西哥湾环境治理历程可得出如下启示。

一是查明原因，实行标本兼治的全体系化治理。针对密西西比河带入墨西哥湾内过量的氮、磷营养物质造成的富营养化和缺氧问题，实施了从完善管理政策、建立跨州协调机制、开展专项行动计划到氮、磷许可和限制持续监测的密西西比河流域治理。

二是采取技术创新与生境治理相结合的持续性改进治理模式。污水排放控制是美国富营养化的最重要的策略，研发合理、经济而高效的控制技术的不断优化是提高氮磷同步处理能力的关键技术。

三是海洋生态环境治理是一个长期而复杂的过程，需要持之以恒。墨西哥湾北部缺氧区的治理目标在经过15年后并没有实现，但美国HTF却并未因此而改变或放弃原定目标，而是在加大墨西哥湾生态治理力度的基础上，将目标又延期了20年。

9.3.2 主要国家流域–海湾水环境保护政策及启示

9.3.2.1 美国水环境治理政策与启示

（1）实行污染物排放总量控制

有效控制和削减有害化学物质入海通量，充分保护和利用海洋环境容量，已经成为协调海岸带社会经济发展与生态环境保护的关键科学问题。美国通过推行 TMDL 计划，逐步形成了完整系统的总量控制策略和技术方法体系，成为确保水质达标的关键手段。该计划已经被广泛应用于纽约湾、切萨皮克湾、弗吉尼亚湾等的水环境保护，通过结合陆域污染排放与海域生态环境质量，实现海陆一体的海岸带综合管理。

（2）大力发展固体废弃物循环利用产业

美国近年来大力推动废弃物循环利用产业发展，尽管近年来美国经济整体发展低迷，但其循环经济规模不断壮大。根据 2019 年美国固体废弃物处理与技术服务展览会 WasteExpo 展情介绍，美国每年处理大约 5.44 亿 t 固体废弃物，其中剩余 1.46 亿 t（27%）则被循环利用。废弃物循环利用产业的发展大量削减了各种污染物负荷，特别是对水环境的保护起到了非常重要的作用。

（3）强化水环境治理资金保障

水环境保护工作得到美国联邦政府和州、市政府的高度重视，突出表现在每年约有 40% 的环保资金投入到水环境保护领域。其做法主要包括排污费全额用于污水处理厂运行；制定节能、节水型企业税收减免政策；确立环境税征收制度；推进排污许可证交易；设立国家周转基金等。

（4）制定严格的农业面源污染控制计划

美国控制农业面源的主要做法是实行最佳管理措施；此外广泛开展了病虫害防治工作，推行轮作倒茬、耐性作物选育、土壤改良等措施，这在很大程度上削减了农药用量；针对化肥过度使用推行精准化施加技术，同时制定严格的化肥施用法律，迄今已有 48 个州制定了相关地方性法律法规。

（5）加强污水处理设施建设

1994 年以来，美国各地不断加强污水管网和污水处理厂建设，这使得污水收集率提高、污水处理能力扩大。

（6）推行节水行动

自 20 世纪 50 年代开始，美国在工农业领域以及城镇居住区等推行节水运动。迄今，美国约有 50% 的农灌区采用了喷灌或滴灌节水措施，非灌区则普遍采用土壤保湿、轮作免耕等保水措施。通过节水以保护水环境的意识已根植于美国民众心中。

9.3.2.2 日本水环境治理政策与启示

日本的水环境治理体系表现在制度方面，结合政府、企业、公众的参与方式和特征，可以概括为由政府主导的宏观层次的环境政策治理体系，以供应链协作关系为特征的中观层次治理体系（包含着上下游企业和消费者），以具体企业为代表的微观环境治理体系 3 个层次组成的精准治理体系。日本水环境政策工具包括污染物排放标准与总量控制、污染申报登记制度、环境影响评价制度、污染赔偿制度、环境税、财政补贴制度、循环经济制度、绿色采购制度、国际标准化组织（International Organization for Standardization，ISO）体系认证制度、环保公众参与渠道设计等丰富多样的形式。

日本环境治理的效应和管理体制设计则启示我们：①政府、公民、企业都对环境保护负有责任，加大政府投入和吸引多元化的各方资金是环境治理的重要举措；②因地制宜地合理划分环境保护责任是环境治理的制度保障；③重视经济激励政策和社会创新在环境治理中的作用；④社会参与环境治理的机制建设尤为重要，社会公众是环境治理的重要力量，其生活消费行为和习惯对环境质量的好坏有着直接的影响；⑤技术进步在环境治理中的作用日益突出。

9.3.2.3　芬兰水环境治理政策与启示

芬兰在中央、区域及地方层面均为全面水质管理设立了广泛的制度架构，构成了有效的监督管理机制。

中央层面：环境部负责水资源保护及环境政策，而农林部则负责管理水资源，两个部门亦监督芬兰环境协会的工作。该协会属全国性的咨询机构，设立的目的是提供资讯及解决方案，以协助芬兰推行生态上的可持续发展。

区域层面：芬兰环境部自 1995 年将过去相互分离的水源保护和空气保护双重环保机构精简合并，组成了 13 个地区环保中心，负责规管及监察提供用水及污水处理服务的公用事业机构，亦负责在各自管辖区域内就水资源问题进行区域性规划、监察及提供指引；同时成立由专家组成的芬兰国家环保中心，负责监测全国环境状况，提供环保信息，进行环保科研、宣传和咨询。

地方层面：各地方当局根据相关法例，负责在各自的行政区内提供用水及污水处理服务。

芬兰公民环保意识强得益于学校长期不懈的环保教育。环保教育被列入芬兰基础教育和高中教育的教学大纲，并贯穿于职业和高等教育。芬兰各政府部门均参与推动环境可持续发展的教育及培训工作。

9.3.3　国际经验对黄河水环境治理的启示

9.3.3.1　创新水环境综合治理体制

为了确保海洋环境治理区域实现一体化发展，必须最大可能地满足各治理主体的利益诉求，搭建利益相关者的沟通平台，包括跨行政区域地方政府、政府涉海部门、涉海企业、沿海居民、涉海类社会组织等，构建利益协调机制。成立由区域海洋环境主管单位牵头，其他涉海主体代表参与的项目协调领导小组，在各类区域用海或涉海项目建设前期、中期和后期鼓励公众参与，做好组织、沟通、调查及协调等工作，以缓解利益冲突，化解用海矛盾，追求区域共赢。

9.3.3.2　健全水环境法律法规、政策体系

在科学的水环境治理法的框架下，制定与完善配套的地方水环境保护法、针对具体水环境保护区或行政区的水环境治理法，形成多层次的水环境综合治理；在违法惩治力度方面，应严格水环境立法，对水污染、生态破坏行为及其关联行为主体进行行政或刑事处罚，规范相应的奖惩机制，降低水环境和水生态破坏与环境污染的外部性；在立法过程与执法监督上，应加强信息公开与公众参与，注重多方利益相关者意愿表达，并根据外部环境的发展变化适时对相关法律法规、政策计划做出修订与调整。

9.3.3.3　构建陆海统筹有效衔接的水环境治理规划体系

坚持海陆统筹原则，实现海洋与陆地规划同时与统一，推进产业布局、土地利用规划与海洋功能区划的相互衔接，并且增加区域海洋生态环境治理规划，加强区域合作以及沿海地区行业规划、空间规划之间的统筹衔接；加强流域水环境和海洋水环境规划标准化建设，健全流域水环境和海洋水环境治理的行业规范，制定全面、详细和科学的标准，统一和协调污染监测等标准；将流域水环境和海洋水环境治理规划制度纳入一起环境保护相关法律，对规划制定及实施的程序、资金、机构、人员、决策、监督等相关事项作出明确规定，强化规划监督体系。

9.3.3.4　重视水环境治理科学研究与高科技发展

重视水生态环境科学技术研究与人才培养，加大水生态系统研究关键领域资金投入，并制定相应的研究规划，整合各高校、科研机构研发力量，创新合作机制。培养和选拔陆海统筹水环境治理科技和管理人才，为水生态环境治理现代化以及水生态文明建设提供智力支持与人才保障。同时加强对国际水生态环境治理研究最新进展的跟踪，引进先进技术与经验，重点学习与创新陆海监测与评价技术、陆海统筹水生态环境修复技术等。

9.3.3.5　提高公众水环境保护意识和多方参与度

把利益相关方和公众的参与贯穿于整个水环境治理政策的制定与执行、监督过程中，促进利益相关者参与，需要完善公众参与制度；加强水环境治理教育，普及水生态环境保护科普知识，发挥新闻媒介的舆论宣传作用，提高公众水生态环境保护意识；及时公开和

公示政府信息，进一步拓宽公众交流与参与渠道；制定政策从资金支持、人员培训、场地开放等方面对非政府水生态环境保护组织的建立予以支持。

9.3.3.6 加强区域海洋生态环境合作

建立海洋生态环境治理协调与合作机制，实现不同部门、不同行政区之间的协同共治，对于跨省的流域、海洋，建立高级别的区域海洋治理委员会，负责统筹协调各部门、各行政区行动；继续加强与其他国家或地区的双边合作或多边合作，积极寻求联合国环境规划署、世界自然基金会、海洋管理委员会等国际组织的支持和帮助，参与国际海洋环境保护项目；引进国外先进海洋科学技术，吸引国际环保资金支持，学习借鉴世界海洋强国海洋环境管理方式。

9.4 基于海-河-陆统筹的黄河流域水环境安全保障对策

深入贯彻落实黄河流域生态保护和高质量发展座谈会和中央财经委员会第六次会议上发表重要讲话、习近平生态文明思想和党中央、国务院的有关指示精神，严格执行"重在保护，要在治理，共同抓好大保护、协同推进大治理"的治理思路，坚定走"下大气力进行大保护、大治理，生态保护和高质量发展"的路子，响应"让黄河成为造福人民的幸福河"的伟大号召。在深刻认识黄河污染"表象在水量、问题在流域、根子在岸上"基本机理的基础上，立足国家发展的战略全局，以陆海统筹保护提升海-河-陆水环境质量为重点任务，遵循"以海定陆，陆海统筹；生态优先，绿色发展；因地制宜，有序利用；以人为本，人海和谐"的基本原则，坚持问题导向、差别化施策，在全面、深入调查研究黄河流域-入海口附近海域水环境突出问题、陆海统筹机制改革突出短板的基础上，打破区域、流域和陆海界限，实行要素综合、职能综合、手段综合，加强陆海统筹和区域联动；充分考虑陆地、流域、沿海地区发展对流域-近海水环境系统的影响，建立从山顶到海洋"海陆一盘棋"的生态环境保护体系框架；依据流域-近岸海域的资源环境承载能力和水环境质量改善需求，确定陆域的水环境治理和开发利用管控要求，加强海洋保护区空间整合和保护目标衔接，实施陆源污染物入海总量控制制度，建立"以海定陆"的污染管理"倒逼机制"，将海洋环境管理控制目标与陆域综合治理相结合，构建"一线管控、两域对接，三生协调、生态优先，多规融合、绿色发展"的海-河-陆统筹的水环境质量保护和提升的总体格局，实施以海-陆-河水环境系统为基础的源头、过程和结果管理并重的水环境综合管理，有效遏制水环境恶化，全面提升改善流域-近海水环境质量。根据协同推进黄河流域生态保护和高质量发展以及经济高质量发展的总体要求，建议新时期黄河流域-入海口近岸海域水环境保护工作的重点治理举措考虑以下几方面。

9.4.1 强化陆源污染综合治理

以汾河、潼水河、涑水河、无定河、延河、乌梁素海、东平湖等河湖为重点，统筹推进工业污染、养殖业、城乡生活污水等陆域点源污染和农业、水土流失等陆域面源污染水环境综合整治，"一河（湖）一策"、加强黄河干流、支流及流域腹地水环境污染治理，从源头防治污染进入黄河流域水体，减少陆源污染物进入海洋的通量。

9.4.1.1 强化点源污染控制

（1）推动绿色生产发展

重点识别沿黄地区落后的社会经济物质代谢、低效的人与自然共生空间格局、低效的路径依赖，实现物质代谢模式从"资源–产品–废物"直线型向"资源–产品–再生资源"循环型转变；加快钢铁、煤电超低排放改造，开展煤炭、火电、钢铁、焦化、化工、有色等行业强制性清洁生产发展，加强对企业分类排污的研究，实行生态敏感脆弱区工业行业污染物特别排放限值要求，严格实施排污许可制度，制订不同种类企业的排污实施计划和排污收费标准，鼓励和指导企业绿色生产，实现经济、社会、环境效益的共赢。

（2）加强管网建设与改造，提高流域污水处理率

加大老旧管网改造、加强管网规划设计、加快新污水管网、再生水管网建设工作、加强管网维护管理；提升化学需氧量、氨氮、总磷等水污染物指标要求，升级改造黄河流域现有污水处理设施；增加深度处理工艺，使用物理化学处理法和生物处理法对二级处理水进一步去除污染物；持续推进雨污分流，提高污水收集率。

（3）加强矿区生态环境综合治理

深入摸排、评价黄河流域矿区生态环境破坏程度和污染现状，针对兴海—玛沁—迭部地区、西宁—兰州地区、灵武—同心—石嘴山市、内蒙古河套地区、晋陕蒙接壤地区、陇东地区、晋中南地区、渭北地区、豫西—焦作地区及下游地区等资源集中区，全面实施黄河流域矿区山水林田湖草生态保护修复工程；探索政府–市场–环境保护组织共同参与生态型矿产开采、矿区生态修复和水环境治理；以河湖岸线、水岸、饮用水水源地、地质灾害易发多发区等为重点开展黄河流域尾矿库、尾液库风险隐患排查，"一库一策"，制定治理和应急处理方案，落实绿色矿山标准和评价制度，加快生产矿山改造升级。

9.4.1.2 强化非点源污染控制

（1）农业非点源源头控制

因地制宜推进多种形式的适度规模经营，推选科学施肥、安全用药、农田节水等清洁生产技术与先进适用装备，提高化肥、农药等投入品的利用效率，深入开展农药化肥使用量零增长行动；积极发展规模化畜禽养殖技术，建立农作物秸秆、畜禽粪污等农业废弃物综合利用和无害化处理体系。在宁蒙河套、汾渭、青海湟水河和大通河、甘肃沿黄、中下游引黄灌区等区域实施农业退水污染综合治理，建设生态沟道、污水净塘、人工湿地等氮、磷高效生态拦截净化设施，加强农田退水循环利用。

（2）地表径流非点源源头控制技术

实施雨污分流工程和海绵城市建设，推进黄河流域沿线老旧城区污水收集管网改造工作，构建雨污分流体系，设置初期雨水排入污水管网，实现雨污的单独收集与处理，降低水量对污水处理厂的冲击，保证初期高浓度携污雨水的收集和处理，切实降低城市地表径流非点源污染的入河总量，促进雨水资源的利用和城市生态环境的保护。

（3）水土流失非点源源头控制

持续推进黄河上中游的巴丹吉林、腾格里、毛乌素、乌兰布和、库布齐五大沙漠治理，进一步提高植被覆盖，减少水土流失和增加水土涵养；在陕北、晋西北、内蒙古鄂尔多斯等多沙粗沙区，以小流域为单元，建立梁峁坡沟水土流失综合治理体系；在植被覆盖度较高、水土流失轻微的黄河源头、祁连山、甘南草原、六盘山、子午岭等区域，实施封育保护，减少和避免人为干扰破坏；因地制宜，全面开展旱作梯田改造和建设，在沟壑发育活跃、重力侵蚀严重、拦泥效果显著的沟道大力推进淤地坝建设，进一步利用技术手段推进黄河流域水土流失全覆盖、常态化动态监管；积极推进山水林田湖草沙系统治理，全面加强生态保护提升河源区和河口三角洲的水源涵养能力与生态质量。

9.4.2 海–河–陆统筹的水沙生态调度

9.4.2.1 海–河–陆统筹的水量生态调度

通过核算全流域海–河–陆不同水体的生态需水及其过程，以典型断面生态系统和入海口湿地、近海生态系统的生态需水为目标，整合全流域生态需水，优化全流域生态调度和水沙调控，保障生态需水；确定黄河干支流水库群优化调度目标和原则，在结合水环境系统健康和水环境功能要求的基础上，与栖息地、增殖放流站等鱼类保护措施进行统筹协调，确定具体下泄规则，优化调度方式控制水污染，通过下泄合理的入海基流，减少或消除对下游水环境的不利影响。

9.4.2.2 海–河–陆统筹的水沙调度

考虑输沙–社会经济–水环境–近海多过程耦合，实现多层次多维度流域泥沙动态调控。综合考虑生源物质、污染物质的时空分配和河漫滩土地利用方式等，厘清多要素间复杂过程耦合响应关系，系统揭示泥沙调控与下游河流系统行洪输沙–社会经济–生态环境多过程耦合响应机理，加快推进以干流的龙羊峡、刘家峡、黑山峡、碛口、古贤、三门峡和小浪底 7 座大型骨干水库为核心的黄河水沙调控体系构建，建立全河水沙调控机制，实现水库群泥沙动态调控综合效益。

9.4.3 海–河–陆统筹的入海生态流量保障

9.4.3.1 加强水资源节约社会体系建设

建立跨行政单位的黄河流域水资源利用协调机制，实施节水工程和中水回用工程，提高水的重复利用率，降低管网漏失率，提高灌溉水利用系数；提高黄河全流域节水型农业示范区、节水型企业（单位）覆盖率；建立节水激励机制，以"优水优用，劣水劣用"的分质供水理念，科学利用水资源配置工程，保障区域经济社会的可持续发展；优化工业园区、产业园区的布局结构，并建立各园区水资源合作模糊联盟，实现水资源的重复利用。

9.4.3.2 推进黄河流域水资源的优化配置

完善取水许可和水资源有偿使用制度，优化配置水资源；结合流域生态补偿机制的建立，形成使用水资源的长效补偿机制，明确不同区域的补偿标准，引入国家主导下的异地开发补偿、技术智力补偿等创新型补偿形式，健全来水污染的惩罚机制与监督机制；按照加大污水处理回用、控制使用地下水、合理利用地表水的原则，综合考虑中水、海水等资源合理配置黄河流域淡水水资源；从国家层面进行顶层设计，实施库坝群联合调度，一揽子解决流域上下游水资源分配、保护、开发利用等工作，实现河口入海流量的增加。

9.4.3.3 逐步增加河道生态补水

加强调水及水网建设，提升黄河流域的城市基础设施建设水平，逐步增加河道生态补水。通过河系沟通工程保障流域水系的沟通和水资源的合理调配，进行河流之间的生态补水，改善河道的生态环境；在保证南水北调中线工程工农生正常供水的同时，进一步向汾河、潇水河、涑水河、无定河、延河、乌梁素海、东平湖等河湖实施生态补水，保证区域生态需水；通过河系沟通工程保障河流水系的沟通和水资源的合理调配，进行河流之间的生态补水，改善河道的生态环境。

9.4.4 海–河–陆统筹的空间规划与管控

9.4.4.1 流域空间规划与管控

系统统筹流域水资源、水环境、社会经济、自然生态等要素，以推动生产方式和生活方式生态化为引领，打通"两山"转化通道，综合设计资源能源开发、国土空间格局、生态环境保护等方面的规划目标与任务。推进建立规划实施、投资保障与生态环境项目库建设。将编制实施黄河流域生态环境保护规划进入立法要求。强化黄河流域的生态保护和高质量发展规划、流域水生态环境治理规划、空间规划等的统筹实施，以及加强各层次规划的衔接，充分发挥规划体系效力，推动高质量发展和高水平保护。

9.4.4.2 优化流域水–土资源联合配置

以"山水林田湖草沙"系统为基础，考虑水资源与土地资源的互馈条件，分析黄河流域水土资源系统，识别黄河水沙不协调的关键过程；揭示黄河流域水土资源协同演化机理；研究流域水土资源综合承载能力，坚持"以水定城、以水定地、以水定人、以水定产"，把水资源作为最大的刚性约束，研究黄河流域水土资源联合配置。以黄河流域水土资源协调发展为目标，配对水土资源，实现"宜水则水、宜山则山，宜粮则粮、宜农则农、宜工则工、宜商则商"的水土资源格局，解决黄河流域分水方案等问题；树立生态优先，全流域精细化的水资源优化配置管理思路。

9.4.4.3 优化流域产业空间布局，推动产业清洁化升级与改造

优化产业空间布局，消除经济发展与生态安全格局矛盾。按照区域自然条件、资源环境承载能力和经济社会发展基础，优化阴山—贺兰山—青藏高原东缘一线以东（尤其是关中平原、呼包银地区以及伏牛山以东的黄淮海平原地区）的工业生产与生态承载力的协调关系，推动陕西北部的榆林、内蒙古西部的鄂尔多斯以及山西的吕梁、朔州、忻州、临汾等地区能源基础原材料开发过程的清洁化升级和改造，确定合理的产业发展空间与重点能源基础原材料产业的发展规模。严格控制湟水河、渭河、汾河等流域煤炭行业的发展速度和规模，通过推进产业结构升级和空间布局优化，促进区域生态环境质量的改进与提升。

9.4.5　海-河-陆统筹的水环境监测一体化体系

9.4.5.1　健全污染物在线监测预警体系建设

加快构建覆盖农业、工业、城镇生活等所有关键排污口的在线监测系统，实现关键排污口长期在线、实时监测；统筹海-河-陆水环境监测指标体系，建立黄河流域地表水、地下水、集中式生活饮用水及水源地水质在内的水环境质量监测网络，实现云数据管理体系，实现全流域排污、水环境监测数据库共享发布机制，流域管理机构通过水质、水量、排污等数据，实现全流域水环境协同一体化监管研究，加快重点流域、近海、水源地水质预报预警监测体系建设，提高水环境质量预报和污染预警水平，健全黄河流域水质水量预报预警监测体系，强化污染源追踪与解析。

9.4.5.2　提升实时、连续、长期的水环境监测能力

基于无人平台、先进传感器、物联网、大数据和人工智能等技术，发展海洋生态环境在线监测技术体系，获得高时效、高覆盖的水环境监测数据，建立健全的水环境在线监测研发链和产业链；始终坚持创新发展，研发流域-海洋水环境观测/监测新型传感器、开发流域-海洋水环境智能在线监测系统架构、在入海口、污染严重区域等关键地区建立多参数的在线监测网、获取和传递海洋长时间序列综合参数，实现水质污染治理和突发污染的快速响应。

9.4.6　海-河-陆统筹多模式统筹管理机制的建立

9.4.6.1　建陆海统筹-区域联动-多元协同的管理机制

准确把握陆域-流域-海域生态环境治理的整体性、系统性、联动性和协同性等特征，以水环境承载力为基础，探索"河长制""湖长制""湾长制"等对接机制，进而建立海岸带全局性的责任负责制；考虑生态系统的跨区域关联性与陆海完整性，强化各生态要素的协同治理，系统治理，通过海、河、陆共治，实现海岸线向海、陆两侧的生态空间管控、污染治理、生态保护修复的一体化管理，建立"从山顶到海洋"的陆海统筹式的综合管理模式，形成陆海统筹-区域环境联保共治-政府/市场/社会协同治理的生态系统保护修复模式，完善构建陆海统筹-区域联动-多元协同治理的机制。

9.4.6.2　构建体系统一和共建共享的统筹管理机制

进一步深化水污染、水资源保护等方面的联防联控与执法联动，从环境监测与信息、环境执法、环境预警与应急、环境污染修复治理等方面强化共建共享机制，并确保与海洋生态环境保护相关标准体系与条例的衔接，构建统一的水环境质量控制体系；在区域与陆海统筹管理方均确保"统一规划、统一标准、统一监测、统一防治、统一补偿"。

9.4.6.3　强化环境治理经济调控机制

强化黄河流域地方政府的协调组织引导、落实企业在环境治理的主体责任、发挥市场的资源配置与激励以及提升公众参与度与监督作用，促进政府-市场-社会之间的良性互动与指导监督，建立完善"国家协调、地方为主、市场激励、社会参与"的治理框架，构建政府-市场-社会多元主体协同治理模式；推行排污权交易机制，通过经济调控的手段污染物排放量降低到最小化，实现有成本效益的水环境污染控制。

10 生态文明视域下的黄河流域水生态保护修复战略与措施

本课题针对水生态退化问题，从生态文明的视域，提出黄河流域水生态保护修复战略与措施。

10.1 黄河流域战略地位及其重要生态系统

10.1.1 黄河流域概况及其战略地位

10.1.1.1 自然地理概况

黄河流域地理位置独特，自然条件复杂多样，孕育了特有的水沙关系。黄河是仅次于长江的中国第二大河，流域面积79.5万km²，与其他江河不同，黄河流域上中游地区的面积占总面积的97%；长达数百公里的下游河床高于两岸地面，流域面积只占3%。黄河流域绝大部分面积我国资源性缺水问题突出的中西部，流域多年平均（1956~2016年系列）降水量451.9mm，由西北向东南递增。黄河由西向东，流经我国的三大阶地，贯穿青藏高原、黄土高原、华北平原、环渤海地区，跨越干旱、半干旱、半湿润等多个气候带和温带、暖温带等多个温度带，流域内自然植被自东南向西北依次出现为森林草原、干草原和荒漠草原三种植被类型地带。"九曲黄河万里沙"，黄河水少沙多、水沙关系不协调，是黄河复杂难治的症结所在。水沙失衡、地上悬河、洪水威胁及水沙调控能力有限的客观情况下，黄河治理将长期面对有效协调流域人居安全与生态平衡的重大问题。

10.1.1.2 社会经济现状

黄河流域是保障国家能源安全、粮食安全的关键区域和重要经济地带，是我国全面打赢脱贫攻坚战的重要区域和多民族和谐高质量发展的要地。黄河流域2018年总人口为1.2亿人，占全国的8.4%，城镇化率为55.7%，低于全国59.6%的平均水平。2018年黄河流域GDP为6.97万亿元，占全国的7.7%，人均GDP为5.98万元，低于全国6.45万元的平均水平。黄河流域国家新型城镇化规划提出中西部地区城市群应成为推动区域协调发展的新的重要增长极,对黄河流域城镇化发展有巨大的推动作用。全国 17 个国家级城市群中,有 7 个位于黄河流域,包括中原城市群、关中平原城市群、兰西城市群等。黄河流域是国家重要能源基地,能源生产占全国的比例达 60% 以上,能源产业发展已纳入国家能源战略优先发展目标,全国重点建设 14 个亿吨级大型煤炭基地中有 7 个在黄河流域。黄河流域及下游流域外引黄灌区耕地面积合计为 2.50 亿亩,占全国的 15%。

10.1.2 黄河流域重要生态系统及其功能定位

黄河流域是我国重要的生态屏障。黄河流域是连接我国西北、华北、渤海的重要生态廊道,在我国"两屏三带"为主体的生态安全战略格局占据重要位置,是"青藏高原生态屏障"、"黄土高原—川滇生态屏障"和"北方防沙带"的重要组成,是华北、中东部安全屏障构建的前提条件,是峡谷、荒漠、戈壁等区域系统稳定和生物多样性保护的基础,是高寒冷水、峡谷激流和平原过河口洄游保护鱼类重要栖息保护地。

"一廊五区"在流域生态保护与高质量发展中具有极其重要的地位。伴随高程梯度、温度梯度、水分梯度、泥沙梯度、人类活动强弱等的变化,黄河从河源到河口形成了复杂交织的"一廊五区"水生态空间格局(黄河源区/河套灌区/黄土高原水土流失区/下游滩区/黄河河口区+干流廊道)。"一廊五区"具有特殊的生态服务功能与重要的生态产品供给能力,对流域水资源安全、水生态安全保护支撑作用突出,是流域生态保护与高质量发展的重要依托。流域内分布有 6 个国家重要生态功能区,各级自然保护区 167 个和 13 个国家级水产种质资源保护区。其中"一廊五区"包括 4 个水源涵养型、1 个水土保持型和 1 个生物多样性保护,列入流域重点保护的重要湿地保护区及国家级水产种质资源保护区。"一廊五区"通过上下游水沙和水质变化等物理与化学过程驱动,形成了生态环境问题差异显著但环环相扣的交织态势,也是黄河生态环境问题更加复杂的症结所在(表 10-1)。

表 10-1 黄河流域重要生态保护目标

功能区	生态保护目标
重要生态功能区	川西北水源涵养与生物多样性保护重要区、甘南山地水源涵养重要区、三江源水源涵养与生物多样性保护重要区、祁连山水源涵养重要区、黄河三角洲湿地生物多样性保护重要区、黄土高原土壤保持重要区
重要湿地保护区	青海三江源湿地(黄河源部分)、四川曼则唐湿地、四川若尔盖湿地、甘肃黄河首曲湿地、甘肃黄河三峡湿地、宁夏青铜峡库区湿地、宁夏沙湖湿地、内蒙古乌梁素海湿地、包头南海子湿地、内蒙古杭锦淖尔湿地、陕西黄河湿地、山西运城湿地、河南黄河湿地、郑州黄河湿地、新乡黄河湿地、开封柳园口湿地、黄河三角洲湿地

功能区	生态保护目标
国家级水产种质资源保护区	黄河上游特有鱼类国家级水产种质资源保护区、黄河刘家峡兰州鲶国家级水产种质资源保护区、黄河卫宁段兰州鲶国家级水产种质资源保护区、黄河青石段大鼻吻鮈国家级水产种质资源保护区、黄河鄂尔多斯段黄河鲶国家级水产种质资源保护区、黄河郑州段黄河鲤国家级水产种质资源保护区、扎陵湖鄂陵湖花斑裸鲤极边扁咽齿鱼国家级水产种质资源保护区、黄河洮川乌鳢国家级水产种质资源保护区

10.1.2.1 黄河：中华民族生生不息的生态大动脉

黄河是中华民族的母亲河。千百年来，奔腾不息的黄河同长江一起，哺育着中华民族，孕育了中华文明。在我国 5000 多年文明史上，黄河流域有 3000 多年是全国政治、经济、文化中心。九曲黄河，以百折不挠的磅礴气势塑造了中华民族自强不息的民族品格，是中华民族坚定文化自信的重要根基。与此同时，黄河也奠定了我国整体生态系统格局的大动脉。黄河起源于三江源中华水塔，滋润了富饶的宁蒙灌区，又流经黄土高原水土流失区、五大沙漠沙地，下游进入华北平原腹地，沿途串联了兰州、郑州、济南等多个重要城市，两岸分布乌梁素海、东平湖等湖泊湿地，最终形成绚丽的河口三角洲，引万鸟栖息，以黄蓝交汇入海，形成了我国北方串联东西的经济走廊和连通山海的生态动脉。保护黄河，就是保护中华民族赖以生存和发展的基石。

10.1.2.2 黄河源：世界重要高原湿地及中华水塔

黄河源区位于青藏高原东北部的三江源区，总面积约为 9.76 万 km²，河流密布，湖泊、沼泽众多，雪山冰川广布，是世界上海拔最高、面积最大、分布最集中的高原水体与湿地分布地区之一，区内分布有我国最大的高原淡水湖——扎陵湖和鄂陵湖。黄河源区生物区系和生态系统类型独特，特有物种丰富，水源涵养功能突出，其贡献的水资源占总黄河水量的 38.6%，是黄河水塔，是维持黄河健康的动力源。黄河源区地势高寒，气候恶劣，自然条件严酷，植被稀疏，属于典型高寒生态系统，是我国生态环境十分脆弱的地区之一。

10.1.2.3 宁蒙灌区：西北粮食生产基地与大型灌溉生态系统

"黄河百害，唯富一套"。河套灌区是我国第三大灌区和亚洲最大的一首制灌区，灌区地势平坦、引水条件便利，自古以来就为中华民族提供了丰富的生活资源和文化资源。宁蒙灌区有效灌溉面积 1600 万亩，粮食总产量 471 万 t，是国家"七区二十三带"农业战略格局的关键组成，是我国重要的农业生产基地。河套地区经过长达 2000 年的开垦与耕作灌溉，形成农业生态系统、沟渠与河湖生态系统、林草生态系统等组成的大型人工复合生态系统。河套地区处于草原、荒漠草原向荒漠的过渡地带，形成以荒漠生态系统为外围，以引黄水灌溉为支撑，不同于一般意义的灌区生态系统，其与黄河的关系尤其密切。河套灌区复合生态系统除了农业基础功能外，还是我国"黄土高原—川滇生态屏障""北方防沙带"的重要组成部分，是阻隔乌兰布和沙漠与库布齐沙漠联通的"最后关口"，是世界候鸟迁徙的"重要通道"。此外，接纳灌区退水的乌梁素海也是地球同一纬度的最大湿地，承担着调节黄河水量、防洪防凌、水质净化的重要功能，是黄河生态安全的"自然之肾"。

10.1.2.4 黄土高原：水土流失分区精准治理示范区

位于黄河中游的黄土高原区是世界上分布最集中且面积最大的黄土堆积区，也是我国生态脆弱区分布面积最大、脆弱生态类型最多、生态脆弱性表现最明显的地区之一，水土流失问题成为制约黄土高原区域经济健康发展的重要限制因素。黄土高原区也是人类活动历史最为悠久的区域之一，在古代历史相当长时间，植被覆盖度高、生态环境条件优越，后经长期的农耕开垦利用及明、清以来滥垦、滥牧、战乱，使黄土高原自然森林和草原植被几乎破坏殆尽，土地出现严重的沙化和荒漠化问题。目前黄土高原丘陵沟壑区和高原沟壑区土壤侵蚀模数大多高于5000t/（km²·a）。黄土高原每吨土壤流失中，含0.8~1.5kg铵态氮、1.5kg全磷和20kg全钾，以每年16亿t土壤流失计算，共约有3800t铵态氮、全磷和全钾流失。严重的水土流失导致黄土高原千沟万壑、土地贫瘠，并殃及黄河下游广大地区。黄土高原也一直是我国水土保持工作的重点地区，中华人民共和国成立以来持续开展了小流域综合治理、退耕还林（草）、坡耕地整治和淤地坝系等综合防治工程，水土保持措施面积逐年增加。截至2018年，黄土高原林草覆被率由20世纪80年代总体不到20%增加到63%，梯田面积由1.4万km²提升至5.5万km²，建设淤地坝5.9万座。黄土高原主色调已经由"黄"变"绿"，入黄沙量由1919~1959年的16亿t/a减少至2000~2018年的约2.5亿t/a，土壤侵蚀强度呈现出高强度侵蚀向低强度变化的特征，中游黄土丘陵沟壑区土壤侵蚀模数普遍下降50%以上，水土流失严重状况得到了有效控制。

10.1.2.5 下游滩区：漫滩湿地生态与滩区居民交错共享区

黄河下游滩区人水共居、生态环境空间交错、人水争地矛盾突出。黄下游滩区既是黄河滞洪沉沙的场所，又是190万群众赖以生存的家园，也是重要的自然保护区和种质资源保护区。黄河下游两岸大堤之间的河流系统由人工控制的干流廊道及滨河河滩湿地构成，河道总面积4860.3km²，其中滩区面积3154km²，有耕地340余万亩，村庄1928个，总人口190万，即使河南、山东居民迁建规划实施后，仍有近百万人生活在其中。滩区人水混居，生产生活空间与河流控导工程连线范围、自然保护区及种质资源保护区重叠，农业生产与河流治理、生态保护矛盾交织，防洪运用、"二级悬河"治理、湿地生态保护和经济发展矛盾突出，滩区治理开发整体滞后，农业综合效益低下，已成为集中连片贫困带，同时河流横向连通性难以保证，滩区湿地面积减少明显，由河流湿地和滩区组成的河流廊道生态环境质量低下，是黄河生态保护治理的关键点。

10.1.2.6 黄河口三角洲：全球鸟类迁徙的重要国际机场

黄河三角洲是我国乃至世界暖温带唯一的一块保存最完整、最典型、最年轻的滨海湿地生态系统，也是东亚至澳大利西亚和东北亚内陆—环西太平洋两条鸟类迁徙路线的重要中转站、越冬地和繁殖地。黄河三角洲成为保护全球物种多样性的天然基因库和重要支点，具有巨大的生态服务价值和重大的生态保护意义。2013 年，黄河三角洲湿地列入了国际重要湿地名录。野生鸟类的种类由 1990 年建立黄河三角洲自然保护区时 187 种增加到 368 种，有 44 种鸟类数量超过其全球总数量的 1%。其中珍稀濒危鸟类东方白鹳 1000 余只，占全球总数量的近 30%；繁殖黑嘴鸥种群数量超过 7000 只，接近全球总数量的 50%；迁徙丹顶鹤 380 只，占全球总数的近 20%。黄河三角洲还是中国沿海最大的新生湿地自然植被区，拥有种子植物 393 种，其中野生种子植物 116 种，天然柽柳在国际同类湿地中非常少见，渐危植物野大豆分布广泛。黄河三角洲还是我国盐地碱蓬保有面积最大、种质资源最丰富的区域，形成独特的"红地毯"景观。

10.2 黄河流域水生态主要问题分析

10.2.1 黄河源区生态退化较为严重，水源涵养功能降低，源区径流量变化较长江更加不利

(1) 区域生态系统退化

近几十年来，随着全球气候变暖，黄河源区冰川、雪山逐年萎缩，直接影响高原湖泊和湿地的水源补给，众多的湖泊、湿地面积不断缩小甚至干涸，沼泽消失，泥炭地干燥并裸露，沼泽低湿草甸植被逐渐向中旱生高原植被演变，生态环境已十分脆弱。随着人口的增加和人类活动（超载过牧、乱砍滥伐、挖虫草等）的加剧，又进一步加速了源区生态环境恶化的进程。1989~2005 年，黄河源区荒漠化的土地面积累计增加了 140km²；湖泊面积累计减少了 40km²；中高盖度草地面积累计减少了 766km²。2005 年之后，国家启动了三江源区生态保护修复工程，并设立了三江源国家公园，加之降水有所增加，区域生态系统总体表现出"初步遏制，局部好转"的态势，草地持续退化的趋势得到初步遏制，但区

域生态系统的健康状况远未达到 20 世纪 70 年代的较好水平。

（2）水源涵养功能降低

生态环境的退化导致黄河源区水源涵养能力下降，产水能力减弱（图 10-1），黄河唐乃亥水文站多年平均（1956~2000 年系列）径流量为 205 亿 m³，20 世纪 80 年代年均径流量为 241 亿 m³，90 年代年均径流量为 176 亿 m³，2000~2009 年进一步下降到 172 亿 m³。随着三江源区生态保护工程的实施和降水的增加，黄河流域河川径流量在工程期恢复较快，2010 年以后，唐乃亥水文站年均径流量恢复至 196 亿 m³，但尚未恢复到 20 世纪 70 年代和 80 年代的水平。

图 10-1　唐乃亥水文站年均径流量变化

（3）与长江源区相对，黄河源区水资源状况更加不利

长江源区与黄河源区均位于三江源，长江源区流域面积占三江源区面积的 54.2%，多年平均径流量为 179.4 亿 m³，占三江源区多年平均径流量的 42.3%。黄河源区面积占三江源区流域面积的 33.1%，多年平均径流量为 136.1 亿 m³，占三江源区多年平均径流量的 32.1%。总体来看，黄河源区荒漠化问题比长江流域严重得多，长江流域仅上游局部区域出现零星荒漠化现象，而黄河源区荒漠化面积则占到全流域面积的 27.4%，甚至高出全国荒漠化面积比例 0.2 个百分点，同时流域荒漠化态势也呈现较严重的发展态势。根据 1961~2010 年长江、黄河源区 22 个气象站的月降水量和月平均气温资料分析气候变化对水资源的影响，结果表明，长江源区和黄河源区降水、气温和蒸发都有明显变化，尤其是近 20 年有明显增加趋势，但是两个源区的变化并不一致，黄河源区水资源量一直呈波动变化，而长江源区在最近 10 多年水资源量有明显增多现象（图 10-2）。

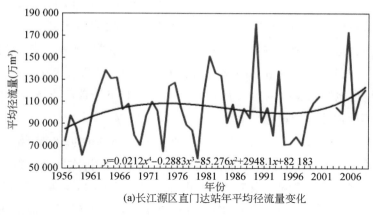

$$y=0.0212x^4-0.2883x^3-85.276x^2+2948.1x+82\,183$$

(a)长江源区直门达站年平均径流量变化

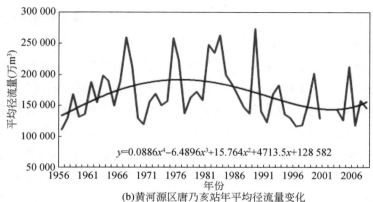

$$y=0.0886x^4-6.4896x^3+15.764x^2+4713.5x+128\,582$$

(b)黄河源区唐乃亥站年平均径流量变化

图 10-2　两个源区水资源量变化

10.2.2　流域陆域生态系统质量低，湿地退化严重，生态风险巨大

（1）黄河流域陆域生态系统质量低

根据《全国生态环境十年变化（2000—2010 年）调查评估报告》，黄河流域优、良等级森林生态系统面积比例仅为 7.4%，约为长江优、良等级森林生态系统面积比例的一半，是全国平均水平的 1/3；优、良等级草地生态系统面积比例仅为 30.0%，较长江低 23%；黄河流域水土流失面积比例达 63.7%，比长江高 10% 左右；沙化土地面积达 9.0%，约为长江的 2 倍。

（2）湿地比例低，且总体呈萎缩趋势

根据《黄河流域综合规划（2012—2030 年）》，黄河流域湿地面积约 2.5 万 km²，约占流域总面积的 3%。全国的湿地面积率为 5.6%，长江流域湿地面积率为 10%。可以看出，黄河流域湿地面积比例明显低于全国和长江流域水平；与此同时，黄河流域湿地面临着较为严重的退化问题。与1996年、1986年相比，现状黄河流域湿地面积分别减少了10.7%和15.8%，远高于全国湿地总面积减少率8.8%的同期水平；其中湖泊和沼泽湿地减少相对较多，分别为24.9%和20.9%。根据相关研究，长江流域1977~2007年的30年间，湖泊和沼泽湿地的减少比例为5.1%和3.9%，明显低于黄河流域。

（3）重要湿地退化程度严重

具体表现为：①河源区湿地明显减少，1986~2020年黄河源区湿地面积减少20.8%，高于流域湿地平均退化速率。其中，若尔盖沼泽湿地受开沟排水以及气候变化等影响，退化面积比例高达38%；鄂陵湖、扎陵湖20世纪50年代到1998年水位下降3.08~3.48m，玛多县4077个大小湖泊有一半干涸，若尔盖高寒湿地近2/3沼泽湿地退化、沙化。②河口湿地退化程度严重。黄河河口的三角洲湿地目前呈现出长期、持续的退化。主要表现在，第一，入海水沙持续减少和海水入侵引起湿地干涸、萎缩和盐渍化，根据《黄河流域综合规划（2012—2030年)》，1992年至现状年，受来水减少、人为干扰等因素影响，保护区淡水湿地面积减少约50%。三角洲地区沿海滩涂全面侵蚀，尤其在刁口河故道区域，累计蚀退超过10km，蚀退面积超过200km²，对黑嘴鸥等保护物种生境造成重大威胁。第二，现行的单一入海流路阻隔了三角洲绝大部分区域湿地与黄河的水系连通，加之严重的海水倒灌，引起湿地生态系统逆向演替，如先锋植物盐地碱蓬的面积在近30年萎缩了78%，獐茅、芦苇、柽柳等植被也在不断退化、消失。第三，外来物种入侵严重影响黄河三角洲生物多样性。互花米草自1990年进入黄河三角洲，2012年之后开始在自然保护区内爆发式蔓延，截至2018年已超过4400hm²，使得盐地碱蓬、海草床生境被侵占，滩涂底栖动物密度降低了60%，鸟类觅食、栖息生境减少或丧失，造成鸟类种数减少、多样性降低，群落组成和结构发生变化。

10.2.3 河套灌区生态环境问题突出，乌梁素海生态功能退化严重

（1）灌区土壤盐碱化形势依然严峻

内蒙古河套灌区1062万亩耕地，其中约484万亩耕地含有不同程度的盐碱，占总耕地面积的45.6%。1990~2016年灌区年均引盐量约为290万t，排盐量约为132万t，整个灌区年均积盐量约为158万t。整体来看，随着引水量减小，灌区引盐量减小，而排盐量整体呈略微增大的变化趋势，因而灌区积盐速率呈缓慢减小趋势，但仍然处于积盐状态（图10-3），由此造成耕地的盐渍化面积一直保持较高比例（表10-2）。据统计，河套灌区引水矿化度从1986年的0.55g/L上升为近年来的0.65g/L，排水矿化度在1.29~2.33g/L，并呈略微增加趋势，排水矿化度多年平均值为1.93g/L。2000年以来，作为黄河重要湖泊湿

地的乌梁素海，承纳灌区退水进出盐量呈一定的增加趋势（图 10-4）。

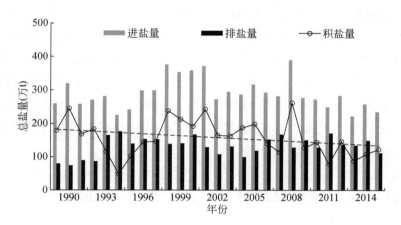

图 10-3 内蒙古河套灌区进盐量、排盐量、积盐量变化

表 10-2 内蒙古河套灌区耕地盐碱化变化趋势

年份	总耕地面积（万亩）	盐碱地面积（万亩）	占耕地面积（%）
1950	293	45	15.4
1957	420	60	14.3
1964	498	158	31.7
1973	545	316	58.0
1983	714	358	50.1
2016	1062	484	45.6

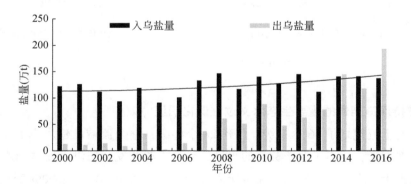

图 10-4 乌梁素海进出盐量变化

（2）乌梁素海水生态环境恶化问题未得到根本扭转

乌梁素海流域拥有黄河流域最大的功能性草原湿地，是全流域水生态安全的重要斑块和节点。1986～2016 年河套灌区平均每年有 5.46 亿 m³ 农田退水进入乌梁素海，带入大量的 COD 和总氮，2017 年总氮排放量达到乌梁素海水环境容量的 4.2 倍。虽然近年来的综合治理使湖泊整体水质呈现逐年变好的趋势，但仍为 V 类水质，且存在部分时段劣 V 类的情况。同时，根据《2017 中国生态环境状况公报》数据，太湖属于轻度污染，17 个水质点位中 V 类占 35.3%，无劣 V 类水质现象；巢湖属于中度污染，无劣 V 类水质现象；与太湖和巢湖相比，乌梁素海的水质总体偏差。

10.2.4 流域生态流量保障度低，入海水量明显减少

（1）生态流量（水量）达标率低，差于全国和长江流域

对各流域综合规划中确定生态流量（水量）目标的 81 个断面生态流量（水量）达标率进行评价，以近 10 年（2008～2018 年）达标年份比例达到 90% 为断面达标标准，全国整体达标率为 45%，长江流域为 71%，黄河流域仅为 5%，21 个控制断面中，仅大通河的享堂站达标；放宽到 75% 以上的年份达标即视为断面达标，则全国整体达标率为 58%，长江流域为 90%，黄河流域仍然只有 24%，且干流 8 个断面全部不达标（图 10-5）。

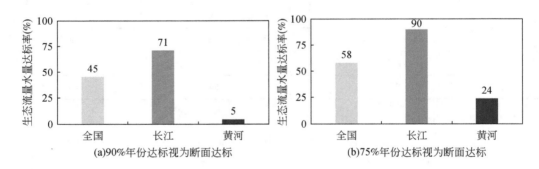

图 10-5　生态流量水量达标率对比

（2）维持河道连通的重要生态水文过程退化明显

目前黄河干流规划了 46 个梯级、已建 28 个梯级；整个流域已建水库 1.5 万座，总库容 900 多亿立方米，相当于两条黄河的水量。在水资源开发及防洪、发电等水库工程调控作用下，人工干预下黄河的实测径流量年内分配，已从历史汛期占比 60% 变化为现状非汛期占比 60%（图 10-6），在河流过度拦蓄利用等人工不合理干预作用下，河道形态塑造和河流关键生态功能维持所必要的中常流量过程出现急剧衰减的情况。头道拐断面近期已没有出现过 2000m³/s 以上的高流量脉冲洪水过程，维持河流廊道横向、纵向连通的水文过

程受损严重。

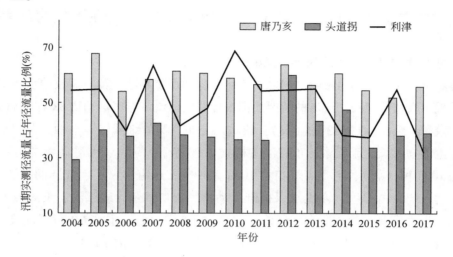

图 10-6　黄河干流典型水文站汛期实测径流量占年径流量比例

（3）入海生态水量持续减少

近年来，黄河年均入海水量出现了明显降低，年均水量从 20 世纪 50～60 年代的 483 亿 m³ 大幅降至目前的 170 亿 m³ 左右，并在 90 年代多次发生断流。对比 20 世纪 50 年代至 21 世纪初的年均入海径流量（图 10-7），相对全国与长江流域而言，黄河入海水量下降程度明显高于全国及长江。水沙通量的持续降低减少了河口湿地的水资源补给，成为河口湿地退化的重要成因之一。

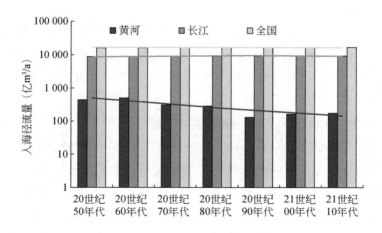

图 10-7　入海径流量比较

10.2.5　水生生物多样性水平较低，鱼类生物完整性指数为最差等级

（1）水生生物多样性水平较低，显著低于长江流域

受自然条件、人为因素影响，加之相关研究程度严重不够，黄河流域的水生生物多样性水平呈现出大幅低于长江流域的状况。据统计，黄河流域有底栖动物38种（属）、水生植物四十余种、浮游生物333种（属），流域内分布有秦岭细鳞鲑、水獭、大鲵等国家重点保护野生动物。长江流域除分布有浮游植物1200余种（属）、浮游动物753种（属）、底栖动物1008种（属）、水生高等植物1000余种外，还有白鱀豚、江豚两种淡水鲸类，中华鲟、达氏鲟、白鲟等国家重点保护野生动物，圆口铜鱼、岩原鲤、长薄鳅等特有物种，以及"四大家鱼"等重要经济鱼类，水生生物多样性水平远远高于黄河流域。黄河流域的国家级水产种质资源保护区仅有48处，不到长江流域数量的1/4。

（2）流域鱼类种类相对贫乏，低于长江和全国水平，且种类数量衰退严重

根据原国家水产总局调查，20世纪80年代黄河水系有鱼类191种（亚种），干流鱼类有125种，其中国家保护鱼类、濒危鱼类6种。长江有鱼类378种，远远高于黄河，而全国的淡水鱼类种类为1323种，黄河仅占全国鱼类总数的13.8%。当前的鱼类种类下降明显，根据《黄河流域综合规划（2012—2030年）》，2002~2007年，黄河干流主要河段调查到鱼类47种，濒危鱼类3种，仅是历史水平的1/3。而黄河水产研究所2002~2008年实地调查及相关资料显示，黄河水系目前鱼类只有82种，隶属于13目23科，鱼类种类数量减少57%。

（3）鱼类资源量衰退明显

20世纪50~60年代，黄河渔业资源丰富、生产量高，70年代资源量开始减少，近年来的调查显示，黄河渔业产量下降80%~85%，黄河干流呈现种群数量减少，个体小型化、低龄化的趋势。目前自然水体中已很难形成渔业资源，流域内90%以上的资源量来自养殖。

（4）鱼类完整性水平处于"差"或"极差"等级

按照鱼类完整性指标"优、良、中、差、极差"5个等级评价，2005~2008年调查评价结果表明，黄河上游龙羊峡—刘家峡河段鱼类完整性指数处于"差"的水平。2012年水利部黄河水利委员会在"全国重要河湖健康评估试点工作"中采用鱼类损失指数对黄河下游进行鱼类完整性评价，结果表明，小浪底至利津8个评价河段，"差"和"极差"河段数量各占一半。黄河河口水域20世纪90年代以后鱼类生物完整性下降明显，处于"差"的水平，2013年的调查评价结果表明，鱼类完整性等级降到了"极差"水平。

10.2.6 黄土高原水土流失严重和生态环境脆弱特性没有改变

黄土高原大部分地区处于干旱半干旱气候区，土质疏松、湿陷性强、土壤抗蚀性差、暴雨强度大、植被结构相对单一，加之强烈的人类活动干扰等，使其成为我国乃至世界上水土流失最严重的地区，其平均侵蚀模数高达 3720t/（km²·a），为长江的 14 倍、美国密西西比河的 38 倍、埃及尼罗河的 49 倍。黄河 1919~1959 年输沙量约为 16 亿 t/a，平均含沙量为 38kg/m³，最大含沙量为 666kg/m³。世界上年均输沙量超过 1.0 亿 t 的大河中，黄河的年输沙量及平均含沙量均位居首位。

据 2018 年全国水土流失动态监测成果，黄土高原水土流失面积为 21.4 万 km²，占土地总面积的 37.2%；长江流域水土流失面积为 34.7 万 km²，占土地总面积的 19.4%，黄土高原水土流失占比远高于长江流域，也高于全国总体水平。根据 2000 年和 2018 年全国水力侵蚀强度分布图，黄土高原土壤水力侵蚀在强度以上分布范围最广、特别极强度和剧烈区域主要集中分布在黄土高原地区，其中侵蚀模数大于 8000t/（km²·a）的极强烈水蚀面积 8.5 万 km²，占全国同类面积的 64%；侵蚀模数大于 15 000t/（km²·a）的剧烈水蚀面积 3.67 万 km²，占全国同类面积的 89%。

经多年治理，黄土高原区域生态环境逐步改善，但其生态脆弱性和重大的灾害风险性的本底并没有根本改变。一是黄土高原仍有一半以上的水土流失面积尚未得到有效治理，不同区域水土流失治理程度差距显著，且仍有一大部分强烈侵蚀区属于难治理区，潜在的水土流失仍然非常严重。二是部分区域水土治理标准低，措施配置不当，系统防护效能不高，极端气象事件下低效林地、坡耕地、老式梯田、病险淤地坝等抵御灾害能力严重不足，局部侵蚀依然严重。三是黄土高原坡耕地和侵蚀沟大量存在，仍是水土流失主要来源地，目前黄土高原仍有 66.7 万条侵蚀沟急需针对性治理。四是黄土高原以小流域为单元的综合治理成效显著，但生态保育和经济融合发展仍存在不足，山区放牧、退耕还林反弹现象时有发生，水土流失成果巩固任务重。五是生产建设项目水土流失防治体系缺失或不完善，可导致施工过程中增加原地表数倍甚至数十倍泥沙量，人为新增水土流失强度大。

10.3 保护治理对策

黄河流域生态环境保护治理应当对照"把黄河打造成造福人民的幸福河"目标要求，按照山水林田湖草生命共同体的理念，以流域为系统单元，实施河流和陆域共治、上中下游齐治、水与经济社会兼治、流域内外合治，统筹推进各项工作。

10.3.1 抓节水：严格水资源刚性约束，大力提升用水效率与效益

（1）加强总量控制，强化水资源承载能力的刚性约束

进一步将水资源作为最大的刚性约束，全面开展全流域水资源承载力调查评价，划定水资源承载能力地区分类，实施差别化管控措施，建立监测预警机制。水资源超载地区要制定并实施用水总量削减计划，严格落实考核制度。健全省、市、县三级行政区域用水总量、用水强度控制指标体系，强化节水约束性指标管理，落实主要领域用水指标。

（2）实施统筹规划，建立与水资源承载能力相适应的经济结构

坚持"以水定城、以水定地、以水定产、以水定人"，立足流域和区域水资源承载能力，合理确定经济布局和结构。控制高耗水作物种植面积，因地制宜优化农、林、牧、渔业比例。控制高耗水、高污染行业比例，发展优质、低耗、高附加值产业，推动能源化工企业向工业园区集中，设置效率门槛，逐步淘汰低效工业企业。完善规划和建设项目水资源论证制度，出台重大规划水资源论证管理办法，加强对重点用水户、特殊用水行业用水户的监督管理。

（3）大力推进分行业深度节水

在农业方面，实施灌排协同调控，精细化节水灌溉，提高灌溉水利用率，降低单位农产品的用耗水量。流域上游的宁蒙河套平原、中游的汾渭盆地、下游防洪保护区范围内的黄淮海平原，都是我国主要的农业生产基地，在搞好节水工程措施的同时，重点采取配套的非工程节水措施，包括平整土地、膜上灌蓄水保温保墒、调整作物种植结构、推广旱作农业等。在工业方面，加强用水定额管理，逐步建立行业用水定额参照体系。尤其是在能源资源开发潜力巨大的黄河中上游地区，针对能源、冶金、化工等传统行业，建立和完善循环用水系统，提高工业用水重复率，降低单位工业产品用耗水量。在第三产业方面，实施高耗水服务业节水技术改造，扩大节水器具和设备普及范围；强化消费者节水行为；推广绿色建筑和中水回用。

（4）完善计量设施，夯实流域节水基础工作

逐步建立完善全方位监测以及信息感知与实时传输系统，重点强化农业用水立体监测方法与手段，推进"互联网+水资源"的智慧黄河，建设黄河流域水资源综合管理体系。建设黄河流域水资源视频监控系统，增加重要河道、水安全保障工程、堤防处的监控站点，提高对重要地点的实时监控能力。建立完善用水分级计量体系，建立分用户用水统计台账，水源类型、取（用）水量、重复水量、产值、单位产品取水量、主要用水单元、生产工艺和用水器具水平、节水措施，进行实时统计汇总。

（5）强化制度机制建设，规范用水行为

探索流域与区域相结合的节水工作机制，加强行业监管，突出工业市场调节机制、农

业公益性特征和国家基础保障作用，分类施策。宁夏、甘肃、河南、内蒙古 4 个省（自治区）均是国家水权制度建设先行区，要进一步推进水权水市场改革，探索地区间、行业间、用水户间等多种形式的水权交易。完善多元水价形成机制，切实把农业水价改革作为农业节水工作的"牛鼻子"来抓，适时完善居民阶梯水价制度，进一步拉大特种用水与非居民用水的价差。加强节水宣传教育，促进公众建立对节水的理性认知、掌握节水的技能技巧。完善公众参与机制，健全举报制度，充分发挥各级各类监督平台作用，加强监督考核，实施节水评价。

10.3.2 抓配置：优化流域水资源配置，增强水沙综合调控能力

（1）根据水源条件控制用水总量，调整水量分配指标

以生态用水为约束考虑外来调入水量确定流域的用水、耗水总控制指标，在多年平均满足河道内生态用水总量的基础上控制沿黄省（自治区）社会经济用水总量。按照现有"八七"分水方案，考虑黄河水资源衰减、南水北调带来的水源条件变化、国家重点战略要求等因素，提出分期的水量分配方案。近期应考虑下游南水北调通水影响、上游能源产业发展的国家需求，适度增加上游用水指标，改善上游指标约束性缺水的状况。西线工程通水后按照全流域水资源条件整体改善的角度调整水量分配指标。

（2）严格控制跨流域调出水量规模与用途

黄河流域在自身开发利用程度极高的情况下，仍向其他流域调出水量，不符合空间均衡的原则。跨流域调水规模应不高于现状，且不应增加供水范围，现有用户提高用水效率后的节水量不应再用于流域外新用户供水。下游调出水量随着南水北调供水范围扩大应逐步降低，相应的置换水量应归还黄河生态或上游缺水地区用水。

（3）增强上游地区的水量配置能力

考虑未来黄河上游地区缺水较大且存在增加灌溉面积保障粮食安全等潜在需求，在严格控制黄河引水总量的条件下，适当增强上游地区水资源调配能力，增加供水量，减少区域缺水。增强部分支流的水资源开发能力，补足落后地区水利工程、供水设施建设的短板。对于个别条件极端恶劣的区域，可以适度开展生态移民工作。

（4）加大非常规水源利用强度，合理调控地下水

大力推广非常规水源利用，充分利用再生水，具备条件的地区加大矿井疏干水、苦咸水等非常规水源利用，力争远期非常规水源利用达到 30 亿 m³，达到总用水的 10%以上。根据现有地下水超采状况，应逐步退还深层地下水开采量和浅层地下水超采量；尚有地下水开采潜力的地区可适当增加地下水开采量。

（5）加快南水北调西线工程前期论证

建议近期南水北调西线工程向黄河流域调水以解决刚性缺水为主，适宜调水规模为 66

亿～84 亿 m³，保障流域经济社会高质量发展。如果考虑长远保障国家粮食安全和高标准提升黄河流域生态环境质量，南水北调西线工程向黄河流域调水规模可提升至 150 亿～158 亿 m³。如果进一步考虑给下游海河和淮河流域生态环境与经济社会补水需求，以及未来可能的地表径流量进一步衰减，调水规模可提升至 200 亿 m³，支撑建设健康、美丽、和谐、富裕的黄河流域。

10.3.3 抓保护：全面加强河源区、河口区和黄河干支流生态廊道保护

（1）强化上游水源涵养区保护，提高水源涵养能力

以涵养水源，保护生态，减少扰动，充分发挥自然界的自我修复能力为水源涵养保护工程布局的总体原则，在《青海三江源自然保护区生态保护与建设总体规划》实施的基础上，充分发挥自然界的自我修复能力，加大对人为影响生态环境因素的治理力度，推进开展退牧还草、退耕还林还草、封山育林、湿地保护、黑土滩型沙化草地综合治理、草原鼠害防治、生态移民等措施。以三江源、祁连山、甘南、若尔盖、子午岭—六盘山、秦岭等水源涵养区为重点，实施若尔盖、甘南等一批水源涵养和建设工程，提高水源涵养能力。以生态工程设置的观测站为基础，构建生态系统地面长期监测体系，在生态工程构建的生态监测评估遥感信息平台的基础上，建立生态系统监测评估和生态安全预警业务化运行系统，为黄河源区生态保护和可持续发展服务。

（2）实施黄河口三角洲湿地大保护，提升生物多样性

尽早研究实施主河槽、滩地及整个三角洲横向连通机制，实现整个三角洲与黄河的大水系连通，保证三角洲湿地生态系统的良性维持，解决海水倒灌引起的陆域生态系统退化问题；研究实施黄河入海流路并行入海机制，形成多流入海的总体行水格局，减少海岸蚀退，维持自然岸线，从而促进黄河三角洲整体生态环境质量的提升和自然岸线的稳定，最大程度发挥黄河入海径流的综合生态效益。坚持海陆统筹的原则，充分发挥黄河入海水量的生态效益，率先在黄河三角洲实施陆域生态系统保护与修复，促进生态系统的正向演替；实施以入侵物种治理和原生物种恢复为主要内容的潮间带生态恢复，保护和改善以鸟类为主的滩涂生物栖息地质量，保护生物多样性，从而达到提升生态质量、改善生态环境、增强生态承载力、提高生物多样性的目的，使黄河三角洲在渤海综合治理中起到带动示范作用，助推打赢渤海综合治理攻坚战，再现黄河三角洲"水光天色、四季竞秀，鸟集鳞萃、莽莽芦荡"大河三角洲的壮美景色。

（3）开展流域河湖生态流量水量目标的科学制定

在现有河湖生态流量计算方法基础上，针对黄河流域上中下游和干支流特点，充分考

虑水生态系统特征及保护需求，科学确定流域生态流量水量目标体系。包括河流生态廊道维持的水量和流量、集中水源地保护流量、4~6月敏感期生态流量、非汛期枯水时段生态基流等，重点湖泊要制定维系湖泊生态功能的最小生态水位，重要湿地、河口区应根据淡水湿地植被、洄珍稀保护鸟类栖息、河口压咸补淡等需求，确定生态水量。在为每个断面确定流量或水量目标的同时，也明确相应的保证率要求，生态基流保证率应不低于90%；产卵期的脉冲流量等敏感生态需水保证率不低于75%。对已批复实施规划和水量分配方案，适时开展中期评估，对生态流量（水量）目标不明确、不满足生态保护要求的，应限期调整。

10.3.4　抓治理：大力开展生态灌区、水土流失区、下游滩区 "三区" 综合治理

（1）推进生态灌区建设治理，促进区域生态平衡

主抓生态灌区建设与面源控制治理关键环节，尽快实施大中型灌区续建配套和现代化改造，优化灌区供排水体系，强化水生态保护和修复工程，建设农业高效节水系统。实施农业绿色发展行动，落实好 "一控两减三基本" 的控制措施，严格控制农业用水总量，大力发展节水农业，不断提高农田灌溉水有效利用系数。推行覆盖主要农作物的测土配方施肥技术，实行有机养分资源高效利用技术模式，合理调整施肥结构，提升耕地内在质量。构建病虫害监测预警体系，推广绿色防控技术，推进专业化统防统治与绿色防控融合，推进生物农药、高效低毒低残留农药应用，逐步淘汰高毒农药。统筹考虑畜禽养殖污染防治及环境承载能力，推行布局科学、规模适当、标准化畜禽养殖，因地制宜推广畜禽粪污综合利用技术模式，实施养殖废弃物资源化利用。改善乌梁素海生态状况，在乌梁素海实施水生态综合治理工程，实施河套灌区总排干和乌梁素海湖区生态清淤，以及入湖前置人工湿地营造工程。

（2）开展黄土高原水土流失分区精准治理，推进绿色发展和乡村振兴

根据近些年来生态恢复成效和存在的问题，修订规划，总结不同类型区生态修复的成功经验和模式，积极探索在人口密度相对低、降水条件适宜、人为活动干扰少的区域，实施分类指导的生态自我修复。水土保持综合治理中的林草植被建设，要坚持宜草则草、宜灌则灌、宜乔则乔、宜封则封。以400mm降水量为界，以上区域提升林分郁闭度、近自然经营以提升系统质量，以下区域自然修复、辅人工干预以提升系统稳定。以需定产，围绕村镇居民点，在降水量大于400mm和坡度5°~15°缓坡耕地发展旱作梯田及改造提升现状梯田。以多沙粗沙区、特别粗泥沙集中来源区及内蒙古十大孔兑等治理度低的区域为重点，推进淤地坝系工程建设。重要水源地和乡村周边，推动实施农村生态清洁小流域建设

与人工植被提升工程。创新生态治理与乡村振兴融合发展模式，鼓励采用村民自建、以奖代补等多种形式，系统推进重点工程建设，并完善资金投入、生态补偿和项目运行等治理体制机制。

（3）推进黄河下游滩区治理升级，实现滩区可持续发展

在保障黄河下游河道防洪安全的前提下，利用现有的生产堤和河道整治工程形成新的黄河下游防洪堤，使下游大部分滩区成为永久安全区，从根本上解决滩区发展与治河的矛盾。主河槽是下游河道基本的输水输沙通道，今后要在相当长时间内，维持一个平滩流量4000m³/s以上的主河槽，并通过河道整治工程等，稳定河势，保障河道基本的泄洪输沙能力和大堤安全。在黄河下游主河槽两岸以控导工程、靠溜堤段和布局较为合理的现有生产堤为基础，建设两道新的防洪子堤，形成一条宽3~5km的窄河道，使新防洪子堤之间的窄河道可输送8000~10 000m³/s的流量，窄河道内控制种植高秆稠密作物，居民全部迁出。通过滩区引洪放淤及机械放淤，淤堵串沟堤河，平整和增加可用土地，标本兼治，加快"二级悬河"治理步伐，改变"二级悬河"河段槽高、滩低、堤根洼的不利局面。在新的防洪堤与原有黄河大堤之间的滩区上利用标准提高后的道路等作为隔堤，部分滩区形成滞洪区，当洪水流量大于8000~10 000m³/s时，可向新建滞洪区分滞洪。将一部分隔堤内的滩区按滞洪区建设，其中居民退出，土地可耕种；将另一部分隔堤内的滩区建设成居住生活区，提高该区域的防洪标准。对滩区进行分类治理，使大部分滩区成为永久安全区，解放除新建滞洪区以外的滩区。

10.3.5 抓调度：促进水利工程生态化改造，完善流域综合调度管理体系

（1）开展水利工程生态化改造

对流域所有水工程进行一次大排查，结合当地河湖生态保护需求，开展水工程的生态化改造，包括泄流设施建设、基本生态流量闸口预留、鱼道建设、多层泄流、生态友好的水轮机更换等。要严格按照流域综合规划及项目环境影响评价报告书批复要求，将生态流量泄放设施、监控设施及投资纳入项目方案，与主体工程同时设计、同时施工、同时投产使用。对已涉水工程中，未按环境影响报告书批复要求建设生态流量泄放和监控设施的，要停止取用水并限期整改。水工程管理者要制定水工程的生态调度规则，与防洪、供水、发电等调度相互协调，坚持安全第一、基本生活用水优先、基本生态保护优先、兼顾生产的调度原则。

（2）建立水利工程多目标综合调度体系

综合黄河水资源承载条件和生态保护要求，在考虑黄河汛期防洪调度、非汛期下游灌

溉供水调度、凌汛调度等调度情况下，基于分区域、分时段生态保护目标，实现黄河水量调度的多目标动态调整。然后通过调度手段对河流流量以及过程进行重新塑造，以满足如关键期鱼类洄游产卵对流量过程、水温、河床条件的要求，重要湿地的水量补给及生境塑造需求等。最终通过科学调度实现在丰水年最大化生态修复，平水年流域环境维持，枯水年保障供水的同时不出现极端生态事件。在生态流量保障的基础上，选择具有重要生态保护意义的代表性河段，探索开展生态适宜性流场的营建，通过对河道地形和底质的适当改造，营造适宜于鱼类栖息繁殖的微生境体系和流场环境，提高生境质量和鱼类栖息适宜度，加强黄河流域鱼类资源保护和生物多样性提升。

（3）建立生态流量监测预警和应急响应体系

加快河湖重要控制断面及跨行政区断面监测站点建设，重点加强平、枯水期流量（水量）监测能力，提高小流量测验精度。水库、水电站、闸坝等各类涉水工程管理单位，应限期完善水文监测和实时监控设施建设，对口门引提水、闸门启闭等实现在线监控。对照生态流量目标进行控制断面生态流量达标情况的实时评估和分析，建立起预警机制，根据不同预警级别，采取相应措施，如制定并实施用水总量削减方案、暂停审批建设项目新增取水许可、开展应急补水等。将生态流量纳入河流管理及河长制的责任目标考核体系，建立起河湖生态流量保障的长效机制。

10.3.6 抓监管：加强流域生态环境监管，开展常态化健康诊断评价

（1）确定流域分区的生态环境保护目标清单

在综合考虑流域上下游整体性和干支流协调性的基础上，基于黄河流域水生态环境功能分区类型，明确界定不同分区、不同类型和区段河流的水生态环境功能总体定位与保护要求，基于水生态环境功能定位制定各分区中涵盖水资源、水环境、物理栖息地和水生生物的保护目标清单与保护目标阈值。

（2）建立黄河流域基于保护目标的水生态环境监测评价体系

根据流域保护目标清单及其阈值要求，建立黄河流域健康评估指标、标准和方法，形成适用于黄河流域的水生态监测、评估标准体系，制定近期和中长期评估方案。其中尤其需要做好生态环境监测能力的提升和监测网络的建设的工作，如水土保持需要对黄土高原砒砂岩区、不同水土流失分区沟坡等典型区或特殊的严重水土流失区开展系统调查，把黄河流域水土保持监测站网建成国家生态监测网络体系的重要部分，进一步提升对水土流失区的监管能力；在河口区域，不仅要关注生物种群的变化，更要及时掌握河口来水来沙条件、泥沙运动和三角洲演变等环境因素的动态；在全流域则需尽快把河流水生态系统的监

测体系建立起来，及时弥补目前对黄河流域水生态系统认识不深、基础不够的短板。

（3）积极开展流域水生态环境的定期评价和适应性生态流量管理

开展黄河流域水生态健康常态化评价，形成黄河流域定期评估报告或黄河白皮书，为黄河流域长期生态保护与治理提供重要的科学依据；同时根据水生态监测结果，对生态流量调度管理的生态环境效应进行评估，基于评估结果对制定的生态流量目标进行滚动修正，为黄河流域的高质量发展提供重要的生态支撑。

10.4 保障机制

10.4.1 靠法治：加快健全黄河保护法律体系，以法的名义保护黄河水生态环境

（1）积极落实黄河保护法

黄河病得更重，保护治理要对症下猛药，要靠专门性的严法重典。为此，严格落实《中华人民共和国黄河保护法》，落实好黄河流域水污染防治、生态流量保障、滩地保护修复、岸线恢复、生态清洁小流域建设等方面禁止或限制性条款，为黄河流域生态保护和高质量发展提供法治保障。

（2）在相关法律法规修订中进一步强化黄河流域水生态环境保护要求

修订《中华人民共和国水法》《中华人民共和国水土保持法》《中华人民共和国河道管理条例》等与黄河流域水生态环境紧密相关的法律法规，要增加黄河流域水生态保护与修复的特别规定，细化实化水资源节约、保护等相关内容，强化水资源调度、监管等内容，突出河湖生态保护及生态修复等内容，让相关法律法规更好地规范和推动黄河水生态环境保护与修复。

10.4.2 靠管理：改革综合管理体制，强化流域管理

（1）探索设立黄河总河长

目前河长制将属地责任压实了，进一步强化了行政区域管理。但是，黄河水生态环境保护与修复更需要流域层面的协调统筹。为此，在总结地方实行河长制的做法与经验的基础上，探索设立黄河总河长，总河长可以由国务院领导担任，也可由国务院授权部门或机制的主要负责人担任。

（2）健全黄河流域管理体制

黄河水生态环境保护与管理涉及多个部门，黄委作为水利部派出机制，难以协调其他

部门指导、支持黄河水生态环境保护与修复工作。为此，可以借鉴北京（街乡吹哨、部门报到）与军队改革（军委管总、战区主战、军种主建）的思路，探索建立黄委吹哨、部门与地方报到的机制，即黄委根据工作需要，提出水生态环境保护与修复任务清单，由国务院相关部门部署落实，把压力层层传导到地方。

10.4.3 靠机制：创新流域生态环境保护与治理的经济机制

（1）建立水量水质挂钩的生态补偿机制

生态补偿是调动各地加强水生态环境保护与修复的有效措施。目前流域尺度的生态补偿主要是生态环境部、财政部牵头，主要考虑水质。与长江流域相比，黄河流域水生态环境问题症结在水量不足。因此，建立黄河流域水生态补偿机制，要把水量摆在首要位置，要增加水量指标权重。

（2）建立再生水利用配额制

黄河流域水生态环境问题突出主要原因之一是入河污染负荷大，根本出路是减负。目前，黄河流域市县级以及部分新建乡镇污水处理厂出水水质均达到国家一级 A 标准限值，基本具有再生利用条件。为此，耗水量接近或超过分配指标、支流水质不达标的地区，必须强制性使用再生水，确保再生水零入河。未达到再生水利用配额的，相应核减常规水资源取用水指标。

10.4.4 靠科技：充分发挥科技引领和支撑作用

（1）加强顶层设计，以科技创新支撑引领流域生态环境治理

围绕新时期国家对黄河流域的战略定位和战略目标，立足于全流域和生态系统的整体协同，以"水"为主线，以"流域"为着眼点，开展顶层设计、编制总体方案，积极推动"十四五"黄河科技专项的立项，重点突破黄河流域生态保护治理基础理论和关键技术，实现科技引领，重点包括流域水沙变化规律、重点生态区生态演变机制、水沙调控下中下游河流生态环境演化机理、梯级水电的水生态系统影响机制、河流全物质通量耦合作用机制及互馈效应、生态保护与高质量发展协同的水土资源配置、水沙调控阈值体系和生态产业模式等基础理论和方法；基于生态环境保护目标的流域生态流量确定与监管技术、重要湖泊和湿地生态功能提升、流域/区域水–土–气污染联防联治、污水和洪水及泥沙的资源化利用、下游河道与滩区综合提升治理措施、梯级水库群多目标协同调控、南水北调西线工程生态环境效应评估与保障等关键技术；黄河水沙管控和生态环境保护的信息共享平台、智能决策平台等支撑系统；形成黄河流域生态环境治理与保护方略的重大建议。

（2）加强创新能力和保障条件的建设

建立科技创新行动统筹协调机制，由科学技术部、水利部牵头，会同有关部门和黄河流域9省（自治区），探索建立科技创新行动统筹协调机制，共同部署和布局科技创新的重大专项任务，共同推动部门、地方、科研团队的科技创新协同合作；建设黄河流域水利科技基础数据库，建立信息共享机制，共同协调跨部门、跨省市科研数据共享；成立由多学科专家组成的专家委员会，形成高端智库能力；推动黄河流域水生态环境保护相关国家（重点）实验室、国家工程技术研究中心建设，建设黄河流域水利科技创新综合示范区，打造创新驱动区域绿色发展的典范；加强科技投入，在国家重点研发计划中专门设立黄河重点专项，加强科技创新供给；推动科技成果转化和应用，进一步完善相关配套措施，强化技术成果推广转化机制建设，研究打造区域绿色技术交易市场，促进相关科技成果交易转化。

10.4.5 靠公众：切实发动公众广泛参与和监督

（1）广泛发动公众投身流域生态环境保护治理

黄河流域生态环境问题关乎流域内每一个人，因此其治理也要依靠流域内的全体人民。要让流域内和流域外利用黄河水的每一个人都充分认识到黄河流域生态环境的问题，增强资源节约与生态环境保护意识，同时结合各自的生活生产过程，强化水资源节约和循环利用，实施集约化生产，推进绿色消费。

（2）着力推动公众监督生态环境保护治理

"群众的眼睛是雪亮的"，不仅要让公众做好黄河流域生态环境保护治理的运动员，还要发挥公众监督员的作用。在加强教育和增强意识的基础上，创新经济激励机制，畅通监督与举报的渠道，广泛发挥公众对生态环境保护治理的监督作用，让不合理利用和破坏生态环境行为无处遁形，打一场保护治理生态环境的人民战争。

| 11 | 黄河流域五水统筹治理体制机制创新

本课题主要针对"九龙治水"顽疾，坚持生命共同体的新理念，提出五水统筹治理体制机制创新。

11.1 黄河流域管理体制现状分析

黄河流域实行流域管理与行政区域管理相结合的管理体制，黄河水利委员会作为水利部的派出机构，在所管辖的范围内行使法律、行政法规规定的和水利部授予的水资源管理和监督职责，对黄河水资源开发利用实行统一规划、统一配置、统一调度、统一监测、统一监管；同时，流域内各省（自治区）全面实行河长制湖长制，以保护水资源、防治水污染、改善水环境、修复水生态为主要任务，全面监管"盛水的盆"和"盆里的水"，落实属地责任。习近平总书记在黄河流域生态保护和高质量发展座谈会上要求坚持中央统筹、省负总责、市县落实的工作机制；要完善流域管理体系，完善跨区域管理协调机制，完善河长制湖长制组织体系，加强流域内水生态环境保护修复联合防治、联合执法。目前存在的突出问题是生态保护和高质量发展涉及面广，流域管理机构业务主要限于水利方面，难以充分发挥协调监督作用。

11.1.1 黄河流域水资源管理体制分析

11.1.1.1 黄河流域水资源管理历史沿革

关于黄河的治理，历史由来已久。据历史文献记载，黄河下游曾决口不下于 1500 次，较大的改道不少于 20 次。黄河的河道变迁主要出现在下游，其变迁范围，西起郑州附近，北达天津，南至江淮，纵横 25 万 km^2。黄河泛滥导致的洪水灾害使民众损失惨重，甚至民不聊生，这引起了历朝历代的统治者对黄河下游治理的重视。

从西汉到清朝，中央设立了治河机构与管理官员，以加强对黄河流域的管理。1933 年，国民政府设立直属于中央政府行政院的黄河水利委员会，对黄河的防洪、水利施工等事务进行统一掌管。1946 年 2 月，晋冀鲁豫边区政府成立冀鲁豫解放区治河委员会，这是中国共产党领导的第一个人民治理黄河机构。1949 年 6 月，华北、中原、华东三解放区成立三大区统一的治河机构——黄河水利委员会。为完善黄河的治理与开发，1950 年 1 月 25 日，中央人民政府决定黄河水利委员会为流域性机构，直属于中华人民共和国水利部，统一领导和管理黄河的治理与开发，并直接管理黄河下游河南、山东两省的河防建设和防汛工作。1954 年，在北京成立黄河规划委员会。1955 年 7 月 30 日，第一届全国人民代表大会第二次会议通过了《关于根治黄河水害和开发黄河水利的综合规划的决议》。有关黄河的治理方案日趋系统与全面，机构的设立也逐渐符合现实情况的需要。

以往的治河历史，更加注重下游的修守堤防和单纯防洪。中华人民共和国的治黄工作，通过全面规划、统筹安排，实现标本兼治、除害兴利，全面开展流域的治理与开发，有计划地安排重大工程建设。经过 60 多年的建设，对黄河上中下游进行了不同程度的治理与开发，基本形成了以"上拦下排，两岸分滞"为特征的蓄泄兼筹的防洪工程体系，建成了三门峡等干支流防洪水库和北金堤、东平湖等平原蓄滞洪工程，加高加固了下游两岸的堤防，并且开展了河道整治，逐步完善了非工程防洪措施，一定程度上控制了黄河流域的洪水，较过去显著提高了防洪能力。

然而，就目前来说，对黄河流域的管理依然存在着一些问题。第一，流域管理存在着严重的条块分割的现象，缺乏统一的管理。例如，黄河干流的引水工程或水库分属于不同的地区和管理部门实施与管理。第二，流域管理机构缺乏必要的强有力的管理手段和约束机制，不能有效地控制引水量。近年来，虽然全面实施了取水许可制度，但是对黄河水资源的统一调度和管理的效果依然不明显，根本原因即在于此。第三，目前，我国流域机构没有明确的执法地位，在黄河的治理、开发、管理和保护的过程中，难以做到对水资源管理过程中与社会、经济、环境及其他关系的有效的调整和规范。

11.1.1.2　黄河流域水资源（现行）管理体制概述

（1）黄河流域水资源管理机构设置

黄河流域水资源管理的目的在于协调人们在开发利用黄河水资源过程中的利害关系，以实现黄河流域水资源的合理配置和有效利用。有效的管理离不开体制的健全与完善。迄今，黄河水利委员会的下属机构已经遍布黄河流域的 9 个省（自治区），发展成为一个大型治河机构。

黄河水利委员会是隶属于水利部的流域管理机构，负责对黄河流域内的水资源进行规划、分配与协调，进行预报和监测，提供必要的技术支持等。其下设机关部门、直属事业单位、直属企业单位及黄河流域水资源保护局这一单列结构。机关部门下设办公室、总工程师办公室、规划计划局、水政局、水资源管理与调度局、财务局、人事劳动局、国际合作与科技局、建设与管理局、水土保持局、安全监督局、防汛办公室、监察局、审计局、黄河工会等职能机构，分工有序，各司其职，涵盖黄河流域水资源治理过程所需要的职能分工。黄河水利委员会的直属事业单位包括山东黄河河务局、河南黄河河务局、黄河上中游管理局、黑河流域管理局、水文局、经济发展管理局、黄河水利科学研究院、移民局、机关服务局（黄河服务中心）、山西黄河河务局、陕西黄河河务局等。直属企业单位有黄河勘测规划设计有限公司和三门峡黄河明珠（集团）有限公司。原黄河流域水资源保护局转隶于生态环境部管理，改名为生态环境部黄河流域生态环境监督管理局。

（2）黄河流域水资源管理规范

《中华人民共和国水法》是为了合理开发、利用、节约和保护水资源，防治水害，实现水资源的可持续利用，适应国民经济和社会发展的需要而制定的法律，是我国针对流域综合治理的法律。2002年修订的《中华人民共和国水法》，结合现阶段依法治水的思路，比对1988年《中华人民共和国水法》，修订与完善了原法内容中水资源管理制度规定不完善、流域管理规定缺乏以及立法量化和可操作性不足等问题。它以提升用水效率为核心，把水资源的节约、保护、合理配置放在突出的位置，力争实现水资源的可持续利用，促进资源与社会经济、生态环境协调发展，奠定了我国流域水资源管理的法律制度基础。

《中华人民共和国防洪法》的制定与实施主要是为了防治洪水，防御、减轻洪涝灾害，维护人民的生命和财产安全，保障经济社会发展的顺利进行。防洪工作按照流域或者区域实行统一规划、分级实施和流域管理与行政区域管理相结合的制度，实行全面规划、统筹兼顾、预防为主、综合治理、局部利益服从全局利益的原则。《中华人民共和国防洪法》确立了防洪规划、治理和防护、防洪区和防洪工程设施管理以及防汛抗洪中的一系列法律制度，明确了各级人民政府中的水行政主管部门与各流域管理机构之间在防洪减灾工作上的职责分工，厘清了各方主体在抵御洪涝灾害中的事权关系等，用法律规范加强了我国的防洪工作。

《中华人民共和国水土保持法》制定的目的是预防和治理水土流失，保护和合理利用水土资源，减轻水、旱、风沙灾害，改善生态环境，保障经济社会可持续发展制定。通过对规划、预防、治理、检测与监督等方面的规定，强化了水土保持规划与监督管理的法律地位。

《中华人民共和国河道管理条例》是为加强河道管理，保障防洪安全，发挥江河湖泊的综合效益，根据《中华人民共和国水法》制定的行政法规。除此之外，还有地方根据本地的实际需要而制定的地方性法规或政府规章，如《河南省黄河河道管理办法》《河南省黄河防汛条例》《河南省黄河工程管理条例》及其他有关法律、法规规定，加强黄河河道管理，保障防洪安全，以发挥黄河河道及治黄工程的综合效益。

《黄河水量调度条例》的目的在于加强黄河水量的统一调度，实现黄河水资源的可持续利用，促进黄河流域及相关地区经济社会发展和生态环境的改善。国家对黄河水量实行统一调度，遵循总量控制、断面流量控制、分级管理、分级负责的原则，调度时应当首先满足城乡居民生活用水的需要，合理安排农业、工业、生态环境用水，以防止黄河断流。

为完善我国的水资源保护工作体系，落实属地责任，2016 年 12 月 11 日中共中央办公厅、国务院办公厅印发了《关于全面推行河长制的意见》，要求以保护水资源、防治水污染、改善水环境、修复水生态为主要任务，全面推行河长制，意见明确了河长负责组织领导属地内河湖的管理和保护工作。构建责任明确、协调有序、监管严格、保护有力的河湖管理保护机制，为维护河湖健康生命、实现河湖功能永续利用提供制度保障。由此，河长制在我国河湖管理保护工作得到全面推广。

11.1.2 黄河流域水资源管理现状分析

11.1.2.1 黄河流域水资源开发利用现状

黄河是中国的第二大河。发源于青海高原巴颜喀拉山北麓约古宗列盆地，向东穿越黄土高原及黄淮海大平原，注入渤海。干流全长为 5464km，水面落差为 4480m，流域总面积为 79.5 万 km^2（含内流区面积 4.2 万 km^2）。

黄河流域西居内陆东临渤海，横跨半湿润、半干旱、干旱三个气候带。横跨地区均属于严重的资源性缺水地区，降水量少。黄河水资源贫乏，水资源总量占全国水资源总量的 2.6%，在全国七大江河中居第 4 位。人均水资源量为 905m^3，亩均水资源量为 381m^3，仅为全国人均、亩均水资源量的 1/3 和 1/5 左右，再加上流域外的供水需求，人均占有水资源量更加稀少。流域内水资源总量的地区分布也不均匀，兰州以上流域面积占全河流域面积的 29.6%，水资源总量却占全流域水资源总量的 47.3%。龙门至三门峡区间流域面积占比为 25%，水资源总量占比为 23%。而兰州至河口镇区间流域面积占比为 21.7%，水资源总量仅占 5%。

随着黄河流域经济的发展，工农业用水量逐渐增大，加之流域内人口数量激增，城乡居民生活用水量也呈现上升趋势，使得黄河水资源供需矛盾日渐突显，缺水问题十分严重。虽然黄河流域存在着地表水土先天条件不足，生态系统较为脆弱，但是人类社会经济发展过程中环境生态保护意识依然不强。在一系列原因相互作用下，产生了黄河面临严重水资源短缺、生态环境恶化、水灾害严重等问题。这三大问题相互交织，造成了黄河流域目前的严峻形势，黄河干流的基流越来越小，支流的断流情况也越来越严重。目前发生断流的支流已经超过 10 条，且在断流的数量、频度、长度等方面，都呈现出逐年增加的趋势。水危机引发了水资源供需间尖锐矛盾，已经成了制约黄河流域可持续发展的瓶颈。

11.1.2.2 黄河流域水资源管理存在的问题与成因

（1）黄河流域水资源管理体制存在的问题

第一，管理机构设置不合理。流域水资源管理机构缺乏明确的法律法规以保障管理权限与性质，这增加了对水资源实行统一的管理、对流域水资源进行合理的规划与利用、做好水污染系统防治等工作的难度。黄河水利委员会作为水利部派出的流域管理机构，对黄河流域的水资源管理工作负责，但是具有行政职能的事业单位的性质削弱了其流域管理机构作用的发挥。其一，水利部主要负责保障水资源的合理开发与利用，在对水资源进行开发利用的同时，兼顾对流域水资源管理工作的统筹规划，并且包括水利工程建设的管理，导致在进行实际水资源管理时，易将流域机构作为其提供技术服务的单位。其二，水利部在计划和管理层面对流域机构的放权有限，导致在进行水资源管理的工作时，流域机构的自主权很小。因此，部分地区并不重视流域机构的管理职能，在进行地方水事管理时也不愿流域机构参与其中。其三，水利部在开展水电、航运、供水、水环境治理、水土保持等水资源管理与开发利用工作时，离不开众多部门的参与与配合，而采取派出机构这种工作模式，非常不利于协调与联合管理有关部门及其下属单位。

第二，缺乏统一的管理体制。《中华人民共和国水法》中明确有"流域范围内的区域规划应当服从流域规划"的条款，但是对于流域管理与区域管理之间的协调统一，未作明确的细节安排与具体要求，在水资源管理过程中，二者难以通过现有的法律法规协调出现的矛盾。因此，这一条款在实际实施过程中难以得到保证。《中华人民共和国水法》对于流域管理机构在流域水资源统一管理和调度等方面的规定缺乏细化的制度安排与具体要求，过于笼统。在进行水资源管理时，流域管理机构和区域管理机构之间存在着事权不分、职能重叠等问题，相对而言流域管理更加薄弱，还不能落实对流域的统一管理。关于流域水资源保护和水污染防治，现行的水资源管理体制还缺乏必要的协调和衔接，尚未形成联合治污机制。生态环境保护和基础设施建设是西部开发的重点工作内容，且西部大部分省（自治区）位于黄河中上游地区，因此预防和监督西部开发过程中造成水土流失或水污染成为黄河流域管理机构的重点工作之一。该机构不仅要继续加强黄河下游的防洪工作，还应重视对黄河流域中上游的保护与关注，因此，对全流域的水资源实施全面、综合、统一管理是新时代经济社会发展的要求。

第三，双重领导机制存在弊端。黄河水利委员会代表水利部在其所在的流域内行使水行政主管职能，其特征是政事合一的事业单位。因此，在实际的运作过程中，不仅具有广泛的水行政管理职能，要从事大量的生产经营、资源开发和工程建设，同时还负责大量的科研与设计任务。其资金主要来源于国家的财政拨款，其他来源包括收集的水、电费以及企事业单位的创收。国务院对各部门进行了不同的职责分工，水利部专门负责对我国水资源进行综合的管理和保护，生态环境部门负责对水污染实施统一的监督管理，但二者目的一致，均是为了预防和控制水质的污染。双重领导体制下的水资源管理虽然能起到相互监督与激励的作用，但也会引致两部门之间的矛盾以及两部门的职能重叠，在出现问题之时易互相推诿，降低了解决问题的效率，浪费了资源。

自成立专门负责黄河水质监测工作的黄河流域水资源保护局（以下简称"保护局"）以来，明确规定，保护局隶属于水利部和生态环境部联合领导，共同管理。在人、财、物方面归水利部管辖，其具体负责的是黄河水质监测工作，因此又和生态环境部联系紧密。此外，保护局仅负责对黄河的水质进行监测，不具备执法权，发现问题后只能将监测到的数据上报至生态环境部，生态环境部再转递至各地方生态环境部门权衡处理。但是地方生态环境部门往往更重视地方经济的发展，选择忽视对环境生态的保护。因此，水质污染的现状无法得到应有的重视与改善。由于协调和沟通不到位，黄河水利委员会和生态环境部间常常出现意见分歧，在出现黄河水质污染现象后，两个部门之间经常相互推卸责任，最终没有哪个部门愿意对水质污染事件承担应负的责任并作出合理的安排，水质自然得不到真正的改善。

第四，行政效率低下。在我国，水资源管理由不同级别的水利、生态环境、地质等十几个部门共同参与。即便同一行政区域内，水资源管理也由水利、市政、生态环境等多个部门共同参与。《中华人民共和国水法》改变了过去传统计划经济时代下分级、分部门水资源管理体制的"多龙治水"，但形成了"一龙治水，多龙管水"的局面。另外，环境保护机构对水环境保护工作实行统一监督，由水利、城建、交通、市政等各部门分工协作，但法律没有明确统一的监督管理权和其他相关权利之间的关系，且缺乏配套的法规进行细化，因此不利于集中统一执法。

在我国现行的水资源管理体制下，众多部门参与水资源管理的工作，除了存在"多龙管水"的现状，还渐渐形成了在流域上的"条块分割"、在地域上的"城乡分割"、在制度上的"政出多门"、在职能上的"部门分割"等局面，使得水资源管理的各部门之间存在管理职能相互交叉的问题。因此，在管理实践过程中出现水污染等问题之后，众多管理部门之间又互相推诿、推卸责任，没有哪个部门真正对后果承担责任。即使流域水资源管理机构进行了一定程度的分工与协作，但是各部门之间存在较多的职能交叉，加之水资源管理中存在的多重领导现象，事实上，流域水资源管理的效率非常低下。

（2）黄河流域水资源管理体制困境的成因

第一，法律保障体系不健全。《中华人民共和国黄河保护法》出台前，黄河流域没有一部真正意义且具有流域针对性的水资源保护法。我国众多涉及水资源保护的相关法律法规，更注重对环境保护等方面的规定。在现行的法律法规中，更多的是适用于全国范围的原则性、普遍性或是一般性的水资源保护规定，且分散在不同的法律法规条文中，没有形成完整的体系，部分条款不具有很强的实际可操作性，在实际运用中很难真正解决黄河流域现存的问题，其行为规范意义远远低于指导意义。

法律法规的制定存在时滞效应，往往不能及时将许多成熟的研究结果和成功实践了的管理方法纳入其中，完全通过制度进行稳定、全面、深入的水资源保护工作就难以得到预期的效果。关于严格管理入河排污口以及严格控制入河污染物的总量等相关规定，没有以法律法规的形式说明具体的实施细节。根据实际，这样的管理规定无法与法律法规进行良性衔接，与水资源保护的客观要求也相差甚远，存在着严重的脱管以及部门衔接不良等问题。例如，国务院颁布了《建设项目环境保护管理条例》、《中华人民共和国水污染防治法》及《中华人民共和国河道管理条例》，这些法律法规在设置排污口方面的相关规定中没有明确。诸如，向河道及水利工程排污前必须报经该河道的上级主管部门同意后方可实施的此类规定，导致出现管理上的漏洞。加之黄河水少沙多，存在着不协调的水沙关系，以"地上悬河"为特征的河道，游荡多变的河势，威胁重重的洪水，脆弱的流域生态环境以及矛盾尖锐的水资源供需问题，综合之下使之成为世界上最为复杂难治的河流。为了实现黄河流域的长治久安，促进水资源节约集约利用，加强流域生态环境保护，实现流域高质量发展，推进流域治理体系和治理能力现代化，从根本上解决黄河流域管理体制存在的突出问题，为黄河流域生态保护和高质量发展重大国家战略提供根本性、全局性、系统性的制度保障，迫切需要制定与落实一部针对性强的黄河保护法。

第二，相关基本制度缺失。循环经济满足水资源管理可持续性的要求。目前，我国仍然缺失与循环经济相契合的一系列水资源保护制度，且相关制度不够完善，水资源保护的工作缺乏相应的基本制度支撑其可持续发展。首先，当前的节水和废水回收系统均存在一些缺陷。在《中华人民共和国水法》或者其他法律中对于节水的相关规定，都更倾向于末端治理，没有明确水资源浪费行为的法律责任，从源头节水以减少水资源浪费的法律规范就更少了。现行节水标准体系尚未健全，对节水技术的相关政策和措施推行也不到位，目前仍然缺少在诸如火电、钢铁、化工、印染等高耗水产业中统一应用的、可行的节水标准体系。在农业和服务业领域，均尚未形成统一的节水标准体系，这也使得我国的水危机日益严重。其次，迄今为止，我国仍未形成水资源保护的激励机制。诸如，治理成本高于排污费用的状况，使得排污者倾向于选择缴纳排污费用而不是花更多的钱进行排污治理。正是由于当前我国排污收费制度中收费标准不合理、收费项目未完全覆盖的现状，以低价购买合法的排污权成为十分普遍的行为，继而使污染更加严重。《中华人民共和国水污染防治法》规定，加大对违法的排污行为处罚的力度，扩大处罚的对象，提高水污染行为的处罚标准及排污成本，以期遏制排污的行为。此外，水资源价值难以确定，我国未将水资源纳入到国民经济核算体系之中。因此，环境资源的变化不能及时反映到国民资产中，这些潜在因素仍会造成大量的水资源浪费和污染，削弱了节水工作与减排工作的效用。

第三，流域区域间协作不力。《取水许可和水资源费征收管理条例》和《黄河水量调度条例》均规定了对黄河流域和区域协作机制及相关的制度安排。在流域管理与区域管理相结合的水资源管理体制下进行水资源管理，首要的是进行资料与信息的及时交流、共享。但是，目前在黄河水资源的取水指标细化及取水许可的审批等方面，存在上报资料渠道不通畅的问题，造成资料及信息交流的滞后，不能及时满足实际工作的需要。2007年，黄河防汛抗旱总指挥部成立，扩展了黄河防汛指挥部的管理范围，从仅负责中下游扩展到承担全流域的责任，管控的省（自治区）的范围，相较于原来增加了四个，扩增至八个，任务由原来的防汛指挥扩展到了防汛与抗旱的工作结合进行，为进行黄河水资源统一的管理奠定了基石。但是目前进行水资源管理实践时，依旧存在着流域-区域总量控制脱节、取水许可统计制度运行不通畅、上中下游省（自治区）内的水量调度机制不健全等问题；在域水资源管理机构与区域水行政主管部门之间的水资源管理工作过程中，没有对责任方的明确规定，衔接也不够密切。

第四，传统水资源管理理念未转变。长久以来，我国在传统水资源管理思路的指导下进行水资源管理实践。其理念可以概括为强调人能改造自然、战胜自然，强调人类对自然性质的转变作用；以工程水利为指导，以供给管理、分割管理为主要管理方式，重点在于开发和利用水资源。因此，水资源管理实践中对市场机制和社会机制的作用不够重视，一直实行一种单一的、以自上而下的、行政管制为主导的集中统一的集权式的管理模式，进行各类水资源的调控与分配。在短期，能够实现一定的效果。在长期，仅依靠行政命令进行政府管制，并不能建立起健康的流域水资源分配体系和水资源管理机制体系。因此，该理念存在一定的局限性。此外，分割管理模式更加注重对水资源的开发和利用，却忽视了对水资源的保护，不足以发挥其最大的效用。

11.2　国外流域水资源管理经验及启示

11.2.1　流域水资源管理体制优化的国际经验

（1）美国田纳西河水资源管理经验

田纳西河是美国的第八大河，全长1050km，流域面积10.4万km²。随着工业化的发展、人为的滥伐森林、人为及自然的水土流失，这里的宁静也开始面临污染问题，农业衰落、民众受苦。经过长达12年（1933~1945年）的集中治理，田纳西河的面貌焕然一新，农、工、林业以及航运、水电等行业都十分发达。田纳西河流域的管理体制经验可以总结为以下三点：

第一，流域管理机构高度自治。田纳西河流域管理局（TVA）是以《田纳西河流域管理局法》为基准而设立的，依法进行自主经营，直接由国会和总统负责，是一个具有法律基础的、高度自治的流域管理机构。因此，TVA 具有行为处事的权威性、灵活性、主动性。其责任范围包括流域防洪、发电、航运、水利等的开发和管理，并且对于各种流域问题，可以直接向总统和国会进行实时汇报，而不必受阻于各种程序和部门。TVA 管理机构设立董事会和地区资源管理理事会。董事会成员包括主席、总经理和总顾问。目前，董事会下设执行委员会，委员会的各成员分别负责主管流域某一方面的业务。TVA 具体的组织结构如图 11-1 所示。

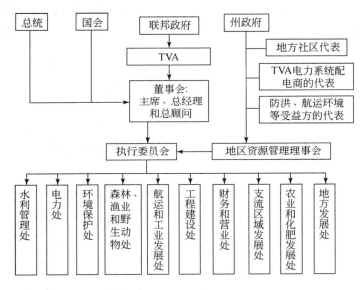

图 11-1　TVA 组织结构

第二，统一规划流域水土资源。为发展地区经济、综合开发和管理流域，TVA 对流域内的各种自然资源分门别类进行规划、开发、利用和保护。他们集合多方面的专家，如水资源、发电、航运、农业、林业、经济等，在同一机构工作，这些专家先对各自的专业领域进行深入的分析和研究，再在董事会领导下一起进行综合研究，加强各专业的联系，避免了部门分割。

第三，公众参与机制。TVA 通过广泛宣传，增强了民众的水资源管理意识，使他们也参与到治水的行动之中。通过技术和信息服务，帮助当地居民参与多种水域经营，通过开发水运路线、开展水上休闲娱乐、创造就业等措施，让当居民参与共治，并且共享治水成果，获得了社会公众积极广泛的支持。

（2）法国罗纳河水资源管理经验

罗纳河源于阿尔卑斯山，全长 812km，流域面积为 99 000km²，其流经法国境内的长度为 500km，面积为 90 000km²。法国的水资源管理涵盖了水量、水质、水工程、水处理等方面。根据管理主体分类，分为国家管理、流域管理和地方管理。法国的水法规定流域管理要以自然水文流域为单元，分六大流域进行流域面的全方位综合管理。罗纳河流域的管理体制经验可以总结为以下三点：

第一，成立公司，实现经济独立。罗纳河公司（罗纳河国立公司）成立于 1933 年，由国营和私营机构共同构成。在履行职责时，该公司既是所有者，又是承包者，还是管理者。公司的组织结构如图 11-2 所示。罗纳河公司以污染者和用水户缴纳的税款作为其资金支撑，实现了经济独立；进行工程建设时，则在国家的担保下向银行贷款。此外，为获得更多的经费、更好地进行流域资源的开发和治理，公司还对罗纳河的多项资源收取合理的费用。

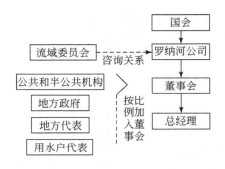

图 11-2　罗纳河公司组织结构

第二，立法保障，治水有法可依。1921 年，法国国会通过立法决定开始综合开发治理罗纳河流域，治理方针为综合利用，涵盖了水电、航运、农业灌溉等方面。1934 年，罗纳河公司获得对罗纳河进行综合治理和经营的权力，后来又纳入了旅游、环境保护、污水处理工程等方面。

第三，设立流域委员会。罗纳河流域委员会的成员包括地方政府代表、用水户代表、中央有关政府部门公务员和专家代表，以投票表决的方式处理各种事项，最终确立事项时要求取得超过半数代表的同意。流域委员会的存在，有利于均衡各方的利益，并实现民主化决策。

（3）澳大利亚墨累–达令河水资源管理经验

墨累–达令河发源于澳大利亚东南部，全长 3750km，流域面积为 1 060 000km²。流域大部分区域地势低平，流域内曾出现与黄河流域相似的特征，如降水量较少，径流量不足，湿地退化、土地盐碱化等严重问题，并且流域地理范围和行政区范围跨度较大，存在突出的管理与协调问题。经过多年的改善，墨累–达令河流域管理体制能较好地适应与缓解这些问题。墨累–达令河流域的管理体制经验可以总结为以下三点：

第一，整体管理，强调相互协调。因为该流域地理范围和行政区域跨度较大，各州间对于水资源利用的相互关联，而非独立，导致了水问题的交互性。因此，在进行管理时，流域各州间的协调配合是不可或缺的。州际的流域管理协议由此产生。该协议的制定和实施都体现了流域整体管理的理念及管理的整体性与一体化。在协议的制定方面以对流域进行整体管理为目标，削弱部门分割、职责不明、地方保护的动力，减少了因此而产生的生态破坏与资源浪费；在协议的执行方面，强制要求各州相互协调，不能单方面破坏协议。

第二，三层组织，加强协调机制。建立上而下的管理构架，形成高效有序的管理结构是设立管理体制时要慎重考虑的问题。通过建立管理网络，加强各执行单位的协调互动，保证在流域内依据现有体制，进行有序的、及时的决策、执行和反馈。三层管理组织的构架应运而生，分为决策层、执行层和协调层。其中，部长理事会属于决策层，进行宏观调控；流域委员会属于执行层；公众属于协调层，是决策层与执行层的沟通桥梁，协调各方利益。三者层层相依，共同为流域整体管理作出贡献。墨累–达令河三层管理组织框架如图 11-3 所示。

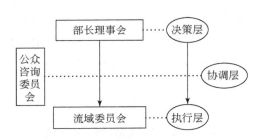

图 11-3 墨累–达令河三层管理构架

第三，协议等法律体系的保障。随着时间的流逝，通过对《墨累–达令河水协议》的不断修订与补充，对各流域管理单位的职能分工更加明确，并通过法律对其管理行为进行约束，使其工作有法可依，有章可循。促进了墨累–达令河流域管理体制的完善及在进行管理时的有效使用，促成流域内各单位遇到问题时相互协商而非相互推诿。

（4）国外流域治理体制经验总结

各国流域的管理体制各具特色，其中部分体制的运用与实践能给予我们不少启发，是值得借鉴的。前文有关美国田纳西河、法国罗纳河、澳大利亚墨累–达令河这三条国际河流的流域管理体制经验总结如下。

第一，立法保障，流域管理体制有法可依。综上所述，我们发现这些流域的治理过程中都普遍重视立法。有以法律为基准而成立的 TVA，有以法国水法为支撑的罗纳河公司，还有以协议等法律体系均衡协调各方管理单位的墨累-达令河的三层管理构架。这些机构都全权负责各自流域的水资源及其他各种资源的开发管理与利用，他们有明确的职能分工，且都有法律体系作为保障，不仅具有一定的权威性，而且具有灵活性的特点，实现了对流域全方位管理的有法可依。

第二，足够重视流域管理机构的作用。由于不同的国家有不同的经济发展水平、地理文化特征，流域环境各不相同，因此，不同国家的流域管理体制也是符合其各自特色的。为了实现流域内各种资源的最有效的保护与利用，其机构的设立也经历了长久的变迁，使之越来越适应于本流域的现状要求，提高了本流域独特问题的解决效率。例如，在法国这样的单一制国家，流域管理机构同时协调地方与中央；而在澳大利亚、美国这样的联邦制国家，地方对流域的治理承担主要责任。在水治理体制中，流域机构有着重要的承上启下的作用，有利于上级政策的有序执行与对下级工作的监督。各种法律体系的存在，保证了流域管理机构的权威性，确保各地方机构令行禁止。

第三，鼓励多方参与，协调各方利益。国外许多国家都十分重视流域治理的社会性和广泛性，因此呼吁更多公众参与其中，对流域问题共治，对治理成果共享。公众的参与也体现了流域管理体制的透明度。由前文可知，TVA 为了吸引公众参与进来，加大宣传力度；罗纳河公司组成流域委员会的各方代表，综合代表了各方的管理意见与意愿；在墨累-达令河的三层管理构架中，作为协调层的公众，有着润滑与监督的作用。这些设置使得流域管理信息变得透明，使流域管理体制得到进一步的完善，使当局者更加意识到他们不可推卸之责任。

11.2.2 对黄河流域水资源管理体制优化的启示

依据黄河流域水资源管理现状、存在的问题以及国外流域治理经验总结，本研究从三个方面提出黄河流域管理体制的优化策略。

（1）通过立法保障流域管理机构权威性

从前文的分析可知，在我国 2022 年修订的《中华人民共和国水法》中，仅明确了各级管理单位在进行各自流域内水资源的管理与开发时的职责所在，其中并没有以法律作为强制约束与保障，不利于黄河流域水资源的有效治理与开发。此外，通过借鉴国外对于各自的水流域管理体制的成功实践，可知应当建立起一个能有效协调各方关系、及时解决流域内出现的各种问题、具有独立性与权威性的黄河流域自主性管理机构，实现对黄河流域水资源的科学管理和统一规划。而当前现存的黄河水利委员会属于行政事业单位，其对于黄河流域的管理并没有自主权，且与各级地方政府的级别关系并不分明。因此在进行水资源管理时，没有明确的执法资格，缺乏权威性，这增加了各部门相互之间协作与配合的难度。作为对流域内水资源进行整体规划的责任主体，流域管理机构还应具备监督管理全流域的职能，这有利于目前黄河流域水量与水质管理衔接不良局面的转变。此外，还应赋予其针对黄河的特殊性的立法权，以保障缓和流域内特殊紧急的问题的有效调解。

（2）注重协调管理和多方治理

现阶段各国的水资源管理体制发展趋势是，逐步建立起能对水资源进行综合管理的协调机构。例如，在法国，设立国家水资源委员会，负责协调中央各部门间的关系。中国水资源管理中出现的前文所述的部门间相互竞争、推诿的现状，正是源于缺乏能对水资源进行综合管理的协调机构，即独立性是一个流域机构不可或缺的，该机构必须完全独立自主处置流域内发生的各种事务。在我国，黄河流域水资源管理范围跨度大，涉及九个省（自治区），还包括多座水库。但是，黄河水利委员会不包含各有关地区、部门的代表，对于黄河水事的管理无法囊括流域内外的广阔地区，难以统筹协调各方的利益。目前，许多国家也都倾向于建成流域管理机构的民主协商和监督机制。例如，在法国，设立罗纳河流域委员会，其成员包括地方政府代表、用水户代表、中央有关政府部门公务员和专家代表，有利于均衡各方的利益，并实现民主化决策。作为参考，黄河流域也可以成立一个类似的流域协商机构，即黄河流域管理委员会，使多方参与到对黄河流域水资源的管理工作之中，对各项决议进行协商，对决议的执行进行监督，增进黄河流域水资源管理的效用。

（3）实施黄河流域水资源的统一管理

不同流域的水资源，都有其独特的地理特征。因此，将流域作为一个单元，统一管理流域水资源，越来越成为世界各国的普遍选择。在世界范围内，存在各不相同的流域水资源管理模式，但越来越多的国家倾向于选择进行流域水资源的统一管理。推进对水资源的统一管理，也是缓解黄河流域水危机的重要尝试，要统筹考虑城乡生活、工农业和生态环境各方面对水量和水质的需求，以供定需，缓解现存的供需矛盾，逐步实现水资源优化配置。黄河水资源的自然特性，及其日趋严重的供需矛盾现状，都要求其对水资源进行流域统一管理。因此，要结合黄河流域水资源管理、开发、利用的现状，对黄河流域的水资源进行统一的配置和调度，进一步明晰流域机构与行政区域的管理职责，但是，由于流域面积广阔，流经各种具有不同地理特征的地区，具有不同的自然特征，不同的经济社会发展水平，以及不同的水资源开发利用程度。因此，流域统一管理尚不能完全代替区域管理，可在事权明晰、程序明确的前提下由流域统一进行管理和规划，充分发挥地方水行政主管部门的作用，也就是说黄河水资源按流域统一管理的同时并不排斥行政区域对水资源的管理。

11.3 建立"五水统筹"治理体制机制的总体思路与框架

11.3.1 构建"五水统筹"治理体制机制的指导思想

以习近平新时代中国特色社会主义思想为指导，统筹推进"五位一体"总体布局，协调推进"四个全面"战略布局，以黄河流域生态保护和高质量发展座谈会召开为契机，深入落实"节水优先、空间均衡、系统治理、两手发力"的治水总方针和水资源、水灾害、水环境、水生态、水文化统筹治理的治水新思路，以着力解决黄河流域水资源保护开发利用不平衡不充分问题为主线，以全面保障水安全为目标，以"一纵三横六区"水资源均衡配置为总体布局，以全面深化改革和科技创新为动力，扎实推进河长制、湖长制落实，实行最严格水资源管理制度，实施国家节水行动，加快重大水利工程建设，持续提升水资源配置、水灾害防治、水环境治理、水生态修复、水文化弘扬能力，以水资源的可持续高效利用助推流域经济社会高质量发展。

11.3.2 构建"五水统筹"治理体制机制的基本原则

在时间尺度上，坚持现状与未来统筹。既要满足黄河流域当前和近期水资源保障、水环境治理和水灾害防治需求，又要统筹考虑未来黄河流域城市高质量发展的水资源需求增长、水环境目标提升以及水灾害风险应对，做到短期和长期规划一体布局。

在空间格局上，坚持水域和陆域统筹。要统筹考虑水域、陆域不同水质标准及不同生态保护重点的衔接，处理好治标与治本的关系，统筹水域陆域协同治理，大力加强水陆一体的水环境质量提升和水生态保护修复，强化点源、面源整治，从源头控制污染物入河。

在规划要素上，坚持人与自然统筹。要统筹考虑以人类为中心的社会经济系统需求，以及以候鸟、鱼类为代表的流域自然生态系统需求，优化水资源、水域空间在社会经济和生态环境系统中的合理配置，以水定城、以水定地、以水定人、以水定产，实现流域水资源可持续利用。

在实施路径上，坚持保护与治理统筹。既要明确黄河保护红线底线，优化布局保护和修复重大工程建设项目，又要坚持综合治理、系统治理、源头治理，统筹推进堤防建设、河道整治、滩区治理、水土保持、生态修复等重大工程，加强保护与治理协同配合，推动黄河流域高质量发展。

在推进措施上，坚持内生与外联统筹。既要充分发挥流域自身潜力和内生动力，通过推进体制机制创新和方式方法创新增强竞争优势，又要不断加强外部宣传与联系，积极争取外部资金、项目、政策和技术支持，营造内外结合、相互促进的良好发展环境。

11.3.3　构建"五水统筹"治理体制机制的总体思路

针对黄河流域水资源短缺、水环境污染、水生态系统退化、水沙关系失调导致的洪水泛滥、水资源利用效率低下、湖泊湿地萎缩、生物多样性下降等问题，遵循"重在保护，要在治理"的治黄思想和新时期系统治水精神，吸收借鉴国内外先进治水经验，从构筑适应高质量发展的水资源配置体系、海–河–陆三位一体的水环境治理体系、城湿相融人鸟共生的水生态保护体系、安全自然现代化的水灾害防治体系以及彰显大河生态文明的水文化弘扬体系五个方面，提出黄河流域五水统筹治理模式，将黄河流域打造成中国向世界展示大河文明和流域文化的重要窗口与标志区。

11.3.4　黄河流域"五水统筹"治理的体制机制框架

水资源是基础，为水环境、水生态提供环境容量和生态流量；水环境是重点，直接影响水资源的利用水平和水生态的健康程度；水生态是核心，与其他四水既相互促进，又相互竞争；水灾害属于极值事件，是检验系统稳定程度的重要因子；水文化是背景，既包含了其他四水的开发利用和保护治理历史，又引导了四水的节约保护与科学预防。水资源和水灾害主要面向人类社会经济系统，解决生存与发展问题；水环境和水生态主要面向自然生态系统，解决人–水–自然和谐共生问题；水文化通过耦合自然实体和人文内涵，促进相互提升。因此，构建五水治理体制机制，统筹兼顾是核心。黄河流域五水统筹治理的体制机制框架对应包含五个方面。

（1）适应高质量发展的黄河流域水资源配置体系

按照黄河流域水资源优化配置方案，科学调度利用各类水资源，发挥黄河水资源的生态效益，完善地表调蓄工程和骨干水网，推进区域水资源统一调配，实现高保障配水；推进区域供水多水源保障，完善从水源头到水龙头全程监管，稳步推动流域供水同源、同网、同质、同服务、同监管，实现高品质供水；加大农业节水挖潜力度，推进工业节水提质增效，加强城镇公共与生活节水，实现高效率用水。

（2）海–河–陆三位一体的黄河流域水环境治理体系

完善污水收集管网，升级污水处理设施，推进污水就近收集、就近处理，实现城镇污染综合治理；对农村生活污水进行集中收集处理，树立科学施肥理念，加强规模化畜禽养殖场废弃物综合利用；推广农业测土配方和绿色农业建设，实现农业面源污染科学治理；

加快新旧动能转换，推进产业结构调整，加快淘汰落后产能，大力推进清洁生产，实现工业点源污染深度治理；实施入海河流水环境综合治理工程，统筹衔接陆源污染排放监管和入河排污口设置，实施近海湿地综合整治修复，实现临海水域协调治理。

（3）城湿相融、人鸟共生的水生态保护体系

实施黄河流域循环水系建设，推进水系连通和湿地修复工程，开展生态补水，推进骨干河道的水体循环流动，加强农田退水和农村生活污水末端湿地建设，实施水系绿化与生态护岸工程，建设以沼泽、河流和水上森林构成的独特湿地景观，构建"环城–骨干–排涝–末梢"多级水网，实现城湿相融、人鸟共生。

（4）安全自然现代化的水灾害防治体系

建设生态防护示范工程，形成工程措施与生物措施相合的稳固自然的风暴潮防范体系；开展黄河现行流路治理工程，提升险工、控导工程与护岸标准，实施流域防洪综合治理、防汛设施修复提升工程，开展河流水系疏浚治理及生态护岸建设，提升绿色生态的防洪标准，保障防洪排涝安全；依托智慧水务建设，利用物联网、互联网、云计算、大数据、卫星遥感、多普勒天气雷达等先进技术手段，构建全要素动态感知的水灾害信息采集系统和风险预警系统，构建现代高效的防灾减灾预警指挥体系。

（5）彰显大河生态文明的水文化弘扬体系

建立水文化遗产名录及水文化遗产数据库，设立黄河文化标识，打造水文化遗产保护与利用体系；推进水情教育基地建设，展示黄河变迁、治黄科技文化和黄河沿岸生态文化等，构建水情教育基地体系；建设黄河科技馆、水利博物馆和水文化专题馆等，形成遗产场馆集中展示体系；推动流域邻近城市建立黄河文化同盟，实施典型灌区遗产文化提升、河道岸域生态景观文化提升，打造黄河水文化品牌。

11.4 "五水统筹"治理关键机制设计

11.4.1 管理机制设计

黄河流域五水统筹治理涉及多个领域、多个部门、多个地方。长期以来，统分结合、整体联动的工作机制尚不健全，管理体制条块分割、部门分割、多头管理依然存在，干支流、左右岸、上中下游协同治理能力较弱，必须加强统筹协调，形成整体合力。

因此，借鉴《中华人民共和国长江保护法》针对长江流域统筹管理机制设计经验，为保障黄河流域五水统筹治理有序推进，首先要制定与落实黄河保护法，科学合理划定各方职责边界，理顺中央与地方、部门与部门、流域与区域、区域与区域之间的关系，建立起统分结合、整体联动的黄河流域管理体制。通过系统性制度设计，加强山水林田湖草系统治理，建立起全流域水岸协调、陆海统筹、社会共治的综合协调管理体系。

同时，在"河长制"框架下，建立黄河流域五水统筹治理协调机制下的分部门管理体制，协调机制由国务院建立，黄河总河长由国务院副总理担任。国务院黄河流域协调机制负责统筹协调、指导、监督黄河五水统筹治理工作；统筹协调、协商国务院有关部门及黄河流域省级人民政府之间的管理工作；组织协调联合执法；组织建立完善黄河流域相关标准、监测、风险预警、评估评价、信息共享等体系，并负责对各体系运行的统筹协调。

根据《中华人民共和国水污染防治法》规定的河长制，黄河流域市、县级河长，负责落实黄河流域协调机制决定的相关工作任务。

11.4.2　机构名称及主要职责

设立机构名称：国务院黄河流域协调委员会。

具体主要职责如下。

1）合作促进：为黄河流域中涉及多个省份的流域治理、经济开发、联合执法和生态保护项目提供省部级沟通协商平台、促进上述方面中央与地方的合作以及跨省合作。

2）治理统筹：在涉及黄河流域多个省份的国家级治理、开发项目的规划以及黄河流域相关法律法规的制定和修正中听取并协调各个省份的利益诉求，进行独立的调查研究，并向全国人民代表大会和国务院提供调查报告与相关建议。

3）纠纷协调：通过特别法庭和特别仲裁庭协调处理黄河流域跨行政区域的水事、环境纠纷及公益诉讼事宜。

4）监督审计：管理并审计涉及黄河流域的国家级治理、开发项目资金，对黄河流域的水污染防治和生态保护进行监督。

5）体系建设：组织建立完善黄河流域相关标准、监测、风险预警、评估评价、信息共享等体系。

6）应急管控：通过应急管理委员会协调指挥对黄河流域涉及多个省份的生态危机、人为事故、自然灾害等紧急事件的应急管控。

11.4.3　机构的组建和各分支的职责

11.4.3.1　领导机构

1）黄河流域治理省部联席会议：由国务院分管水利的副总理担任联席会议主席。黄河流经的青海、四川、甘肃、宁夏、内蒙古、陕西、山西、河南、山东 9 个省（自治区）分管水利的副省长轮值会议秘书长。国务院下属与黄河流域治理有关的各部门（自然资源部、生态环境部、国家卫生健康委员会、国家发展和改革委员会、科学技术部、工业和信息化部、交通运输部、水利部、应急管理部、财政部、交通运输部、审计署、司法部等）的部长、最高人民法院与最高人民检察院的代表以及黄河流域各河段市、县级分管河长，依具体需要参与联席会议。

2）职责：①定期召开会议通过省部级领导的沟通协商制定并推进黄河流域统筹治理的重大政策和重大规划，向国务院和全国人民代表大会提交黄河流域治理工作报告。②对黄河流域治理中存在的重大或久拖不决的事件，召集相关省部领导进行专门联席讨论，形成会议纪要或联合发文，督促解决。③对黄河流域协调机制的具体事务机构进行人事任免。④对涉及黄河流域的国家级治理、开发项目的资金预算与决算进行审批。

11.4.3.2 具体事务机构

1）科学调查部门：下设流域调查部门和信息管理部门，其中流域调查部门负责协调组织涉及黄河流域多个省份的科学调查和研究，为相关的统筹治理和经济开发项目的规划，相关法律法规的制定以及各类评价标准的制定提供独立的第三方研究报告。信息管理部门负责组织建立完善黄河流域相关的监测和风险预警体系并管理相关数据和信息。

2）最高法特设巡回法庭：下设黄河流域跨省纠纷特别仲裁庭和黄河流域公益诉讼特别法庭，负责对黄河流域跨行政区域的水事、环境纠纷进行仲裁，并就跨省公益诉讼进行审判。

3）应急管理委员会：负责协调指挥对黄河流域涉及多个省份的生态危机、人为事故、自然灾害等紧急事件的应急管控。

4）流域治理资金管理局：负责管理并审计涉及黄河流域多个省（自治区）的国家级治理、开发项目资金。

5）信访接待及监察部门：负责跨省污染举报的接待和处理，并对黄河流域的水污染防治和生态保护进行监督。

11.4.4 运行机制设计

1）会议制度：建立流域生态环境合作与补偿联席会议制度，推动各县市资源环境保护与利用联动。联席会议分为全体成员联席会议和专题联席会议，全体成员联席会议原则上每年召开 1 次。联席会议将在各方充分发扬民主的基础上，围绕黄河水资源保护、水域岸线管理保护、水污染防治、水环境治理、水生态修复、执法监管等任务，研究探讨河长制工作中出现的疑难问题、共性问题的对策措施和政策建议，协调解决河长制工作中涉及上下游、左右岸省际的相关问题，以及其他需要协商解决的事项，推进工作规范有序有效开展。联席会议成员组成包括黄河流域（片）的青海、四川、甘肃、宁夏、内蒙古、陕西、山西、河南、山东、新疆等省（自治区）和新疆生产建设兵团省级河长制办公室负责人，以及黄委有关部门和单位负责人。联席会议制度的建立将黄河流域管理与区域管理有机结合，进一步加强流域（片）各省（自治区）河长制工作的协调、配合，有效推进河长制工作的全面开展。

2）协商机制：出台《工作沟通协商机制议事规则》，贯彻落实中央关于推进黄河流域重大或久拖不决的事件协调解决的思路，充分发挥流域机构协调、指导、监督、监测作用。《工作沟通协商机制议事规则》的主要任务是搭建黄河流域跨区域协商平台，研究协调河湖长制工作中的重大问题，加强跨省河湖实际工作中的协调联动。同时，《工作沟通协商机制议事规则》明确了议事组织成员单位及人员组成、工作规则、机制拓展等内容。利用良好的沟通办法，协同政府、管理机构等部门，进行流域内个户和集体资源使用者的利益协商。重点要突出民意调查的意见、水权使用中个户和政府的矛盾点、法律相关条文、流域生态补偿和跨省水资源管理等内容。

3）执行机制：建立以流域为单元的水污染防治统一的信息共享公开和与通报机制。建议流域管理机构和地方水行政主管部门本着团结治污的原则，构建以流域为单元的水污染防治信息共享公开和通报机制。实现流域产业发展布局与规划、基础设施、污染源、水文水质、环境监测、执法监管、研究评估等信息共享，以便各级政府能及时把握流域经济社会发展和水环境变化趋势，做好科学决策；完善突发事件的应急通报和协同处置机制，特别是上游发生航运、企业事故性排放时，及时将有关信息通报下游有关省市，以便当地政府采取措施确保饮用水安全，维护社会稳定。

4）监督机制：进一步确立以流域为主的监管模式。从流域全局和长远出发，一是制定统一的流域发展规划和环境标准。对流域重点城市和区域明确经济发展和环境功能定位，促进区域发展布局调整，制订更加严格的污染物排放标准和环保准入制度，形成保护优先、结构优化的局面，引导全流域走持续发展、和谐发展、科学发展的道路。二是实施流域水资源优化配置和统一调度。建立流域及干流和重点支流取水总量双控制，在保证干支流的合理流量基础上，平衡和协调各地用水需求。要避免水库、水电站蓄水与下游生产、生活、生态争水，统筹各行业取用水需求；要通过制定防洪和水资源调度方案，结合年度来水预测，由流域管理机构对流域及重点支流主要水工程进出水量进行有效控制，实行防洪、供水、改善水生态及发电的统一调度。

5）补偿机制：强制推行全流域统一的生态环境补偿制度。持续推进现有生态环境补偿试点工作，不断总结经验，并在全流域推开。由国家发展和改革委员会、财政部牵头，召集黄河沿线省市研究制订统一标准尺度要求的生态补偿实施方案，明确补偿断面、考核目标、补偿标准、监测方式、数据共享、争议仲裁等相关内容，实行全流域生态补偿。

6）惩处机制：探索建立跨行政区划环境执法机制；在环境公益诉讼中引入惩罚性赔偿机制；以各行政区域下游水质作为区域水质治理是否达标的依据；依法淘汰污染严重的落后产能，落实环境信息公开制度，建立环境公益诉讼的惩罚性赔偿制度。同时，出现重大污染事件时，启动联合调查机制，明确启动程序、责任认定、损害赔偿及责任追究等内容。

参 考 文 献

安催花，鲁俊，钱裕，等．2018. 黄河宁蒙河段冲淤时空分布特征与淤积原因．水利学报，49（2）：195-
　　206，215.

白春礼．2020. 科技创新引领黄河三角洲农业高质量发展．中国科学院院刊，35（2）：138-144.

白璐，孙园园，赵学涛．2020. 黄河流域水污染排放特征及污染集聚格局分析．环境科学研究，33
　　（12）：2683-2694.

陈茂山，王建平，乔根平．2020. 关于"幸福河"内涵及评价指标体系的认识与思考．中国水利，1：
　　3-5.

陈文峰，沈建鑫，李智勇．2019. 基于大数据时代的漏损管控探索与实践．建设科技，（23）：73-76.

陈怡平，张义．2019. 黄土高原丘陵沟壑区乡村可持续振兴模式．中国科学院院刊，34（6）：708-716.

陈永奇．2014. 黄河水权制度建设与黄河水权转让实践．水利经济，32（1）：23-26.

池营营．2012. 中国长江、黄河流域灌溉用水效率研究．西安：陕西师范大学．

崔永正，刘涛．2021. 黄河流域农业用水效率测度及其节水潜力分析．节水灌溉，（1）：100-103.

鄂竟平．2019-10-14. 在江河流域水资源管理现场会强调深入领会"以水而定，量水而行""重在保护，
　　要在治理"的科学内涵 发挥水资源作为最大刚性约束的重要作用．http://www.mwr.gov.cn/ztpd/
　　2019ztbd/rhhcwzfrmdxfh/slbxd/201910/t20191024_1365880.html［2019-10-14］.

鄂竟平．2020-01-09. 坚定不移践行水利改革发展总基调 加快推进水利治理体系和治理能力现代化．
　　http://www.mwr.gov.cn/jg/bzzc/ejingping/zyhd_368/202001/t20200123_1387600.html［2020-01-09］.

冯家豪，赵广举，穆兴民．2020. 黄河中游区间干支流径流变化特征与归因分析．水力发电学报，39
　　（8）：90-103.

高延春．2016. 马克思幸福论．北京：科学出版社．

谷树忠．2020. 关于建设幸福河湖的若干思考．中国水利，6：13-14.

郭富，王保栋，辛明．2017. 2015 年春夏季莱州湾营养盐分布特征．海洋科学进展，35（2）：258-266.

胡春宏．2016. 黄河水沙变化与治理方略研究．水力发电学报，35（10）：1-11.

胡琴，曲亮，黄必桂．2016. 2014 年秋季黄河口附近海域营养现状与评价．35（5）：732-738.

嵇晓燕，孙宗光，聂学军．2016. 黄河流域近 10a 地表水质变化趋势研究．人民黄河，38（12）：99-102.

贾绍凤，梁媛．2020. 新形势下黄河流域水资源配置战略调整研究．资源科学，42（1）：29-36.

金凤君，马丽，许堞．2020. 黄河流域产业发展对生态环境的胁迫诊断与优化路径识别．资源科学，42
　　（1）：127-136.

李晓锋．2020. 开鲁县灌溉水利用系数测算及农业节水潜力与对策分析．呼和浩特：内蒙古农业大学．

联合国．2011-08-25. 幸福：走全面发展之路．https://www.un.org/zh/documents/view_doc.asp? symbol =

A/RES/65/309［2011-08-25］.

刘柏君, 彭少明, 崔长勇. 2020. 新战略与规划工程下的黄河流域未来水资源配置格局研究. 水资源与水工程学报, 31 (2)：1-7.

刘华军, 乔列成, 孙淑惠. 2020. 黄河流域用水效率的空间格局及动态演进. 资源科学, 42 (1)：57-68.

孟钰. 2014. 基于组合模型的流域水资源利用效率评估研究. 郑州：郑州大学.

南纪琴, 陶国通, 王景雷. 2015. 农业水土资源潜力研究进展. 节水灌溉, (2)：77-80.

欧阳竹, 王竑晟, 来剑斌. 2020. 黄河三角洲农业高质量发展新模式. 中国科学院院刊, 35 (2)：145-153.

秦长海, 赵勇, 李海红. 2021. 京津冀地区节水潜力评估. 南水北调与水利科技. 14：1-11

沈彦俊. 2018. 黄河流域生态环境保护与水资源可持续利用. 民主与科学, (6)：16-19.

盛广耀. 2020. 黄河流域城市群高质量发展的基本逻辑与推进策略. 中州学刊, 42 (7)：21-27.

水利部黄河水利委员会. 2008. 黄河流域水资源综合规划 (2010—2030 年). 郑州：黄河水利出版社.

水利部黄河水利委员会. 2013. 黄河流域综合规划 (2012—2030 年). 郑州：黄河水利出版社.

宋兵魁, 齐树亭, 李斯. 2019. 渤海湾氮、磷营养盐在水体和沉积物中的分布特征及其相互关系. 海洋学研究, (1)：83-90.

孙艺珂, 王琳, 祁峰. 2018. 改进综合水质指数法分析黄河水质演变特征. 人民黄河, (7)：18.

唐克旺. 2020. 对"幸福河"概念及评价方法的思考. 中国水利, 6：15-16.

王光谦, 钟德钰, 吴保生. 2020. 黄河泥沙未来变化趋势. 中国水利, 1：9-12, 32.

王浩. 2020. 深挖节水潜力共筑幸福江河. 中国水利, 6：1-4.

王浩, 胡鹏. 2020. 基于二元视角的河湖生态环境复苏与生态流量保障路径. 中国水利, (7)：11-15.

王建东. 2020. 农田水利节水灌溉有效措施. 河南水利与南水北调, 49 (11)：16-17.

王建华, 陈步科, 胡鹏. 2020. 构筑五水统筹治理体系 推动黄河口大保护与高质量发展, 42 (9)：5.

王普查, 瞿彤, 金姗姗. 2018. 基于 SBM-Undesirable 模型的省际农业用水效率比较及节水潜力研究. 湖北农业科学, 57 (22)：171-176.

王素芬. 2019. 黄河流域灌区节水农业高效管理对策. 民主与科学, (3)：58-60.

王煜, 彭少明, 郑小康. 2018. 黄河流域水量分配方案优化及综合调度的关键科学问题. 水科学进展, 29 (5)：614-624.

徐勇, 王传胜. 2020. 黄河流域生态保护和高质量发展：框架, 路径与对策. 中国科学院院刊, 35 (7)：875-883.

杨丹, 常歌, 赵建吉. 2020. 黄河流域经济高质量发展面临难题与推进路径. 中州学刊, 42 (7)：28-33.

杨艳艳, 高彦洁, 汪健平. 2018. 莱州湾春夏季鱼卵、仔稚鱼群落结构及环境因子相关性. 生态学杂志, 37 (10)：2976.

杨翊辰, 刘柏君, 崔长勇. 2021. 黄河流域用水演变特征及水资源情势识别研究. 人民黄河, 43 (1)：61-66.

殷宝库, 曹夏雨, 张建国. 2020. 1999～2018 年黄河源区水土流失动态变化. 水土保持通报, 40 (3)：216-220.

喻立. 2014. 基于 WEAP 的宁夏黄河流域水资源优化配置探究. 重庆：西南大学.

张海波, 裴绍峰, 祝雅轩. 2018. 初夏渤海湾营养盐结构特征及其限制状况分析. 中国环境科学, 38 (9)：3524-3530.

张婷婷, 赵峰, 王思凯. 2017. 美国切萨比克湾生态修复进展综述及其对长江河口海湾渔业生态修复的启示. 海洋渔业, 39 (6)：713.

中国水利水电科学研究院幸福河课题组. 2020. 内涵要义及指标体系探析. 中国水利, 23：1-4.

周文翀, 韩振宇. 2018. CMIP5 全球气候模式对中国黄河流域气候模拟能力的评估. 气象与环境学报, 34 (6)：42-55.

祝雅轩, 裴绍峰, 张海波. 2019. 莱州湾营养盐和富营养化特征与研究进展. 海洋地质前沿, 35 (4)：1-9.

左其亭. 2020. 黄河下游滩区治理的关键问题及协同治理体系构建. 科技导报, 38 (17)：23-32.

左其亭, 郝明辉, 马军霞. 2020. 幸福河的概念、内涵及判断准则. 人民黄河, 42 (1)：1-5.

Crawford J T, Stets E G, Sprague L A. 2019. Network controls on mean and variance of nitrate loads from the Mississippi River to the Gulf of Mexico. Journal of Environmental Quality, 48 (6)：1789-1799.

Ha M, Zhang Z, Wu M. 2018. Biomass production in the Lower Mississippi River Basin：Mitigating associated nutrient and sediment discharge to the Gulf of Mexico. Science of the Total Environment, 635：1585-1599.

Helliwell J F, Layard R, Sachs J. 2012. World Happiness Report 2012. UN Sustainable Development Solutions Network.

Helliwell J F, Layard R, Sachs J. 2013. World Happiness Report 2013. UN Sustainable Development Solutions Network.

Jia Y W, Wang H, Zhou Z H, et al. 2006. Development of the WEP- L distributed hydrological model and dynamic assessment of water resources in the Yellow River basin. Journal of Hydrology, 331：606-629.

Kennicutt M C. 2017. Water quality of the Gulf of Mexico//Habitats and Biota of the Gulf of Mexico：Before the Deepwater Horizon Oil Spill. New York：Springer：55-164.

Liu J J, Zhoua Z H, Yan Z Q, et al. 2019. A new approach to separating the impacts of climate change and multiple human activities on water cycle processes based on a distributed hydrological model. Journal of Hydrology, 578：124096.

Maslow A H. 1954. Motivation and personality. New York：Harper and Row.

van der Wiel K, Kapnick S B, Vecchi, et al. 2018. 100- Year Lower Mississippi Floods in a Global Climate Model：Characteristics and Future Changes. Journal of Hydrometeorology, 19 (10)：1547-1563.

Yan Z, Zhou Z, Liu J, et al. 2020. Ensemble projection of runoff in a large-scale basin：Modeling with a global BMA approach. Water Resources Research, 56.

Yellow River Conservancy Commission. 2013. Integrated Plan for the Yellow River (2012～2030). Zhengzhou：Yellow River Hydraulic Press.